高 | 等 | 学 | 校 | 教 | 材

有机反应机理概览

李效军　编著

化学工业出版社

·北京·

内容简介

《有机反应机理概览》主要通过阐述各类常见有机化合物的反应活性和主要反应来介绍反应机理。全书共 13 章，第 1 章概论，主要讨论与有机反应机理相关的概念，如路易斯结构、共振结构、有机反应的驱动力、离去基团和反应机理的表达等；后续 12 章为反应机理各论，系统论述了烷烃、烯烃、炔烃、卤代烃与有机金属化合物、苯与芳烃、醇、醚与 1,2-环氧化物、醛和酮、酚和醌、羧酸、羧酸衍生物、脂肪胺与芳香胺等常见化合物的结构与反应活性，及其常见反应的反应机理，其顺序与多数有机化学教材大致相同。

《有机反应机理概览》可作为高等学校化学、化工、制药、环境、材料、能源等专业有机化学、高等有机化学的配套参考教材，也可供从事有机工艺开发和工艺研究的技术人员参考。

图书在版编目（CIP）数据

有机反应机理概览/李效军编著. —北京：化学工业出
版社，2021.1(2023.5 重印)
ISBN 978-7-122-37810-1

Ⅰ.①有… Ⅱ.①李… Ⅲ.①有机化学-反应机理-
研究 Ⅳ.①O621.25

中国版本图书馆 CIP 数据核字（2020）第 184037 号

责任编辑：马泽林 杜进祥　　　　　　　　　　　装帧设计：关 飞
责任校对：刘 颖

出版发行：化学工业出版社（北京市东城区青年湖南街 13 号　邮政编码 100011）
印　　装：涿州市般润文化传播有限公司
787mm×1092mm　1/16　印张 10¾　字数 261 千字　2023 年 5 月北京第 1 版第 2 次印刷

购书咨询：010-64518888　　　　　　售后服务：010-64518899
网　　址：http://www.cip.com.cn
凡购买本书，如有缺损质量问题，本社销售中心负责调换。

定　　价：39.00 元　　　　　　　　　　　　　　　版权所有　违者必究

前　言

　　有机化学是基础学科，是化学化工类专业的必修课。基础学科的重要性就在于它是很多其他学科知识的起点和重要构成。

　　一般认为，化工与制药类专业中只有精细化工、应用化学和制药工程等少数专业与有机化学联系紧密，而笔者在科研和教学中注意到，有很多多相催化、合成材料甚至环境工程等专业的看似与有机化学不太相关的问题，要么可以直接从有机化学中获得答案，要么在很大程度上可以从有机化学的知识点中获得支撑。所以，学好并运用好有机化学知识对化工类及相关专业的学生和从业人员都很重要，而反应机理是将有机化学众多知识点贯穿为有机整体的重要线索，因此理解反应机理是学习和运用有机化学知识的捷径。

　　《有机反应机理概览》不是新版有机化学教材，也不是为从事与有机化学相关的工艺开发和工艺研究的技术人员提供具体的解决方案，而是希望通过反应机理的讨论，使读者能够更好地理解并运用有机化学，从而能够举一反三，融会贯通，且书中有机化合物命名按照最新命名原则命名。

　　本书得到华东理工大学荣国斌教授的审核，同时本书得到了宋晓宁博士的诸多帮助，在此表示衷心的感谢！感谢河北工业大学化工学院对本书出版的支持，感谢张月成教授的鼓励与帮助。

　　关于有机化学和有机反应机理已经有相当多的教材、专著问世，其中不乏优秀的版本。尽管笔者力求知识点的全面与融会贯通，但限于水平，疏漏在所难免，恳请读者不吝赐教。

李效军

2020 年 8 月于河北工业大学，天津

目录

第1章 概　论 / 1

第2章 烷　烃 / 38

第3章 烯 烃 / 42

第4章 炔 烃 / 57

第5章 卤代烃与有机金属化合物 / 62

第6章 苯与芳烃 / 75

第7章 醇 / 88

第8章 醚与1,2-环氧化物 / 104

第9章 醛 和 酮 / 110

第10章 酚 和 醌 / 127

第11章 羧 酸 / 137

第12章 羧酸衍生物 / 145

第13章 脂肪胺与芳香胺 / 155

第1章

概 论

本章讨论有机反应机理的涵义及其重要性，在此基础上，总结有机化学中常见的与反应机理有关的重要概念。

1.1 什么是反应机理

一般学时较少的工科有机化学教材多以介绍反应为主，即讨论化合物之间的转化，并以反应方程式表达，反应机理涉及不多，例如以下生成乙酸甲酯的反应。

$$H_3C-\overset{\overset{O}{\|}}{C}\boxed{+OH+H}+OCH_3 \overset{H_2SO_4}{\rightleftharpoons} H_3C-\overset{\overset{O}{\|}}{C}-OCH_3 + H_2O$$

此反应式传递了以下信息：乙酸和甲醇反应生成了乙酸甲酯和水，酸可催化这个反应，此反应可逆。

但尚有一些重要问题未能阐明，例如硫酸为什么能催化这个反应？为什么生成的水的羟基是由乙酸提供而不是由甲醇？反应机理可以回答这些问题，此酯化反应的机理如下：

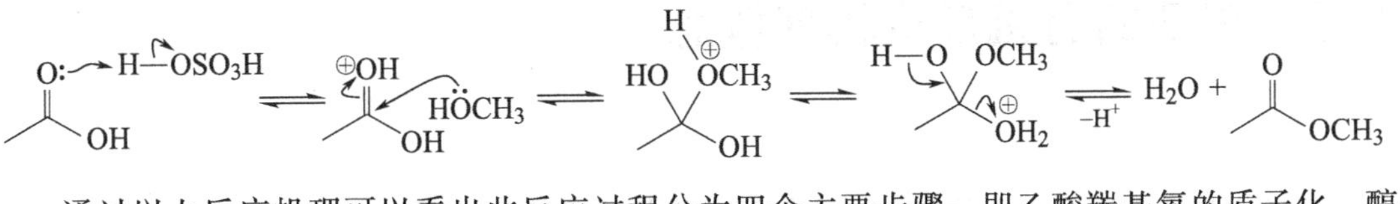

通过以上反应机理可以看出此反应过程分为四个主要步骤，即乙酸羰基氧的质子化、醇羟基对羰基的亲核加成、中间体加合物的质子交换以及分子水的消除。

可见，硫酸的作用有二：其一是质子化乙酸的羰基氧，增加羰基碳的亲电性；其二是质子化乙酸加合物的羟基，提高羟基的离去能力。

生成的水来自乙酸加合物的消除反应。显然，产物水的羟基来自乙酸，而甲醇羟基的氧则形成了新的碳氧键。

与反应式相比，反应机理表达了反应如何进行的详细信息。概括来讲，反应机理是解释反应物在一定条件下转化为生成物的一种化学语言，或者说反应机理提供了一个说明分子间是如何进行反应转化的视角。其阐明了旧键断裂和新键形成的过程，即成键电子重新分布的过程。

反应机理可能并没有真正的实体存在，只是我们为了表达反应是如何进行的一种尝试，尽管实验设计能证明某反应中某一个反应机理的正确与否，但就多数反应而言，并没有与反应机理相一致的实体证据。所以，在描述反应机理时，我们可以"自由"发挥，只不过要与大家公认的科学合理的反应机理模式一致。

1.2　反应机理的重要性

有机反应机理是贯穿于有机化学的一个重要线索，理解了反应机理，就从原理上理解了反应是如何进行的。

理解反应机理可以帮助我们更好地学习和掌握有机化学，把我们从对化合物间的转化的机械记忆的学习模式中解脱出来，进入因理解而记忆的模式，对于工科学生而言尤其如此。而且能够举一反三，例如在理解了硫酸在乙酸甲酯合成过程中的作用后，就很容易理解为什么邻苯二甲酸二甲酯与异辛醇进行酯交换反应的时候硫酸也可以催化。此外，能帮助我们更好地完成实际的有机合成反应，这一点对从事新产品研发和工艺研究的化学工程师尤其重要。例如硫代乙酸在碱催化下可与 α,β-不饱和酮发生共轭加成，有人根据底物"有点相像"设计了碱催化的硫代乙酸与二氢呋喃加成的实验方案，由于不掌握反应机理，不理解这两个反应一个是亲核加成一个是亲电加成，按其设计的方案实施反应自然是失败的，反应式如下：

关于反应机理在实践中的应用已有许多优秀教材、专著讨论，读者可阅读本书参考文献，本书不多涉及。

1.3　重要的有机反应机理概念

有机化学中有很多重要的概念，比如画有机物分子的路易斯结构式、电子或电荷的定域与离域、亲核试剂与亲电试剂、芳香性以及活性中间体的形成与稳定性等，掌握并熟练运用这些知识点是理解反应机理的关键。

1.3.1　有机物分子结构的表达

表达有机物分子结构的通用方法是用路易斯结构式，正确画出有机物分子的路易斯结构式是理解和表达反应机理的基础。

画路易斯结构式的一般方法为，先根据化合物类别和分子式画出分子骨架，确保环系结构和 π 键准确无误，然后用氢原子完成其余的化学键，其中有机物分子骨架常以简化形式给出，氢原子一般并不画出；然后根据"八隅规则"标明杂原子或负离子的孤对电子，仅仅画路易斯结构式时一般不需要，但表达反应机理，标明孤对电子往往是必要的。以下为抗生素头孢菌素 C 的路易斯结构式的简化形式：

有机物中常见的原子，碳、氢、氧和氮都有特定的成键模式，例如氢原子，永远都在分子的外围，不能成为分子的中心，因为它只能形成一个共价键。

中性的碳（不包括碳烯）、氮（不包括氮烯）和氧原子分别形成四个、三个和两个共价键，这些共价键并不局限于单键即 σ 键，也可以是重键即 σ 键和 π 键的组合，其中氮和氧原子上都有未成键孤对电子。

带有一个负电荷的碳、氮和氧原子分别成三个、两个和一个共价键。

带有一个正电荷的碳、氮和氧原子分别成三个、四个和三个共价键。其中碳原子是通过离去一个带走一对电子的基团而形成的正离子，其最外层具有 6 个价键电子和 1 个空的 p 轨道，所以成三键；而氮和氧在形成正离子时都是利用其自身的未成键孤对电子与其他原子共享成键的，因此较相应的中性原子多一个共价键。

1.3.2 定域与离域

通常情况下，定域与离域指的是电子对（包括成键 π 电子对、未共享电子对）或正负电荷及单电子的可流动、可分散状况，是讨论活性中间体稳定性及反应机理时经常用到的概念。

如果成键 π 电子对仅仅由两个原子共享，或未共享电子对、正负电荷及自由基仅仅由一个原子独享，那么这些情形都称为定域。例如丙烯分子中成键 π 电子对是定域的，乙基自由基的单电子也是定域的。

与定域相反，如果成键 π 电子对由多于两个的原子共享，或未共享电子对、正负电荷及自由基由两个以上的原子共享，那么这些情形都称为离域。例如苯分子中成键 π 电子是离域的，烯丙基碳正离子的正电荷也是离域的。离域可由共振结构表达。

1.3.3 常用箭头符号的涵义

有机化学中常用不同的箭头表达不同的涵义，这些涵义是约定俗成的，确定的，这些箭头的正确使用给有机化学的表达带来极大的规范性和便利性。

(1) 双向箭头用来联结共振结构

(2) 两个单箭头表示平衡或互变异构

其中，长箭头指出了平衡的倾向。

(3) 半弯箭头表示一个电子沿箭头方向的移动

半弯箭头表达了单电子转移，用来表达共价键的均裂及自由基反应。

(4) 弯箭头表示一对电子沿箭头方向的移动

弯箭头表达了电子对的转移，上例中表达的是新键的形成，即苯甲酰氯的氯原子以其未共享电子对与铝原子成键。下面例子中表达的是旧键的断裂，即苯甲酰氯的氯原子带着与羰基碳共享的一对电子离去，从而形成苯甲酰碳正离子和四氯化铝负离子。

这两个示例合在一起，就表达了苯甲酰氯在三氯化铝催化下转化为苯甲酰碳正离子的过程。

这种用弯箭头表达电子重新分布的方法是罗伯特·罗宾逊教授（1947 年诺贝尔化学奖得主）于 1922 年首先使用的（可参考 *J. Chem. Soc.*，1922，121：427-440）。

1.3.4 反应机理的表达

一步一步地给出反应过程中化学键（电子）重新组合和排布的过程就表达了反应机理。表示反应机理首先要配平方程式。从有机化学的观点来看，只要碳和电荷平衡，就可以认为这个反应方程式已经配平了。

　　在表达反应机理时，旧键的断裂和新键的形成一般用弯箭头表示。这些箭头是表达反应过程中电子重新分布的方便工具。见1.3.3，一对电子的移动用弯的全箭头表示，一个电子的移动用弯的半箭头表示。

　　这些说明电子重新分布的箭头是从电子云密度高的位点画向缺电子的位点，见图1-1。也就是从负电荷或部分负电荷或孤对电子的位点画向正电荷或部分正电荷的位点，换言之，是从亲核试剂（路易斯碱）画向亲电试剂（路易斯酸）。

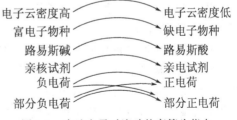

图1-1　表达电子对流动的弯箭头指向

　　一般而言，只有在一些非常特殊的反应步骤中才会出现两个箭头从同一原子出发或指向同一原子的情况，因为那样的结果可能是一个原子带两个正电荷或两个负电荷，这在有机反应中是很罕见的。

　　为避免反应步骤之间的箭头混淆，可以考虑每一步都重画一些中间体的结构。熟练后可以适当省略。氮、氧、卤素、磷和硫等原子上的孤对电子往往也很重要，不宜轻易省略。

　　以下为质子酸催化下醛与胺通过加成消除机理生成亚胺的反应。

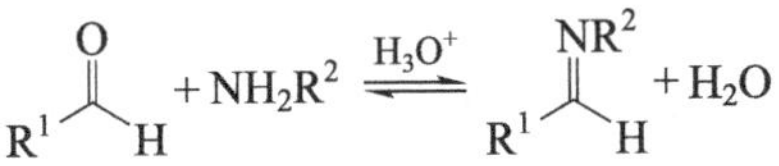

$$\underset{R^1}{\overset{O}{\underset{H}{\|}}} + NH_2R^2 \overset{H_3O^+}{\rightleftharpoons} \underset{R^1}{\overset{NR^2}{\underset{H}{\|}}} + H_2O$$

其反应机理见图1-2，注意主要物质和电荷的平衡。

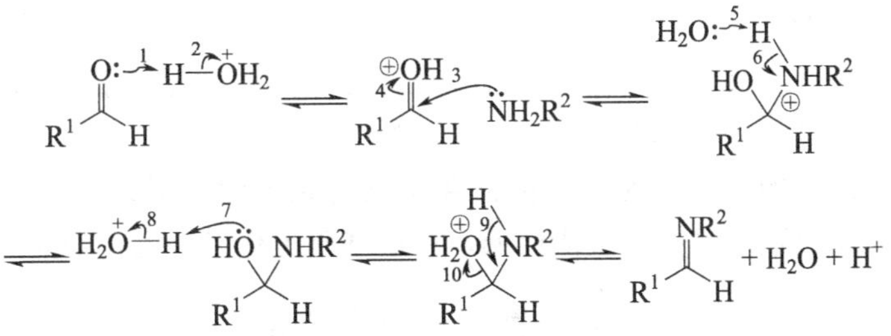

图1-2　质子酸催化下醛与胺生成亚胺的反应机理

　　弯箭头1的起点在羰基氧的未共享电子对，终点在质子，表示醛羰基氧以其未共享电子对与质子结合，形成氧氢键，使氧上带了正电荷（质子所带的正电荷转移到氧上）；弯箭头2的起点在氢氧共价键的中间，终点在氧原子，表示共享在氢和氧之间的一对电子完全被氧得到，从而质子得以释放；弯箭头3的起点在胺的氮原子的未共享电子对，终点在羰基碳上，表示胺以其未共享电子对与羰基碳共享成键；而羰基碳也很难成五个共价键，所以弯箭头4表示共享在羰基的碳氧之间的一对π电子被氧自己得到，其起点在碳氧原子之间的共价键的中间，终点在氧上；弯箭头5的起点在水的氧原子的未共享电子对，终点在质子，表明质子从底物上离去，发生水合；弯箭头6的起点在氮氢共价键的中间，终点在氮原子，表明共享在氮氢之间的一对电子被氮原子自己得到，由此，氮原子原来所带的正电荷也就中和了（或者说正电荷被质子带走）；弯箭头7和8与弯箭头1和2的意义相似，结果是羟基质子化，氧上带了正电荷；弯箭头9的起点是氮氢共价键中间，终点在碳氮原子中间，表明共享在氮氢之间的一对电子转移到碳氮之间形成了新 π 键（与原 σ 键合在一起，形成双键），而连在氮上的氢则以质子形式离去，水合过程略；弯箭头 10 的起点在碳氧共价键的中间，终点在氧原子，表明共享在碳氧之间的一对电子被氧自己带走，碳氧共价键断开，水离去。

以上弯箭头中，3 和 4 表示了羰基加成，9 和 10 表示了醇胺消除，而 1、2、5、6、7 和 8 则表示了质子转移。

上述机理阐明了该反应是通过加成消除过程完成的。同时也阐明了质子酸的催化作用，首先是质子化羰基氧，使氧带上正电荷，羰基碳因此更容易被亲核性的胺加成，然后是质子化加成所得羟基，使羟基氧带上正电荷，其在消除过程中也因此更容易离去。可见反应机理提供了大量的反应方程式所不能提供的信息。

1.1 小节的文末曾提到"在描述反应机理时，我们是可以'自由'发挥的，只不过要与大家公认的科学合理的反应机理模式一致"，那么如何与大家公认的反应机理模式一致呢？

由羧酸和醇合成羧酸酯是可逆反应，所以把酯合成的反应机理逆过来写就是酯水解的反应机理，以乙酸甲酯水解为例，其反应机理如下：

这个反应机理能不能更简单些呢？下面这个 S_N2 机理就很简单，甚至还有几分"简洁美"，为什么大家不接受呢？

原因就在于这个反应机理不符合电子云分布的常识。在羧酸酯分子中，由于氧的电负性大于碳，而且羰基 π 电子更容易极化，羰基碳 [如下标记为（1）] 的电子云密度小于甲氧基碳 [如下标记为（2）] 的电子云密度，因此羰基碳的亲电性更强，在受到亲核试剂水进攻时，羰基碳更容易反应，而甲氧基碳活性低，在羰基质子化以后也是如此。

可以推断，如果用氧同位素标记的水进行此水解反应，会发现氧同位素最后在乙酸上，而不是在甲醇上。

1.3.5 共价键的断裂方式

共价键断裂不外乎有两种方式，其一是原来由两个原子共享的电子保留在一个片段上，这种方式称为共价键的异裂，例如醇羟基氢氧键断裂，共享在氢氧之间的一对电子往往由氧单独获得；其二是原来由两个原子共享的电子被断开后的两个原子分享，各保留一个电子，这种方式称为共价键的均裂，例如过氧化物中氧氧键断裂，共享在氧氧之间的一对电子由两个氧原子各自获得一个。

共价键的异裂常常产生带有电荷的离子中间体，而共价键的均裂则往往产生自由基，见图 1-3。

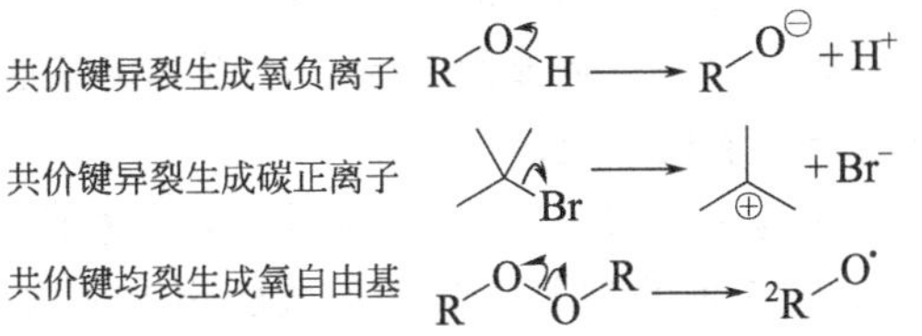

共价键异裂生成氧负离子 $R-\overset{\frown}{O}H \longrightarrow R-O^{\ominus} + H^+$

共价键异裂生成碳正离子

共价键均裂生成氧自由基 $R-O\overset{\frown}{\cdot}O-R \longrightarrow 2R-\overset{.}{O}$

图1-3 共价键常见的断裂方式

1.3.6 亲核试剂与亲电试剂

亲核试剂是与缺电子中心反应的活性物种，其本身是富电子的，通常带有一个负电荷或部分负电荷，是电子的供体。亲核试剂中带有一个负电荷或部分负电荷的那个原子称为亲核性的原子。作为进攻试剂，亲核试剂带给底物一对电子，即形成新共价键的一对电子完全是由亲核试剂提供的，这类反应称为亲核反应。常见的亲核试剂有卤素阴离子、醇和硫醇及它们的阴离子、胺、三烷（芳）基膦、亚磷酸酯、有机金属化合物（碳负离子）、金属复氢化合物（氢化铝锂等）和烯醇负离子等。下图中"*"标出了亲核原子。亲核试剂的英文是nucleophile，所以亲核试剂常用 Nu：或 Nu⁻ 表示。

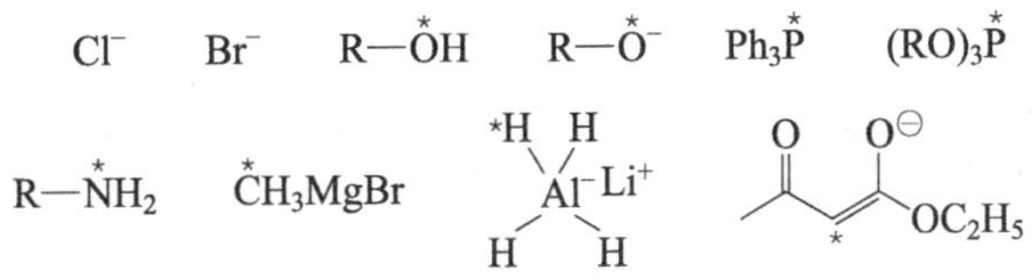

$$Cl^- \qquad Br^- \qquad R-\overset{*}{O}H \qquad R-\overset{*}{O}^- \qquad Ph_3\overset{*}{P} \qquad (RO)_3\overset{*}{P}$$

$$R-\overset{*}{N}H_2 \qquad \overset{*}{C}H_3MgBr$$

缺电子的反应活性物种称为亲电试剂，其往往带有正电荷或部分正电荷，但也可以是中性物种，例如碳烯或氮烯。亲电试剂是电子的受体，其与底物所成共价键的一对电子完全是由底物提供的，这与亲核试剂相反。常见的亲电试剂包括路易斯酸、卤代烷、烷基磺酸酯和烷基硫酸酯、羰基化合物和阳离子（例如硝基阳离子和碳正离子等）等。如下所示，"*"标出了亲电原子。亲电试剂的英文是electrophile，所以亲电试剂常用 E 或 E⁺ 表示。

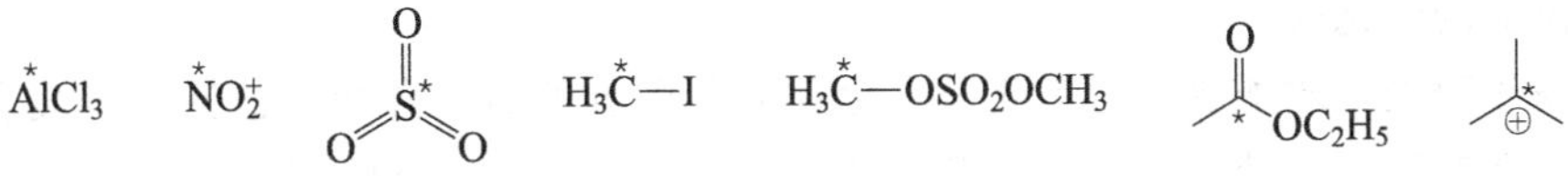

$$AlCl_3 \qquad \overset{*}{N}O_2^+ \qquad \qquad H_3\overset{*}{C}-I \qquad H_3\overset{*}{C}-OSO_2OCH_3$$

1.3.7 底物与离去基团

亲核试剂和亲电试剂一般都称为进攻试剂，与进攻试剂相对的，进攻试剂进攻的那个分子，一般称为底物。

进攻试剂与底物的定义是相对的，例如下述反应式中三氧化硫与苯进行磺化反应，可以说是三氧化硫这个亲电试剂对苯环进行了亲电进攻，也可以说苯环这个亲核试剂对三氧化硫进行了亲核进攻。

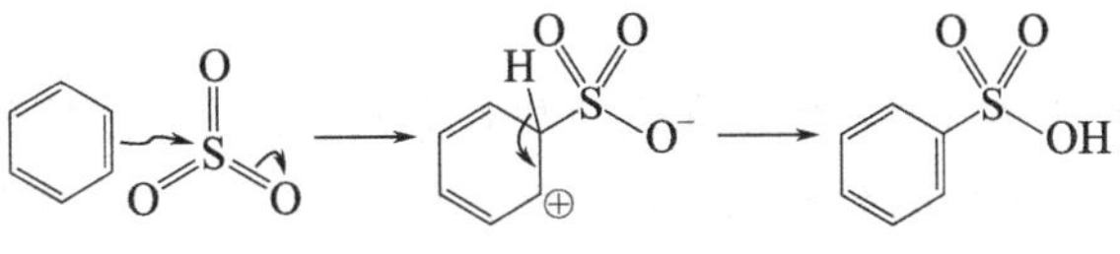

对此，我们一般约定俗成地将对产物的碳骨架贡献大的那个化合物称为底物，上述苯磺化反应中，对产物碳骨架贡献大的反应物显然是苯，所以苯为底物，三氧化硫为进攻试剂，而这个反应被归类为芳香族亲电取代反应。

与进攻试剂和底物相关的另一个概念是离去基团，离去基团一般是指在亲核取代反应（见1.5.3节）中被亲核试剂置换掉的带着一对电子从底物上离去的基团，也包括消除反应（见1.5.2节）中被消除掉的带着一对电子离去的基团。离去基团的英文为 leaving group，所以画反应机理时常用 L 或 LG 指代不特定的离去基团。

图1-4所列反应中，氮气、卤素负离子、三氟甲磺酸负离子和甲氧基负离子等都为离去基团。

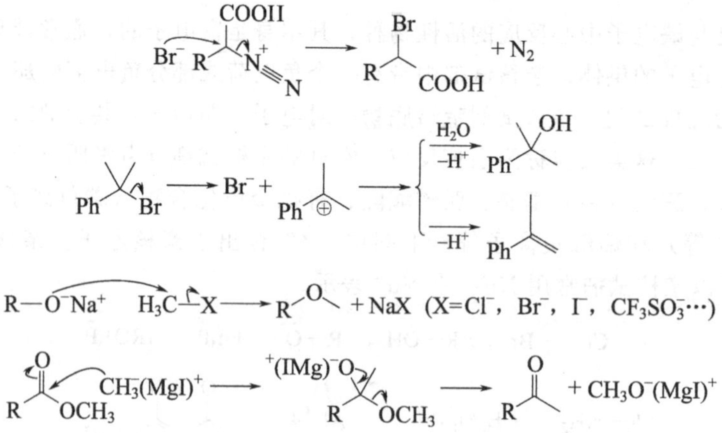

图 1-4　亲核取代中常见的离去基团

1.3.8　酸和碱

有机化学中常见的酸碱概念包括质子酸碱和路易斯酸碱。质子酸碱和路易斯酸碱都常用来作有机反应的催化剂。

（1）质子酸碱　质子酸指的是分子中含有可电离质子的化合物，包括无机酸和有机酸。常见的质子酸有硫酸、盐酸、硝酸和磷酸等无机酸。常见的有机酸种类很多，如乙酸等羧酸，常用作酸性催化剂的有机酸有三氟甲磺酸、三氟乙酸、对甲苯磺酸和苯磺酸等。

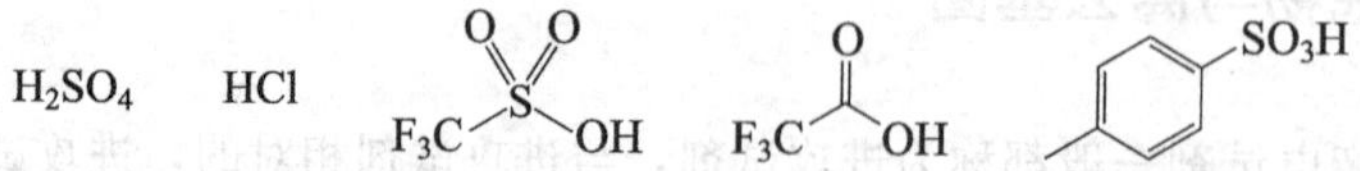

无机酸中，硫酸是最常用的酸性催化剂，不仅是因为它价廉易得，而且因为其阴离子硫酸氢根的亲核性非常弱，对反应的干扰很少。与硫酸相比，硝酸、盐酸和磷酸的酸性较弱，而且盐酸的氯离子具有一定的亲核性，硝酸具有一定的氧化性，所以盐酸和硝酸有时会干扰反应。因此除非特殊需要，一般情况下硫酸是首选的无机酸催化剂，有机磺酸的优势是酸性强，与有机物相容性好。

能与质子结合的化合物为碱，包括无机碱和有机碱。常见的无机碱有氢氧化钠、氢氧化钾、碳酸钠和碳酸钾等。常见的有机碱包括醇钠、醇钾、叔胺、季铵碱和弱酸强碱盐等。

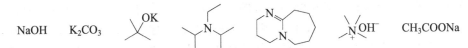

NaOH   K$_2$CO$_3$

无机碱作催化剂的缺点是其与质子结合后一般要生成水，这对需要避水的反应显然是不合适的。不包括季铵碱，有机碱与质子结合不生成水，与有机物相容性好。

（2）共轭酸碱 质子酸给出质子后，其阴离子有再结合质子的能力和倾向，所以该阴离子为碱；而碱得到质子后，也有再给出质子的能力和倾向，所以得到质子的碱就变成了酸。

这种依赖于质子的给出和得到而互相依存的一对酸碱称为共轭酸碱，如羧酸为酸，而羧酸根为该羧酸的共轭碱。

$$RCOOH + RNH_2 \rightleftharpoons RCOO^- + RNH_3^+$$
酸   碱   共轭碱   共轭酸

$$RNH_3^+ + RCOO^- \rightleftharpoons RCOOH + RNH_2$$
酸   碱   共轭酸   共轭碱

一般而言，质子酸的酸性越强，其共轭碱的碱性越弱。例如硫酸的酸性很强，其共轭碱硫酸氢根的碱性很弱；乙酸的酸性较弱，其共轭碱乙酸根的碱性较强。

表达反应机理时，常用 HB 或 H-B 指代不特定的质子酸，用 B：或 B$^-$ 指代 HB 的共轭碱，即不特定的碱。

（3）路易斯酸碱 路易斯酸是孤对电子或 π 电子的受体，是缺电子物种。经典路易斯酸的中心原子一般是与一个或多个电负性较大的原子成键的具有空轨道的金属原子。质子本身就是电子的受体，是缺电子的，所以路易斯酸和质子酸都称为"酸"，在催化有机反应时，质子酸和路易斯酸有时候可以通用。

常见的用于催化有机反应的路易斯酸多为金属卤化物和金属氧化物，如三溴化铁、二氯化锌、三氧化二铝、三氯化铝和三氟化硼等，其中三氯化铝是常见路易斯酸中最为常用的活性较高的催化剂。此外，按照路易斯酸是缺电子物种的定义，碳正离子和羰基碳等带有正电荷或部分正电荷的物种都可认为是路易斯酸。

FeBr$_3$ AlCl$_3$

路易斯碱是孤对电子或 π 电子的供体，是富电子物种。带有负电荷的路易斯碱的碱性一般较不带负电荷的路易斯碱的碱性强。

常见的用于催化有机反应的路易斯碱有叔胺和吡啶等。按照路易斯碱是富电子物种的定义，碳负离子和苯等有给电子能力的物种都可以视为路易斯碱。

CH$_3$(MgI)$^+$

（4）酸碱催化的本质 质子酸碱催化的本质是质子转移。酸催化时，质子化底物分子中碱性最强的原子，就得到一个亲电试剂，或者说是一个亲核试剂进攻的位点，反应后再把质子脱掉；碱催化时，从底物分子中夺取酸性最强的质子，得到一个亲核试剂，以此为出发点进行反应，反应后再把质子还回。

以上叙述是指质子酸碱，路易斯酸碱也是如此，只不过质子转移变成电子转移，底物分子结合质子是拿出了电子与质子共享，底物分子与路易斯酸结合也是拿出电子与金属原子共享，本质是相同的。下面以乙酸甲酯与丁醇的酯交换反应为例说明酸碱催化的本质。

酸催化时，反应机理见图 1-5，酯羰基氧与质子结合，增加了羰基碳的亲电能力，使得丁醇加成到羰基上更加容易，加成后质子转移到离去基团甲氧基上，增加了甲氧基的离去能力，使消除反应更容易进行，反应完成后，质子从底物上脱下来，其可以与共轭碱 B$^-$ 结合，也可以再与乙酸甲酯羰基氧结合进行下一轮催化，无论如何，反应结束后，质子可以从底物上转移下来。

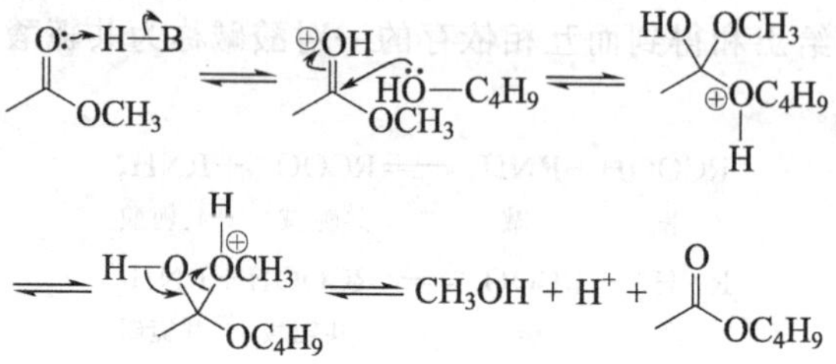

图 1-5　酸催化酯交换的反应机理

碱催化时，反应机理见图 1-6，以甲醇钠催化为例，丁醇羟基氢被甲醇钠夺走，得到亲核试剂丁氧基负离子，其加成到酯羰基上，随后，消除得到乙酸丁酯产物和甲氧基负离子，后者催化反应继续进行。

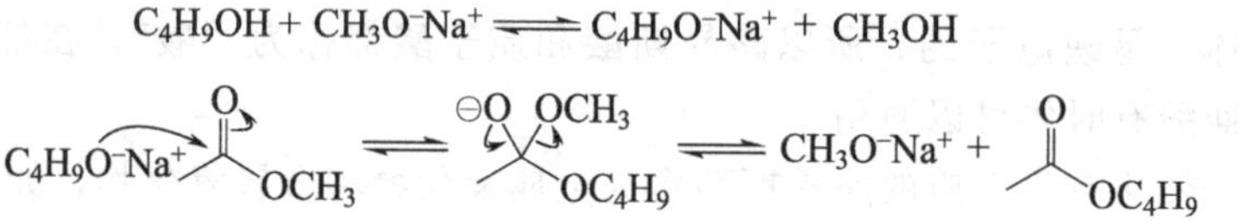

$$C_4H_9OH + CH_3O^-Na^+ \rightleftharpoons C_4H_9O^-Na^+ + CH_3OH$$

图 1-6　碱催化酯交换的反应机理

上述过程用图 1-7 表达更为直观。

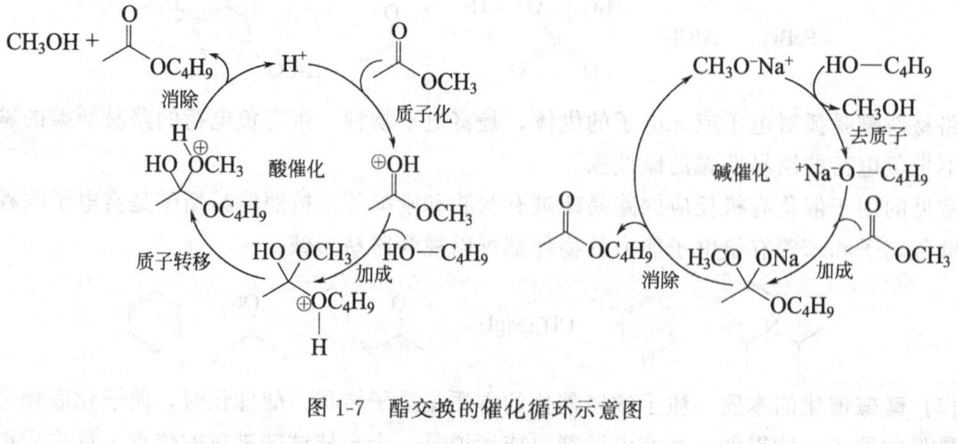

图 1-7　酯交换的催化循环示意图

该酯交换反应中，乙酸甲酯为亲电试剂，羰基碳为亲电中心，质子化的羰基更加亲电，甲氧基的质子化使其更容易离去；丁醇为亲核试剂，醇羟基的氧为亲核中心，去质子的羟基氧负离子更加亲核。

由此可以推而广之，酸催化的作用是增加亲电试剂的亲电性，或提高离去基团的离去能力；碱催化的作用是增加亲核试剂的亲核性。

1.3.9 亲电试剂和亲核试剂与路易斯酸碱的关系

从以上的定义及讨论可以看出，亲电试剂与路易斯酸都是缺电子物种，而亲核试剂与路易斯碱都是富电子物种，实际上可以认为亲电试剂都是路易斯酸，亲核试剂都是路易斯碱。有机反应通常是亲电试剂与亲核试剂之间的反应，也是路易斯酸与路易斯碱的反应。

$$
\begin{array}{ccc}
\text{亲电试剂} & \text{亲核试剂} \\
\text{路易斯酸} & \text{路易斯碱}
\end{array}
$$

1.3.10 芳香性

某些环状化合物，具有完全共轭的 π 体系，并表现出不同寻常的稳定性，这样的体系具有芳香性。休克尔把芳香性化合物定义为具有完全共轭的 $(4n+2)$ 个 π 电子的单碳环化合物，其中 $n=0，1，2，3，\cdots$，于是这样的体系就含有 2，6，10，14，$\cdots$个 π 电子。这个定义称为休克尔规则。

以下环丙烯正离子、苯、环戊二烯负离子和环庚三烯正离子的 π 电子数分别是 2、6、6 和 6。

在这些结构中，每个双键代表 2 个 π 电子，每个正电荷代表 0 个 π 电子，每个负电荷代表 2 个 π 电子。如果环丙烯、环戊二烯和环庚三烯没有离子化，即在单键原子上没有电荷，那么它们就不具有芳香性，因为 π 电子不能完全离域。

芳香性的概念已推广到稠环和杂环化合物上，见图 1-8，因为这些化合物满足 $(4n+2)$ 个 π 电子数并具有特殊的稳定性。下图中，噻吩、呋喃、吡咯和吲哚环上的杂原子各有两个电子参与共轭，所以满足芳香性的电子数要求。

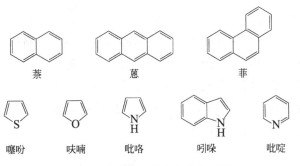

萘   蒽   菲

噻吩   呋喃   吡咯   吲哚   吡啶

图 1-8 常见稠环芳烃和杂环芳烃

芳香性对于判断某些化合物的反应活性，判断反应的推动力是很重要的依据，因此也是有机化学中很重要的概念。

例如芴可以在碱性介质中于较低温度下与聚甲醛反应生成 9,9-双羟甲基芴, 其原因就在于芴是环戊二烯的类似物, 其 9-位的氢脱去后所得负离子具有芳香性, 并因此提高了 9-位氢的酸性, 才使得反应得以在较为温和的条件下进行。

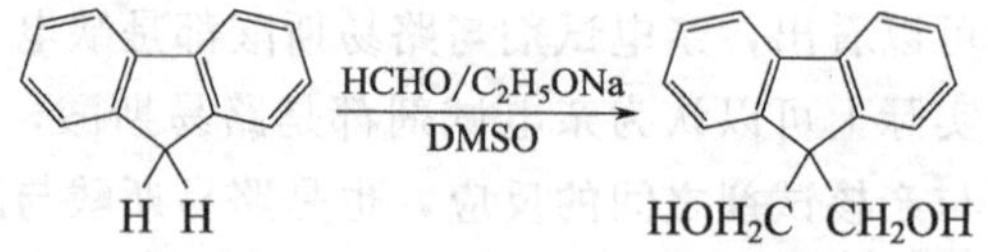

1.3.11　诱导效应、共轭效应和超共轭效应

诱导效应、共轭效应和超共轭效应是三种较为常见的重要的电子效应。

(1) 诱导效应　由成键原子电负性不同所引起的, 电子云沿 σ 键链按一定方向移动的效应, 或者说由相邻共价键的极化而导致的共价键的极化称为诱导效应, 通常用 I 表示。一般而言, 烷基具有供电子诱导效应 $+I$, 而其他吸电子能力大于碳的基团一般具有吸电子诱导效应 $-I$。

羧酸的酸性常常用来分析诱导效应。图 1-9 中氯乙酸、甲酸和乙酸的酸性依次降低, 说明甲基与氢相比, 具有供电子的诱导效应 $+I$, 而相对于氢, 氯原子具有吸电子的诱导效应 $-I$。

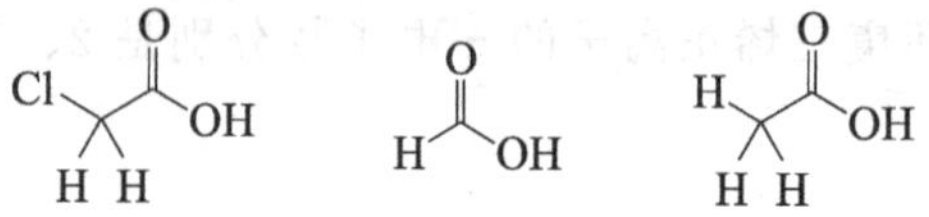

氯乙酸　　　　甲酸　　　　乙酸
pK_a=2.85　　　pK_a=3.77　　　pK_a=4.74

图 1-9　羧基上取代基对羧酸酸性的影响

(2) 共轭效应　分子或中间体结构中, 含有三个或三个以上相邻且共平面的原子时, 如果这些原子中相互平行的轨道之间相互交盖在一起, 形成离域大 π 键, 那么这样的体系称为共轭体系。由于形成共轭 π 键, 导致电子云分布产生离域, 键长平均化, 分子内能降低等分子性质改变的效应称为共轭效应。

丁-1,3-二烯、环戊二烯、芳烃及常见的 α,β-不饱和羰基化合物都是典型的共轭体系。这些分子的共同特征是多个双键是共平面的, 而且单双键是交替的。

丁-1,3-二烯　　环戊二烯　　苯　　丙烯酸　　丁-3-烯-2-酮

(3) 超共轭效应　当碳氢 σ 键的轨道与同其相连的 π 键或 p 轨道形成一定程度的重叠, 也会发生电子离域现象, 其所引起的分子性质的改变称为超共轭效应。超共轭效应弱于共轭效应。以比较简单的丙烯为例, 甲基的碳氢 σ 键受到 sp^3 杂化轨道键角的限制, 不能与碳碳双键的 π 键轨道完全平行, 所以只能部分交盖, 产生较弱的超共轭效应, 丙烯分子中, 甲基的超共轭效应表现为对双键的供电子作用。

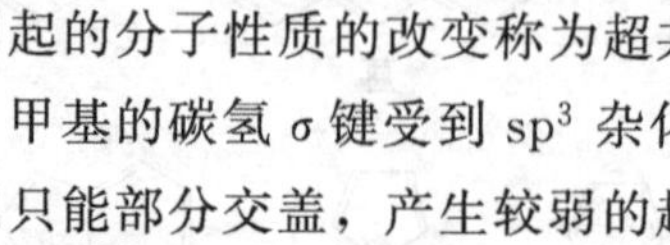

H_3C

丙烯分子

1.3.12 空间效应

由取代基的体积、数目和位置所引起的反应活性的变化称为空间效应。

取代基增大或增多一般会使反应变难或使反应途径改变，图 1-10 中卤代甲烷的 S_N2 反应随着其氢被甲基取代数目的增多而越来越难，就是空间效应作用的结果。

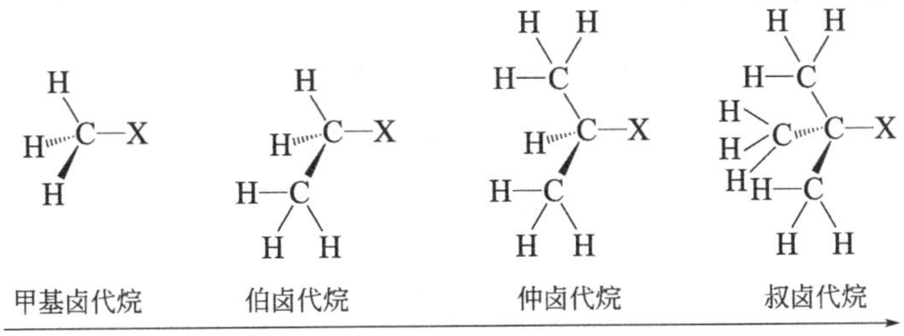

甲基卤代烷
伯卤代烷
仲卤代烷
叔卤代烷
S_N2反应难度增加

图 1-10　卤代甲烷取代基个数对其 S_N2 反应活性的影响

1.3.13 共振结构

(1) 共振结构的涵义　当分子或中间体中的电子分布不能用一个路易斯结构充分表达时，可以用若干个仅仅在电子的位置上有差别的路易斯结构的组合来表达。这种仅仅在电子的位置上有差别的路易斯结构称为共振结构。共振结构表达了电子的离域，常见的共振结构存在于共轭系统中。

从以上叙述可以看出，若干共振结构中任何一个，即共振结构中的一个极限式，都不能完全代表原化合物或中间体，共振结构中的任何一个极限式也都不是实际存在的化学实体，这是共振结构与结构异构体的区别。当我们用一个结构式代表有电子离域的分子或中间体时，那仅仅是一种不能提供全部信息的“代表”，实际的分子或中间体是这些极限式的共振杂化体。

以苯为例，其分子中有六个 π 电子，画出的两个共振结构就表明，这三对电子既不是定域在 C1-C2、C3-C4 和 C5-C6 之间，也不是定域在 C2-C3、C4-C5 和 C6-C1 之间，而是在 C1-C2-C3-C4-C5-C6 离域的。所以这两个共振结构组合起来才能代表苯环上电子的分布状态，而我们在画方程式或反应机理的时候只是用其中的一个结构式来“代表”苯。

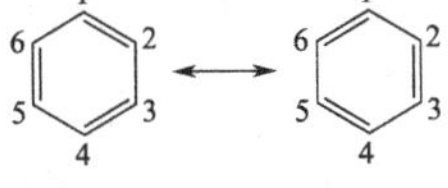

再举一例，乙酸乙酯羰基的 α-氢具有酸性，可被乙醇钠夺取，其产物为带有一个负电荷的中间体。该中间体的负电荷既不是定域在 α-碳上，也不是定域在羰基氧上，而是离域在 α-碳和羰基氧上，或者说 α-碳和羰基氧各自带有一部分负电荷，这两部分负电荷加在一起就是一个完整的负电荷。

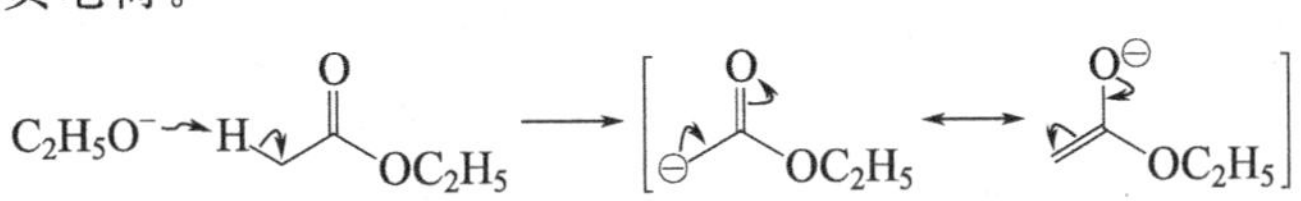

$C_2H_5O^-$
OC_2H_5
OC_2H_5
OC_2H_5

（2）共振结构的数目与对应物稳定性的关系 通常情况下，一个分子或中间体所能对应的共振结构的数目越多，那么这个分子或中间体的电子或电荷就越分散，其能量就越低，就越稳定。

见图 1-11，苯甲醚的硝化反应，硝基分别进攻甲氧基间位和对位时，所对应的中间体 σ-络合物的共振结构数目不同。进攻甲氧基间位的共振结构有三个；而进攻甲氧基对位时，甲氧基的氧孤对电子可以参与共轭，其共振结构有四个，所以硝基进攻甲氧基对位所得 σ-络合物的电荷更分散，该中间体也就更稳定，从而决定了反应的主产物。

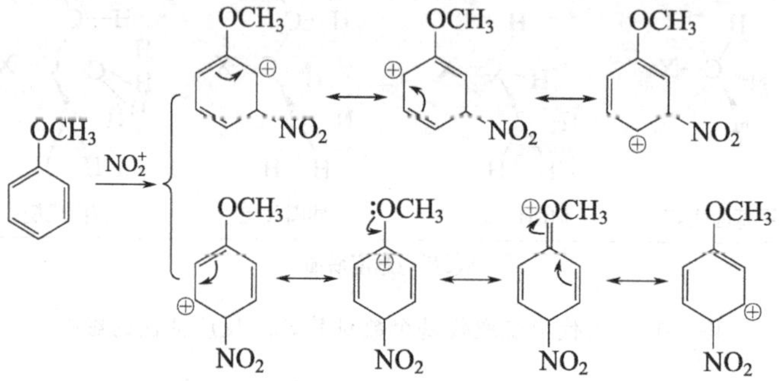

图 1-11　苯甲醚硝化 σ-络合物的共振结构

共振结构是有机化学中非常重要的概念，常用来判断中间体的稳定性，进而判断反应的选择性。

（3）画共振结构的规则 共振结构一般存在于共轭体系中。

① 所有参与离域的电子都是 π 电子或孤电子对，因为它们很容易进入 p 轨道。

② 每个参与离域的电子对一定要与其他电子对有一定程度的交盖，即共振结构一般属于共轭的 π 系统。

③ 每个共振结构必须要有相同的 π 电子数。双键计 2 个；三键计 2 个，因为三键中只有一个 π 键可与相邻的 π 体系交盖；π 体系带有电荷时，负电荷计 2 个，正电荷计 0 个。

④ 每个结构中成对电子和未成对电子数是不变的，所以以下结构不能互为共振结构。

⑤ 所有的共振结构必须具有一致的几何构型，否则它们就不能代表相同的分子。共振结构中，原子的杂化状态是不变的，所以不同共振结构的分子构型也是不变的。

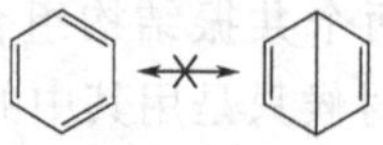

⑥ 通过电荷分离得到的共振结构能量很高，对共振结构的贡献较小。

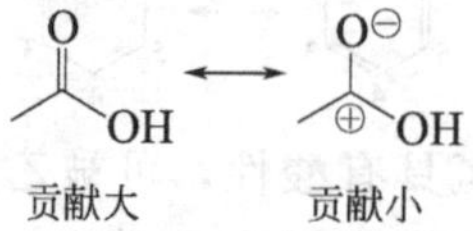

⑦ 通常情况下，正电荷集中在电负性小的原子上，负电荷集中在电负性大的原子上，这样的极限式对共振结构的贡献大。

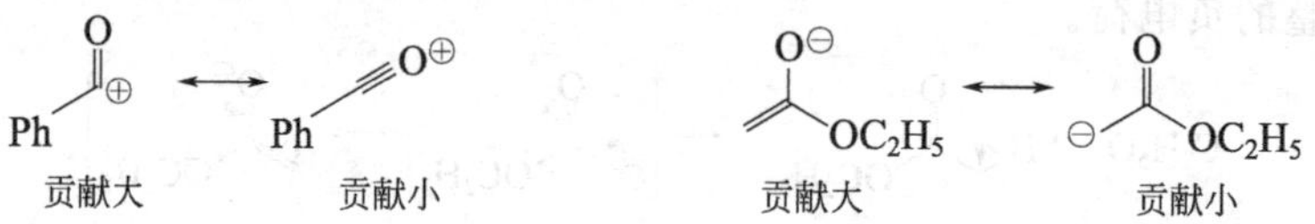

通过上述第二例可以认为，尽管乙酸乙酯脱去 α-氢所得负电荷是离域在 α-碳和羰基氧上，α-碳和羰基氧各自带有一部分负电荷，但是，这两个部分负电荷并不是完全相等的，而是羰基氧上的负电荷多于 α-碳上的，即羰基氧上的电子云密度高于 α-碳上的，这是很重要的结论，后面讨论碳负离子定义的时候还会用到。

$$\left[\underset{\text{贡献大}}{\overset{\overset{\displaystyle O^{\ominus}}{\|}}{\diagup\diagdown} OC_2H_5} \longleftrightarrow \underset{\text{贡献小}}{\ominus \diagup\overset{\overset{\displaystyle O}{\|}}{}\diagdown OC_2H_5} \right] \equiv \underset{\delta_2}{\diagup}\overset{\overset{\displaystyle O^{\delta_1^-}}{\|}}{}\diagdown OC_2H_5$$

$$\delta_1^- + \delta_2^- = \ominus,\ \delta_1^- \text{电子云密度高于} \delta_2^-$$

1.3.14　理解平衡

平衡指的是在一定条件下，一个过程的正向和反向进行的速率相同的情形。掌握好平衡的概念，可以更好地理解有机反应中的一些问题。

例如酸催化下，醛与胺反应生成亚胺的过程中（见 1.3.4 节），胺的碱性显然强于羰基的氧，为什么画反应机理的时候把质子给了羰基的氧？胺没有消耗全部的酸而导致羰基没有可结合的酸，从而使酸丧失催化作用？

可以认为在胺、醛和酸之间存在以下平衡。

$$R^2NH_2 + H_3O^+ \rightleftharpoons R^2NH_3^+ + H_2O$$

$$\underset{R^1}{\overset{\overset{\displaystyle O}{\|}}{}}\diagdown H + H_3O^+ \rightleftharpoons \underset{R^1}{\overset{\overset{\displaystyle \overset{\oplus}{O}H}{\|}}{}}\diagdown H + H_2O$$

既然是平衡，那么说明体系中存在有一部分胺没有被质子化，也有一部分醛羰基氧被质子化，那么没有质子化的胺就可以与已经质子化的醛羰基反应。反应后，上述平衡又被打破，就会再有铵离子释放质子重新成为游离胺，从而使反应得以继续进行。

贝里斯-希尔曼（Baylis-Hillman）反应也可以作为用平衡观点解释反应活性的实例。被吸电子基活化的烯烃（例如丙烯酸酯）与亲电试剂（醛或酮）在催化剂（通常为叔胺或三烷基膦）作用下，反应生成 α 羟烷化产物，为贝里斯-希尔曼反应。

$$\underset{R^1}{\overset{\overset{\displaystyle O}{\|}}{}}\diagdown R^2 + \diagup\diagdown\overset{\overset{\displaystyle O}{\|}}{}OCH_3 \xrightarrow{R_3N} R^2\diagdown\overset{\overset{\displaystyle R^1\ OH}{|}}{}\diagup\overset{\overset{\displaystyle O}{\|}}{}OCH_3$$

其反应机理如下：

$$\underset{R_3N:}{\diagup\diagdown}\overset{\overset{\displaystyle O}{\|}}{}OCH_3 \rightleftharpoons \underset{R^1\ \overset{\oplus}{R_3N}}{\diagup}\overset{\overset{\displaystyle O^{\ominus}}{}}{}R^2\diagdown OCH_3 \rightleftharpoons R^2\overset{\overset{\displaystyle R^1\ O^{\ominus}}{|}}{}\diagdown\overset{\overset{\displaystyle O}{\|}}{}OCH_3 \rightleftharpoons R_3N + R^2\diagdown\overset{\overset{\displaystyle R^1\ OH}{|}}{}\diagup\overset{\overset{\displaystyle O}{\|}}{}OCH_3$$

叔胺为亲核试剂，醛或酮与丙烯酸酯都是亲电试剂，为什么叔胺与丙烯酸酯发生 1,4-共轭加成，而不是加成到活性更高的醛或酮上？按平衡的观点可以这样理解，见图 1-12，叔胺与醛或酮和丙烯酸酯都能反应，可达成平衡，叔胺与醛或酮的反应产物本身不稳定，又没有后续反应，所以随着叔胺与丙烯酸酯反应的进行，叔胺和醛或酮会释放出来，使反应得以继续进行。

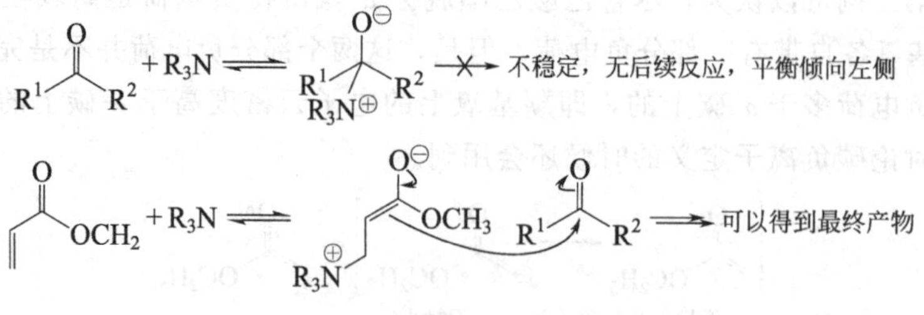

图 1-12　贝里斯-希尔曼反应的平衡解释

1.4　有机反应活性中间体

有机反应中常见的活性中间体有碳正离子、碳负离子、自由基、碳烯和氮烯等。它们非常活泼，多数寿命很短，仅以中间体的形式存在并迅速转化为稳定的分子。

烯醇负离子也是常见的以碳为亲核原子的中间体，在此处加以讨论。

1.4.1　碳正离子

碳正离子为带一个正电荷，成三键六电子的活泼碳中间体。

（1）形成　一般而言，碳正离子都是在酸性、中性或很弱的碱性条件下形成。

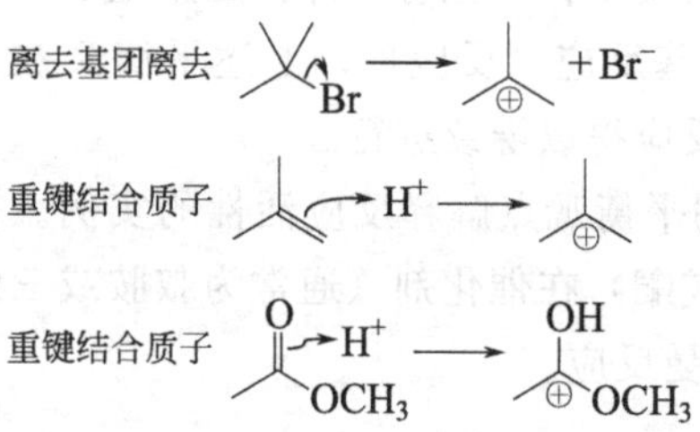

图 1-13　碳正离子的主要形成方式

见图 1-13，与碳相连的基团，即离去基团，带着与碳共享的一对电子离去，就形成了碳正离子，离去基团的离去通常需要在酸的催化下完成。此外，双键或三键中的一对 π 电子从碳上离去，与一个质子或其他碳正离子结合，也可以形成碳正离子。这也属于从碳上离去一对电子的情形，所以从本质上讲，常见的经典碳正离子的形成只有与碳相连的基团，带着与碳共享的一对电子离去这一种情形。

（2）结构与稳定性　烷基碳正离子的中心碳原子是 sp^2 杂化的，三个成键轨道共平面，空 p 轨道垂直于成键平面。

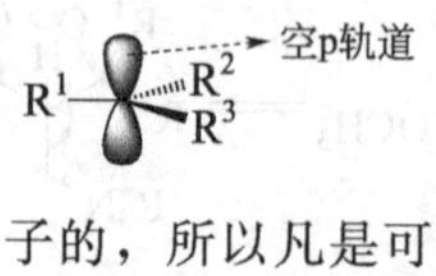

由于碳正离子的中心原子是缺电子的，所以凡是可以增加其电子云密度的因素，即分散正电荷的因素，都可以稳定碳正离子，其中较为重要的因素有超共轭效应、共轭效应和杂化效应。

①　超共轭效应　简单的烷基碳正离子的稳定性顺序为叔＞仲＞伯。已发现很多伯或仲碳正离子重排为叔碳正离子的实例，这是因为伯或仲碳正离子不够稳定。这种稳定性顺序可用超共轭效应来解释。

② **共轭效应** 烯丙基碳正离子和苄基碳正离子由于共振结构的存在，可以把正电荷分散到相邻的双键上或苯环上，从而获得较好的稳定性。

烯丙基碳正离子的共振结构如下：

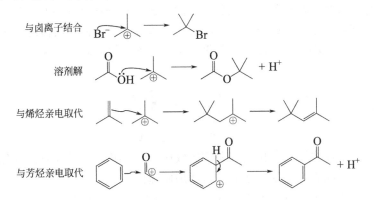

苄基碳正离子的共振结构如下：

可以推断，对于苄基碳正离子，如果亚甲基的对位有供电子基，例如甲氧基，该碳正离子的稳定性会增加。

另一个受共轭效应影响的实例是在碳正离子的邻位存在带有孤对电子的杂原子，如氧、氮和氯等，这种离子也可由共轭效应而得到稳定。

③ **杂化效应** 产生于 sp^2 和 sp 杂化碳上的碳正离子很不稳定，一般而言，杂化轨道中的 s 成分越高，其对应的碳正离子越不稳定，即烷基碳正离子、烯基碳正离子和炔基碳正离子的稳定性依次降低。

总的来说，碳正离子的稳定性顺序一般为 $CH_3CO^+ \approx (CH_3)_3C^+ \gg PhCH_2^+ > (CH_3)_2CH^+ > H_2C=CHCH_2^+ \gg CH_3CH_2^+ > H_2C=CH^+ > Ph^+ > CH_3^+$。

(3) 反应活性 碳正离子的反应主要有三类，即与亲核试剂结合、重排和消除。

① **与亲核试剂结合** 碳正离子是缺电子物种，是路易斯酸，所以其主要反应就是作为亲电试剂与富电子物种反应，例如与卤素阴离子反应，在水或乙酸等具有弱亲核能力的溶剂中发生溶剂解，或与烯烃或芳烃发生亲电取代等，见图1-14。

图 1-14　碳正离子与常见亲核试剂的反应

但是，碳正离子一般没有机会与碳负离子、胺类、烷氧基负离子、烯醇负离子等强亲核试剂反应，因为这些强亲核试剂都是强碱，与碳正离子生成及存在的条件正好相反。简而言之，碳正离子和碳负离子无法同时存在，自然也就没有机会反应。

② **重排** 碳正离子的另一类重要反应是重排，重排的倾向是从不稳定的碳正离子重排到稳定的碳正离子，例如用溴代异丁烷与苯在路易斯酸催化下反应，得到的产物是叔丁苯而

不是异丁苯，原因就在于异丁基碳正离子会重排为更稳定的叔丁基碳正离子，之后再发生傅-克（Friedel-Crafts）烷基化反应。

碳正离子重排

③ **消除** 碳正离子为吸电子基，导致其邻位的氢具有酸性，所以碳正离子容易发生的另一类反应是消除，这也是由羰基化合物或烯烃等重键底物酸催化下生成碳正离子的逆反应。

形成碳正离子   脱氢消除

1.4.2 碳负离子

碳负离子带一个负电荷，即有一对未共享电子的活泼碳中间体。

(1) 形成 经典碳负离子的概念是与有机金属化合物紧密相关的。有机金属化合物是指碳与金属直接相连的化合物。有一些碳-金属之间的化学键是共价键，比如碳-汞键。而碳在与更活泼的金属元素成键时，电子则更靠近碳原子，使得其化学键可以称为离子键或极性共价键，那么这类有机金属化合物中相应的带负电荷的碳可称为碳负离子。

碳-金属之间的化学键是共价键还是离子键，主要取决于金属的性质、碳片断的性质、溶剂效应以及一些尚不十分明确的因素。常见的容易形成碳负离子的金属有锂、镁和钠等活泼金属，这些金属与卤代烷通过自由基机理反应就得到了碳负离子。

烷基锂
碳负离子

(2) 结构与稳定性 简单的烷基碳负离子因为还没有分离得到，其结构尚不清楚，但一般认为有两种可能：一是中心碳原子以 sp^3 杂化，孤对电子占据四面体的一角，具有胺一样的金字塔结构；二是中心碳原子以 sp^2 杂化，孤对电子占据 p 轨道。无论哪种结构，其负电荷都是定域的。

sp^3 杂化 sp^2 杂化

碳负离子的稳定性主要受杂化效应和诱导效应影响，其稳定性随着其杂化轨道 s 轨道的成分的增加而提高，随着烷基取代基数目的增加而降低。

$$RC\equiv C^- > R_2=CH^- \approx Ar^- > CH_3^- > CH_3CH_2^- > (CH_3)_2CH^-$$

(3) 反应活性 作为亲核试剂，碳负离子可与多种缺电子物种反应。如二氧化碳、卤代烷、磺酸酯、硫酸酯、环氧化物和各类羰基化合物（包括醛、酮和羧酸衍生物）等。以下为甲基碘化镁与丙烯醛的反应机理。

碳负离子的碱性也很强，有时也可作为强碱夺取底物中的活泼氢，产生新的带负电荷的亲核试剂。例如，由于空间效应，叔丁胺的亲核能力较低，难以与酯发生胺解反应，解决方法之一是使叔丁胺先与甲基氯化镁反应得到叔丁氨基氯化镁，其中的叔丁胺负离子可与酯顺利发生胺解反应，反应式见图1-15。

$$(CH_3)_3CNH_2 + CH_3(MgCl)^+ \longrightarrow (CH_3)_3CNH^-(MgCl)^+ + CH_4$$

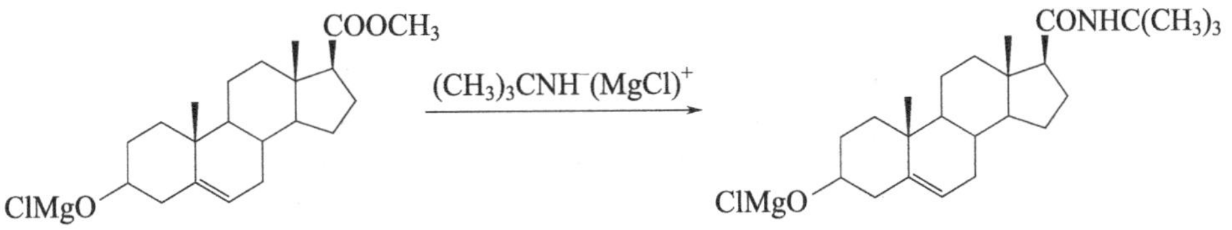

图1-15 格利雅试剂作为强碱参与的胺解反应

碳负离子也可以发生重排，但不像碳正离子重排那样常见。例如2-苯基乙基碳负离子可重排为1-苯基乙基碳负离子，因为后者更稳定。

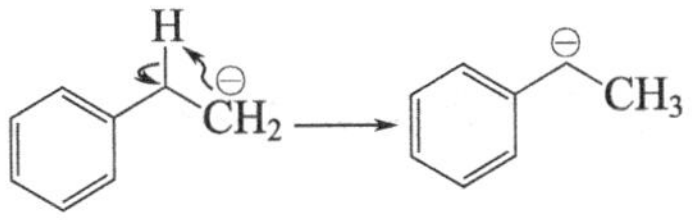

1.4.3 烯醇负离子

烯醇负离子是指酮式结构的烯醇式通过脱质子所得的负离子。其前体可以是含有活泼 α-氢的醛、酮、羧酸及其衍生物和 β-二酮化合物及其类似物，以下为酯的酮式结构、烯醇式结构和烯醇负离子。

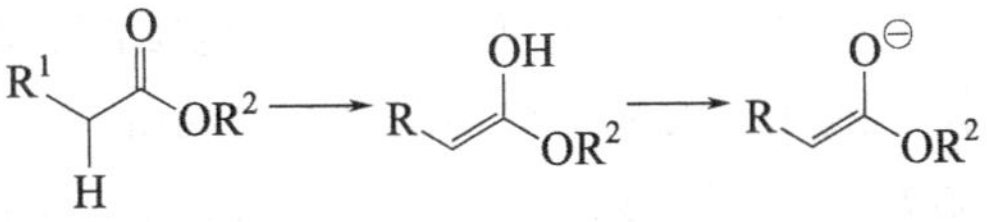

酮式结构　　　　烯醇式结构　　　　烯醇负离子

（1）烯醇负离子与经典碳负离子的区别　在有机化学类专著中，烯醇负离子是很少拿出来与碳负离子并列讨论的，而是直接把它们合在一起称为碳负离子。即在概念上加以区分，例如称烯醇负离子为稳定化的碳负离子（stabilized carbanion）而不是直接称碳负离子（carbanion），但是，在讨论碳负离子的稳定性时，也总是把相邻的羰基、硝基和氰基等吸电子的共轭效应纳入讨论，这实际上就是在讨论烯醇负离子的稳定性，也在事实上把碳负离子和烯醇负离子这两个概念合在了一起。

实际上，如果将碳负离子定义为有机锂和格利雅试剂这样的有机金属化合物，那么碳负离子和烯醇负离子是有很多不同的，主要表现在以下几方面：

① 形成　碳负离子形成条件苛刻，通常是用卤代烷与活泼金属反应才能获得。而烯醇负离子一般通过强碱（醇钠、氢化钠和二异丙氨基锂等）夺取羰基化合物（及其类似物）的活泼氢获得，甚至有些情况下采用廉价的氢氧化钠等无机碱就可获得满意的反应结果。

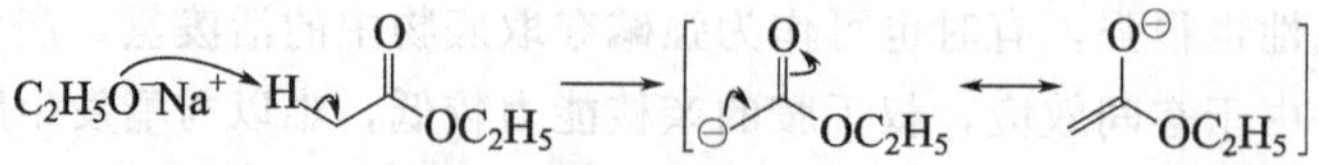

② 电荷的分布　有机金属化合物所对应的经典碳负离子的负电荷是定域在碳上的。而烯醇负离子的负电荷是离域在 α-碳和羰基氧上，α-碳和羰基氧各自带有一部分负电荷，共振结构就表达了这种电荷的离域。更为重要的是，根据共振结构规则，负电荷集中在电负性大的氧原子上的极限式对共振结构贡献大。既然大部分负电荷已经在氧上了，何谈碳负离子呢？

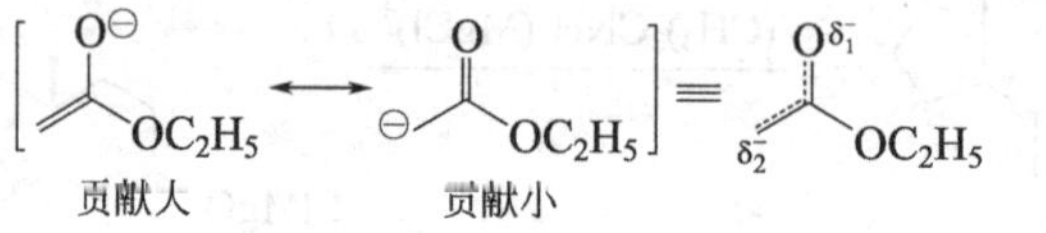

$\delta_1^- + \delta_2^- = \ominus$，$\delta_1^-$电子云密度高于$\delta_2^-$

③ 质子溶剂的耐受性　很多烯醇负离子就产生于质子溶剂中，例如用乙酸乙酯合成乙酰乙酸乙酯时，所用的溶剂就是乙醇。而质子溶剂是经典碳负离子的猝灭剂，如果底物中含有活泼氢，或者要预先把它置换为金属盐，或者就多投一个当量的有机金属化合物，以备活泼氢消耗。

④ 反应活性　一般而言，有机金属化合物的亲核能力要显著高于烯醇负离子，有机金属化合物为"硬碱"，即强亲核试剂，烯醇负离子为"软碱"，即弱亲核试剂，这应与负电荷的定域离域的差别有关。

(2) 烯醇负离子的稳定性　烯醇负离子的稳定性主要受活泼氢所在碳的邻位的吸电子基的吸电子能力和数目的影响，其吸电子能力越强、数目越多，对应的烯醇负离子就越稳定，生成该负离子所用的碱就可以越弱。

常见吸电子基的强弱顺序为：$-NO_2 > -COR > -SO_2R > -CN > -CO_2R > -SOR > -Ph$。

能生成烯醇负离子的底物都为活泼亚甲基化合物，包括醛、酮、酯、β-二酮、β-羰基酯、丙二酸酯、丙二腈、氰乙酸酯、乙酰乙酸乙酯以及苄腈等。

(3) 反应活性　烯醇负离子为亲核试剂，可与多种缺电子物种反应，如卤代烷、磺酸酯、硫酸酯和各类羰基化合物（包括醛、酮和羧酸衍生物）等。

例如丙二酸二乙酯在乙醇钠作用下可与苯甲酸甲酯反应生成 2-位酰化产物，见图 1-16。

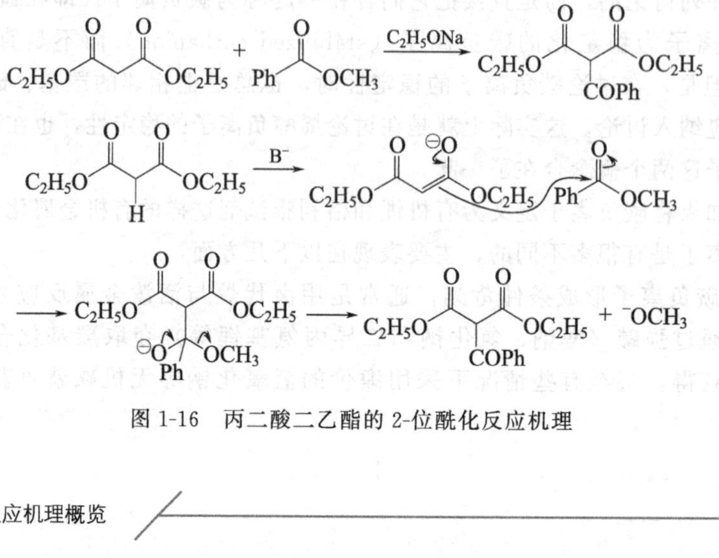

图 1-16　丙二酸二乙酯的 2-位酰化反应机理

这里就有一个问题，既然烯醇负离子的氧担负了大部分负电荷，那么为什么亲核的原子是碳而不是氧呢？为什么不是像图 1-17 这样得到氧酰化产物呢？

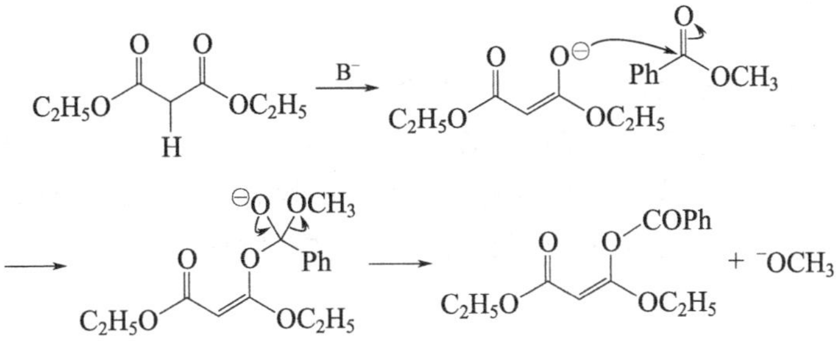

图 1-17　烯醇负离子亲核位点的选择性

原因之一是氧的电负性较大，不易与其他原子共享电子，即负电荷的氧比负电荷的碳亲核能力弱，碳上电子密度低会降低反应速率，但不会改变反应的选择性；另一个原因是在氧上取代时所得产物为烯醇醚或烯醇酯等，这些产物不够稳定，尤其是后处理中用酸猝灭反应时。

1.4.4　其他带负电荷的碳中间体

还有一类带有负电荷的碳中间体与上述碳负离子和烯醇负离子在形成方式和电荷分布状态等方面都有所不同。如环戊二烯类负离子和苄基类负离子，这些负离子是烯丙位或苄位的活泼氢被碱夺取的产物，它们可以不依赖于卤化物与活泼金属反应而获得。另一方面，其负电荷与烯烃或芳烃的 π 键共轭，所以其与负电荷定域的碳负离子不同，与负电荷主要集中在氧原子的烯醇负离子也不同。

图 1-18 中的共振结构分别表达了环戊二烯负离子和苄基负离子的电荷离域情况。

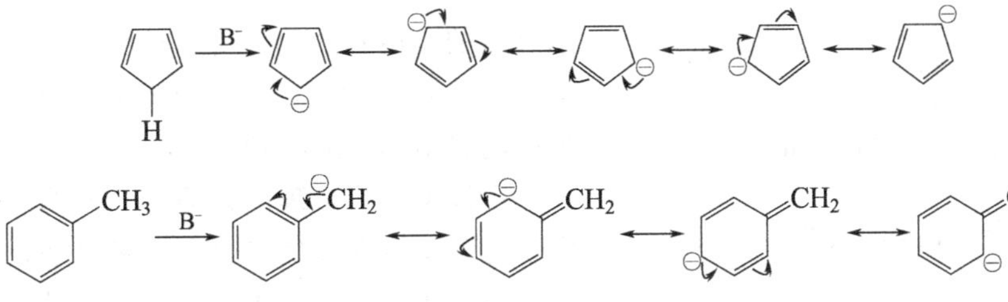

图 1-18　环戊二烯负离子和苄基负离子的共振结构

有机化学相关专著中把这类负离子也归类为碳负离子。

这类碳负离子也是很好的亲核试剂。讨论芳香性时引用的茚的羟甲基化就是这类碳负离子合成应用的实例。再例如由甲苯合成布洛芬的原料异丁基苯，也是通过苄基负离子反应的，反应如下。

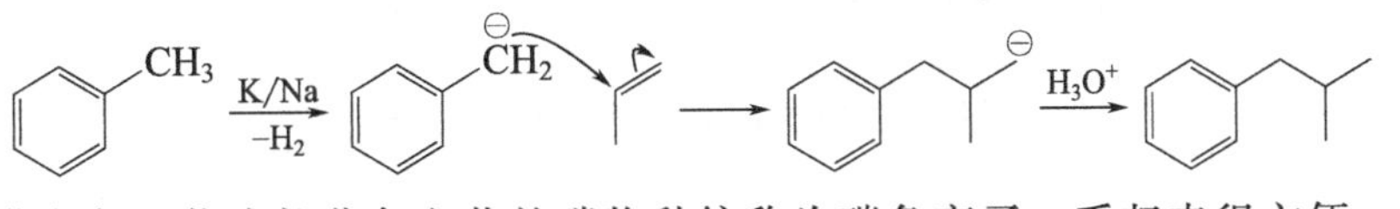

把上述带有负电荷或部分负电荷的碳物种统称为碳负离子，看起来很方便，此外，把定

义的内涵约束的窄一些，严格一些，有利于减少歧义，这也是提高交流效率的方法。

1.4.5 自由基

自由基是含一个或多个未成对电子的活性物种。

（1）形成　自由基产生于共价键的均裂。其能量来源主要有热和光两种途径，另外自由基与中性物种反应也可以生成新的自由基。共价键的均裂常发生在同种杂原子所成的共价键，或 π 键及其他能形成稳定自由基的位点。以下为酮气相条件下光解为酰基自由基和烷基自由基的过程。

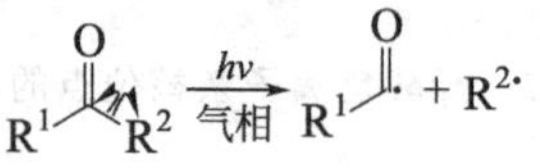

以下为过氧化苯甲酰热解为苯基自由基的过程。

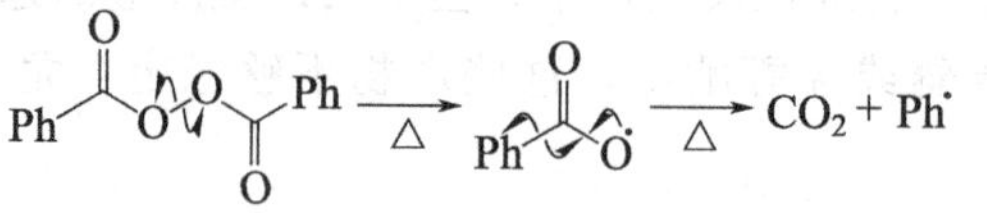

（2）结构与稳定性　烷基自由基中心碳原子是 sp^2 杂化的，三个 σ 键共平面，单电子占据与分子平面垂直的 p 轨道。

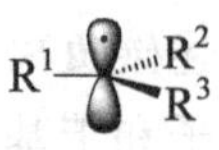

自由基是缺电子物种，其稳定性的影响因素与碳正离子相似。

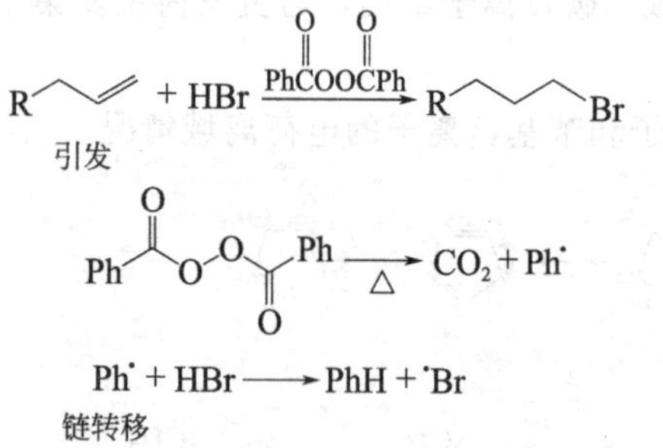

图 1-19　烯烃与氢溴酸自由基加成的反应机理

（3）反应活性　自由基的典型反应是链转移和链终止。

链转移反应是一个自由基与一个中性分子反应生成新的自由基和新的中性分子的过程，由于总有新的自由基产生，所以反应不会停止。

图 1-19 表达了过氧化物存在下烯烃与氢溴酸加成的自由基反应机理。

由以上反应机理可以看出，写自由基反应的要点是若干链转移反应合在一起就是总的反应。

链终止是两个自由基反应，生成一个中性分子（偶联）或生成两个中性分子（歧化）的反应，由于反应之后没有了自由基，所以反应也就停止了，见图 1-20。

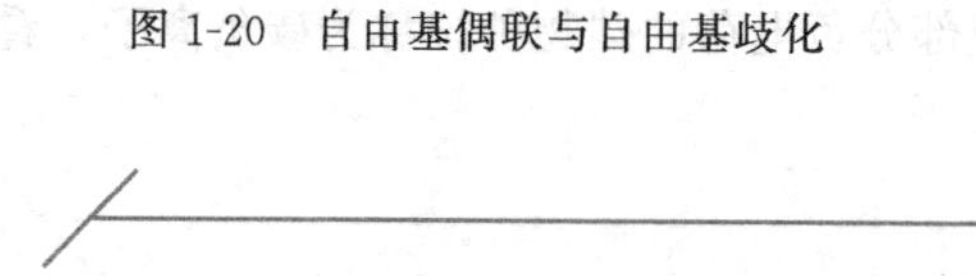

自由基偶联

自由基歧化

图 1-20　自由基偶联与自由基歧化

在第一个链转移反应中消耗掉，又在最后一个链转移反应中再生的自由基承担着让链转移反应一直进行下去的任务，称为载链自由基（chain-carrying radical）。上述示例中的溴自由基就是载链自由基。

画自由基机理时，选择正确的载链自由基很重要，否则得不到正确的产物。例如图1-21所示2-甲基丙烷用次氯酸叔丁酯氯化，正确产物是2-氯二甲基丙烷，载链自由基是叔丁氧自由基。

如果把载链自由基改为氯自由基，则产物为醚，而不是氯代产物，见图1-22。

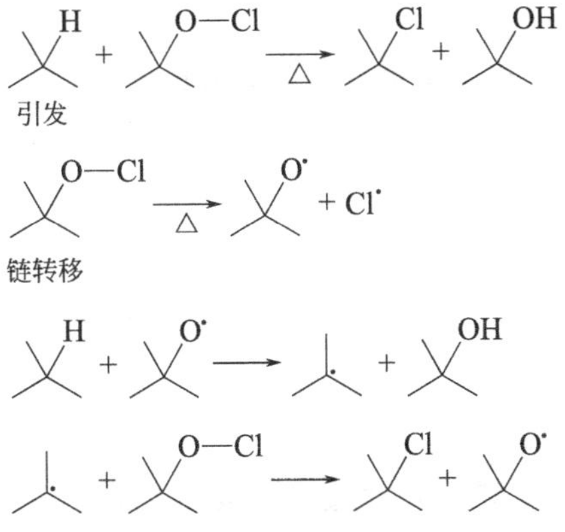

图 1-21 叔丁氧自由基为载链自由基

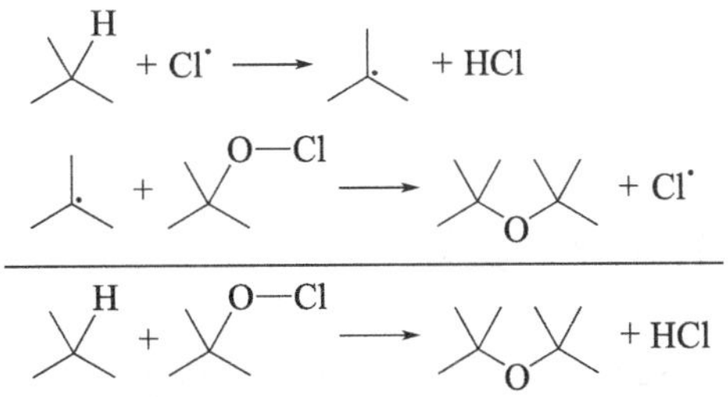

图 1-22 氯自由基为载链自由基

不对称原料共价键均裂产生两个不同的自由基，哪个作载链自由基才能得到与实际反应结果相同的产物？可以认为高反应活性的自由基更容易成为实际的载链自由基，本例中就是叔丁氧自由基。

1.4.6 碳烯

碳烯是高反应活性的两键六电子碳物种。

（1）形成 碳烯是通过α-消除形成的。以下为氯仿在碱性条件下形成二氯碳烯的过程。

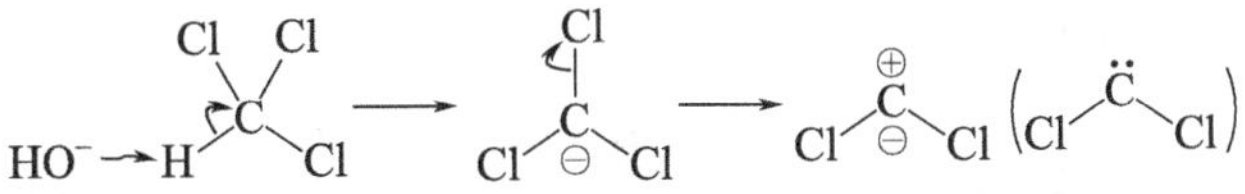

以下为α-重氮酮形成碳烯的过程。

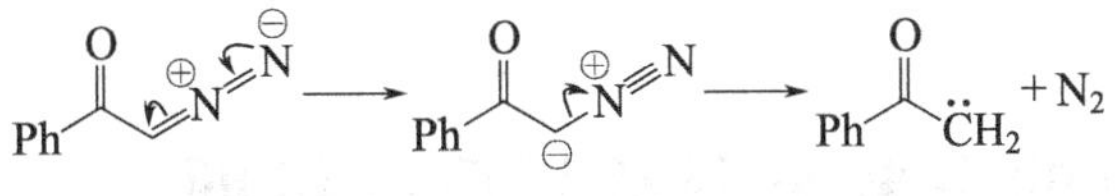

（2）结构 碳烯中心碳原子为sp^2杂化，与相连的基团成两个共价键，四个价电子，另两个电子以反向自旋共同占据一个sp^2轨道，留有一个空p轨道的为单线态碳烯；另两个电子以同向自旋分别占据一个sp^2轨道和p轨道的为三线态碳烯，见图1-23。

重氮甲烷液相光分解可得单线态碳烯，而在光敏剂二苯甲酮存在下光解则产生三线态碳烯。

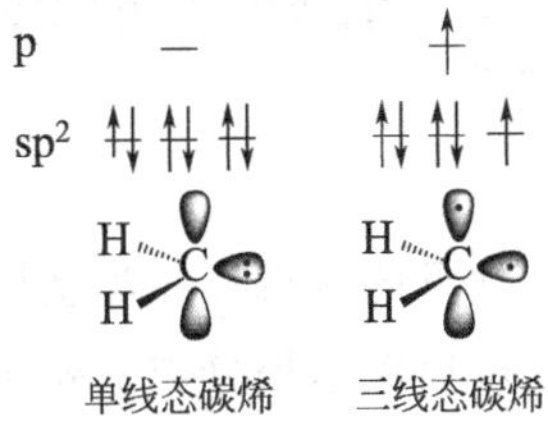

单线态碳烯　　三线态碳烯

图 1-23 单线态和三线态碳烯的外层电子排布

(3) 反应活性　碳烯的典型反应有与烯烃加成（见 3.4 节）、插入、取代和重排等反应。

① 插入　碳烯可以插入到碳氢键、氧氢键、碳卤键、氮氢键、硫硫键、硫氢键和碳金属键等，合成上有重要的应用。下图中 X-Y 代表上述被碳烯插入的化合物，反应的结果是 X 和 Y 之间的化学键断开，插入了二烷基亚甲基。

$$X-Y \longrightarrow \left[\begin{array}{c} X \cdots Y \\ R \cdots R \end{array} \right]^{\ddagger} \longrightarrow \begin{array}{c} X \quad Y \\ R \quad R \end{array}$$

② 取代　典型反应如瑞默-悌曼（Reimer-Tiemann）反应，即碱性条件下氯仿与酚作用生成水杨醛的反应，见 10.1.3 节（2）。

③ 重排　典型反应如沃尔夫（Wolff）重排，即 α-重氮酮重排为烯酮的反应。

1.4.7　氮烯

氮烯为成单键六电子的活性物种。与碳烯类似，氮烯也是通过 α-消除获得的。以下为 N-溴代酰胺转化为氮烯的过程。

以下为酰基叠氮化物转化为氮烯的过程。

氮烯的主要反应也与碳烯类似，主要有加成、插入和重排等。以下为霍夫曼（Hofmann）降解反应，即由酰胺得到的氮烯重排为异氰酸酯，之后水合脱羧得到酰胺的反应，详细机理可见 12.3.3 节。

1.5　有机反应的主要类型及其反应机理

常见的有机反应类型按化学键的重组方式可以分成自由基型反应、离子型反应和协同反应；按反应结果分类主要包括加成、消除、取代、重排、氧化还原和周环反应。

共价键的均裂产生自由基，再由自由基进行后续反应，称为自由基型反应，典型反应有烷烃的自由基卤化等。共价键的异裂产生正负离子，由此引发的反应称为离子型反应。协同反应指的是旧键的断裂和新键的形成相互协调地在同一个步骤中完成的反应，有些反应经过环状过渡态，周环反应是典型的协同过程。

1.5.1　加成反应

加成反应一般发生于有机化合物的双键或三键上，也发生于小环化合物上，加成反应的结果是两个分子反应得到一个分子，通俗讲就是把一个分子分成两块，分别放到另一个分子的两个位置上。以下为烯烃加成氢溴酸的反应。

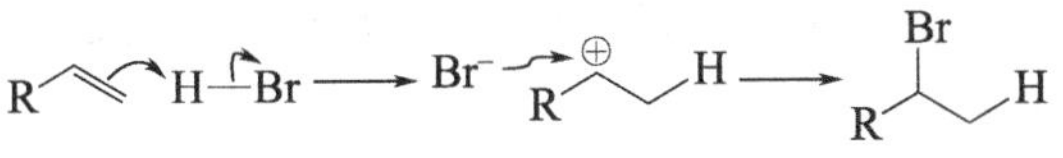

以下为环氧乙烷与胺开环加成的反应。

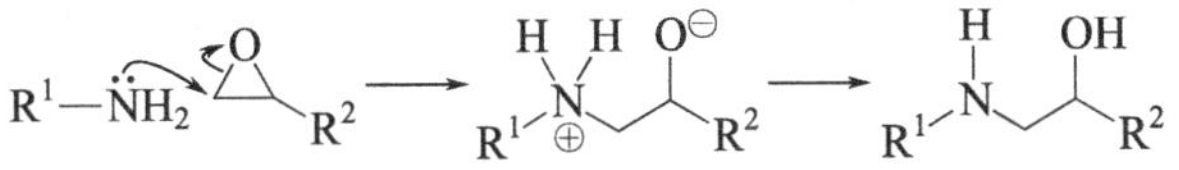

上述反应为离子型机理，某些加成反应也可按自由基机理进行。

1.5.2　消除反应

与加成反应相反，消除反应是在一个分子上去掉两个基团，按离去的两个基团的相对位置，消除反应可以分为 β-消除、α-消除和其他消除（主要是 γ-消除），见图 1-24，在相邻的两个原子上消除两个基团为 β-消除，产物是重键化合物，在同一个原子上消除两个基团为 α-消除，产物是碳烯或氮烯，在相隔一个原子的两个原子上消除两个基团为 γ-消除，产物是小环化合物。消除反应中以 β-消除最为常见。

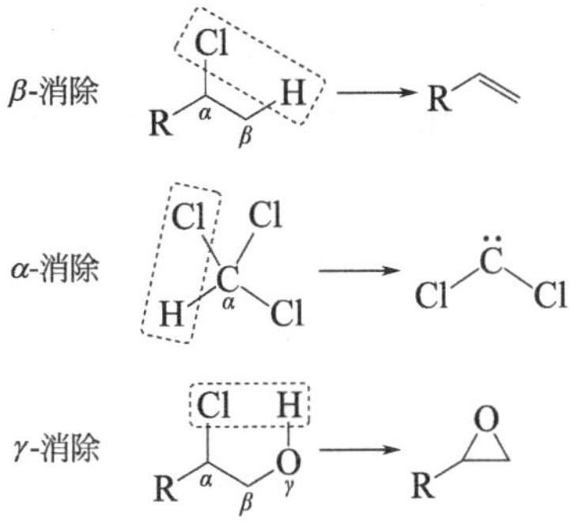

图 1-24　常见的消除方式及产物

常见的 β-消除又主要分为双分子 E2 消除和单分子 E1 消除，见图 1-25。

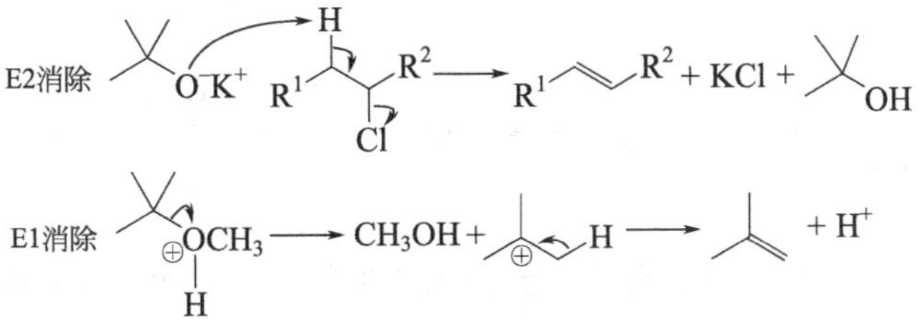

图 1-25　β-消除的常见分类及反应机理

1.5.3　取代反应

取代反应是指分子中一个基团被另一个基团置换的反应。取代反应主要有亲核取代和亲电取代两种类型。

（1）亲核取代　亲核取代即由亲核试剂进攻发生的取代反应，其底物是卤代烷或羧酸衍生物等兼有缺电子中心和离去基团的化合物。基于简单的电荷平衡原则，既然亲核试剂是富电子物种，那么被它取代掉的基团，即离去基团也一定是富电子的，亲核试剂带给底物一对电子，被取代掉的基团必定要从底物上带走一对电子，所以被取代的基团大多是卤素等具有吸电子能力的基团。

亲核取代又分为饱和碳原子（sp^3杂化的）上的亲核取代和sp^2杂化碳上的亲核取代，sp^2杂化碳上的亲核取代的主要反应底物是羧酸及其衍生物（碳氧双键）和芳烃（碳碳双键）。

① 饱和碳原子上的亲核取代　饱和碳原子上的亲核取代分为双分子亲核取代（S_N2）和单分子亲核取代（S_N1）。S_N2反应中旧键的断裂和新键的形成是同步的，而S_N1反应则经过碳正离子中间体，由两步完成。

伯醇钠与伯卤代烷反应成醚是典型的S_N2反应。

S_N2反应　$R^1\!\diagdown\!O^-Na^+\ R^2\!\diagdown\!Cl \longrightarrow R^1\!\diagdown\!O\!\diagup\!R^2 + NaCl$

叔卤代烷在醇中的溶剂解通常为S_N1反应。

S_N1反应　$Ph\!\diagdown\!Br \longrightarrow Br^- + Ph\!\diagdown\!\oplus\ H\ddot{O}C_2H_5 \xrightarrow{-H^+} Ph\!\diagdown\!OC_2H_5$

② sp^2杂化碳上的亲核取代：羧酸及其衍生物　羧酸及其衍生物的亲核取代一般按加成消除机理或碳正离子机理进行。

非酸催化的反应一般按加成消除机理进行，例如碱催化的酯交换，或酰氯的水解等。

加成消除机理

酸催化下，如果离去基团能够先离去并形成较稳定的碳正离子，那么反应可以按碳正离子机理进行，否则也是加成消除机理。例如苯甲酸类化合物酸催化酯化一般按碳正离子机理进行，如五氧化二磷催化的苯甲酸的酯化。

碳正离子机理

酰基碳正离子可以视为羧酸衍生物的消除产物，所以这类反应也可以认为是按消除加成机理进行的。

酰基碳正离子　　消除

③ sp^2杂化碳上的亲核取代：芳烃　芳烃上常见的亲核取代一般在碱性条件下进行，可以是加成消除机理，也可是消除加成机理，这取决于芳烃的结构和碱的强度。

一般而言，如果芳烃上吸电子基和离去基团并存，反应通常按加成消除机理进行，例如对硝基氯苯的碱解。

加成消除机理

如果芳烃上只有离去基团而没有吸电子基，但是亲核试剂为强碱，那么反应通常按消除加成机理进行，由于经过苯炔中间体，所以也称苯炔机理，例如液氨中溴苯与氨基钠作用生成苯胺的反应。

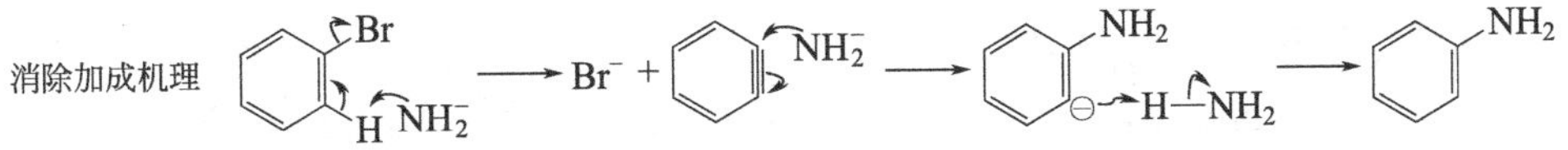

消除加成机理

芳烃上还有一类亲核取代是酸性条件下通过碳正离子机理进行的，典型反应如重氮盐置换，例如希曼（Schiemann）反应，见 6.4.5 节。

④ 为什么不能直接取代　sp² 杂化的碳原子上的亲核取代为什么不能像 S_N2 反应那样直接取代，一步协同完成？见图 1-26，以羧酸衍生物乙酸甲酯的水解为例，原因有二：其一是在 sp² 杂化体系中离去基团联结在具有更多 s 轨道成分的碳上，因而较联结在 sp³ 杂化的碳上的离去基团更难离去；其二是 sp² 杂化体系的三个基团共平面，离去基团的背面仍然在该平面内，亲核试剂即氢氧根从离去基团的背面进攻时，空间障碍很大，而加成则是从垂直于该平面的位置进攻，位阻显然小很多。

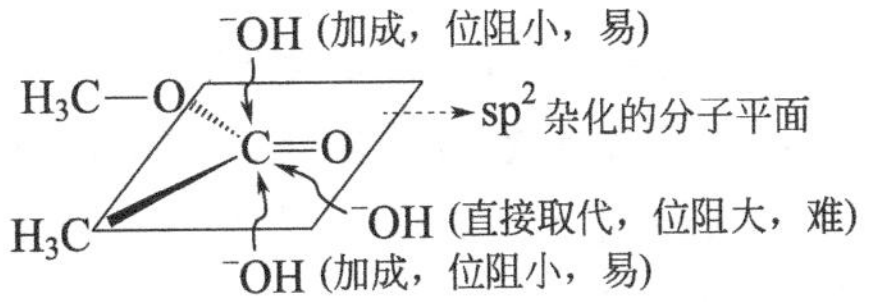

图 1-26　加成消除与直接取代的空间效应

(2) 亲电取代　亲电取代即由亲电试剂进攻发生的取代反应，其底物多为具有富电子中心的烯烃和芳烃等，见图 1-27。同样基于电荷平衡原则，可以确定被取代的基团，即离去基团通常为质子。

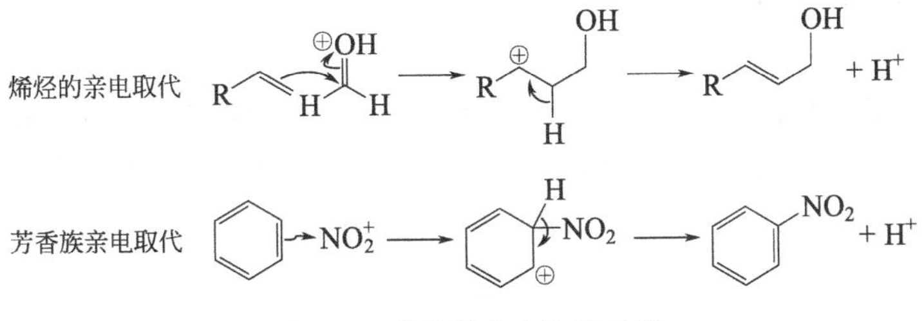

烯烃的亲电取代

芳香族亲电取代

图 1-27　常见的亲电取代类型

还有一类发生在脂肪族碳原子上的亲电取代，尽管并不十分罕见，但相关教材中很少单独讨论。与脂肪族亲核取代类似，脂肪族亲电取代也有单分子亲电取代（S_E1）和双分子亲电取代（S_E2）之分，其涵义也相似。此类反应中的亲电试剂是质子、金属离子或卤素等带有正电荷或部分正电荷的基团，离去基团也是碳正离子或金属离子等带有正电荷的基团。下面的有机汞化合物的溴代为 S_E2 机理。

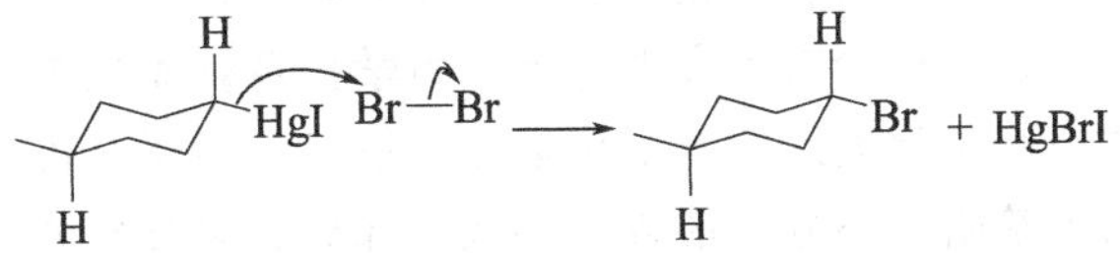

1.5.4　重排反应

分子重排反应指同一分子内，某一原子或基团从一个原子迁移到另一个原子形成新的分子的反应。其涉及面较广，按其迁移基团的迁移方式大致可分为从碳原子到碳原子的重排、从碳原子到杂原子的重排以及从杂原子到碳原子的重排等几种。下述反应表达了环己酮肟重排为己内酰胺的反应机理。

1.5.5 氧化还原反应

有机化学中的氧化还原常常是指碳原子氧化态的变化，表现为碳原子所连氢原子（或碳原子）和氧原子数目的变化，如醇转化为醛时分子中氢原子数减少了，为氧化反应，而酯转化为醛或酮时羰基碳所连氧原子数减少了而氢（或碳）原子数增加了，为还原反应，这是比较狭义的定义。

广义的氧化还原定义为电子或电荷的转移与偏移，例如烷烃中碳氢键的电子对是偏向碳的，氢被氯取代后，碳氯键的电子对是偏向氯的，因此烷烃转化为氯代烷也是氧化反应。一般情况下，我们所讨论的氧化还原还是指狭义的定义。

1.5.6 周环反应

周环反应一般是指协同的、经过环状过渡态的、电子以单一连续方式重新分布的反应，主要包括电环化转化、环加成、σ-迁移和烯反应等。以下柯普（Cope）重排为周环反应的实例。

1.6 有机反应的驱动力

有机反应可以由焓减、熵增或这两个过程联合驱动。由少数分子生成多数分子的反应是熵增驱动的，而生成更稳定分子的过程则主要是焓减驱动的。

实施一般的有机反应之前很少有人会去进行热力学计算，而且多数有机化合物的热力学数据也是不全的，除非那些非常大宗的重要化品。所以，判断有机反应的驱动力一般是从以下几方面考虑，即离去基团、小分子形成、环张力释放和芳香性分子的形成等。

1.6.1 离去基团

对于亲核取代或消除反应，离去基团的性质常常成为这些反应能否发生的关键。一般而言，离去基团越容易离去，其反应越容易进行，反之则需要很强的亲核试剂或强烈的反应条件。

好的离去基团应满足以下三个要求：①具有强的吸电子能力，使其容易从底物上带着一对电子离去。②离去之后碱性要弱，对应的亲核能力弱，可以降低反应的可逆性。③基团半径要大，这样有利于分散过渡态的电荷。

非常好的离去基团有对硝基苯磺酸负离子、对溴苯磺酸负离子、对甲基苯磺酸负离子、九氟丁磺酸负离子、三氟甲磺酸负离子、甲磺酸负离子和氮气等；好的离去基团有碘、溴和氯负离子；中等的离去基团有水、氨和乙酸根等；差的离去基团有氟离子、氢氧根和烷氧基负离子；很差的离去基团有氨基负离子、烷氨基负离子、氢根、烷基负离子和芳基负离子等。图1-28总结了常见离去基团的离去能力。

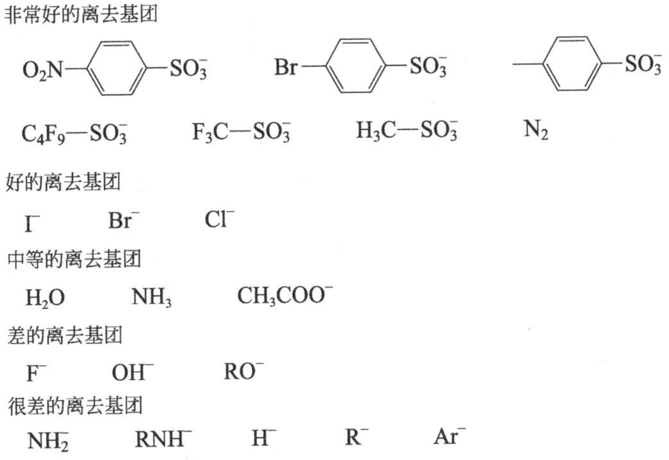

图 1-28 常见离去基团及其离去能力

提高离去基团的离去能力，就能使反应加速。在氯代烷参与的亲核取代反应中加入碘化钾往往能加速反应，原因就在于通过卤素置换反应把氯变成更容易离去的碘。

更为通用的方法是提高原离去基团的吸电子能力，比如羟基、烷氧基或氨基质子化，卤素与三氯化铝等路易斯酸结合，羟基转化为磺酸酯、氯代亚硫酸酯或硫酸酯、伯胺转化为双磺酰胺等，见图1-29。

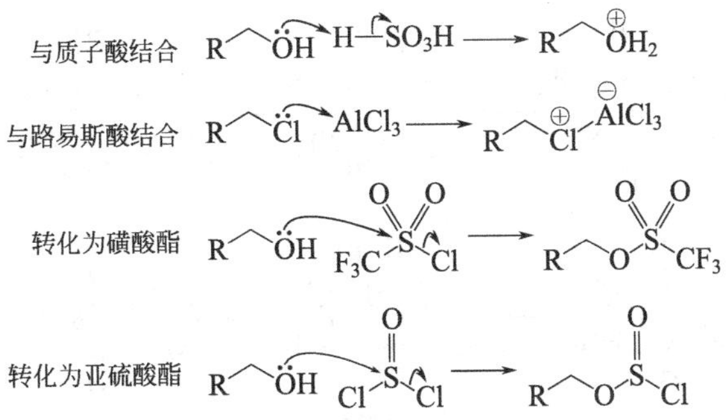

图 1-29 提高离去基团离去能力的常见方法

1.6.2 小分子形成

生成稳定的小分子既是焓减过程也是熵增过程，因此成为化学反应的驱动力。这些稳定的小分子包括氮气、二氧化碳、一氧化碳、水和无机盐等。

1.6.3 环张力释放

三元环和四元环的张力较大，释放环张力也可以成为反应的驱动力。例如环氧化合物容易发生开环加成反应。再如图 1-30 所示化合物中环外双键质子化后发生碳正离子重排，底物中的四元环变为五元环，环张力得以释放。

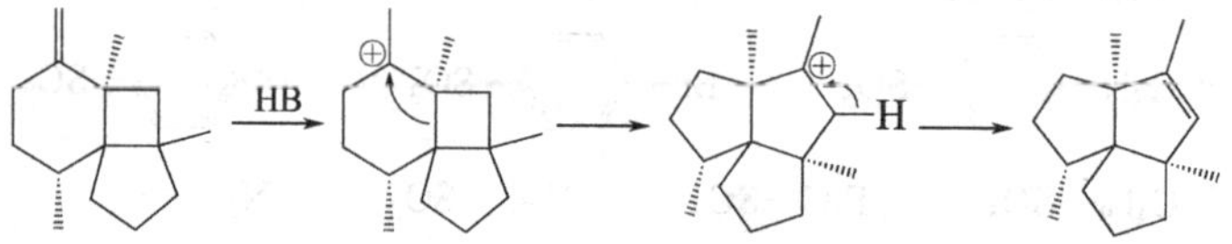

图 1-30　环张力释放所致碳正离子重排

与环张力释放相对应，五元环和六元环较为稳定，比较容易形成，也可以成为反应的驱动力。

1.6.4 形成芳香分子

形成芳香分子一般称为芳构化。芳香性分子能量低，所以芳构化显然是焓减过程。

氨是中等的离去基团，所以胺类化合物常规条件下是不容易消除为烯烃的，但费舍尔（Fischer）吲哚合成中，氨却作为离去基团离去了，发生了消除，这应与消除产物吲哚具有芳香性有关，见图 1-31。

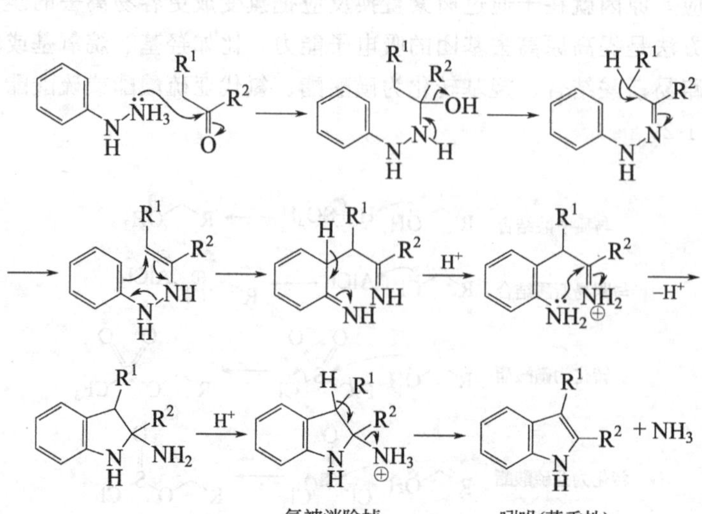

图 1-31　费舍尔吲哚合成的反应机理

1.7 有机物的反应活性及反应机理分析

以化学的概念而言，不论是无机化合物还是有机化合物，其结构决定了性质。对于各类有机化合物，其结构决定了其物理性质，例如烷烃的碳链越长，其饱和蒸气压越低，沸点越高。

对于那些有"活性"的分子，其结构更是其性质和应用性能的决定性因素。

例如邻苯二甲酸脂肪醇双酯是一类应用广泛的树脂增塑剂，其邻苯二甲酸脂肪醇双酯这个结构特征决定了其增塑活性，而烷基链的结构不仅决定了其本身的沸点和闪点等物理性质，也决定了其与树脂本体的相容性和耐抽提性等应用性能，邻苯二甲酸二异辛酯、邻苯二甲酸二正丁酯和邻苯二甲酸二异丁酯是这类增塑剂的常见品种。而受阻酚抗氧剂的酚羟基邻位的高位阻取代基决定了其抗氧活性，其他取代基则决定了其熔点等物理性质，也决定了其与树脂本体的相容性和耐抽提性等应用性能，抗氧剂 2246 和抗氧剂 1010 是这类抗氧剂的常见品种，见图 1-32。研究高分子助剂的结构与性能关系以及助剂合成方法的学科称为助剂化学。

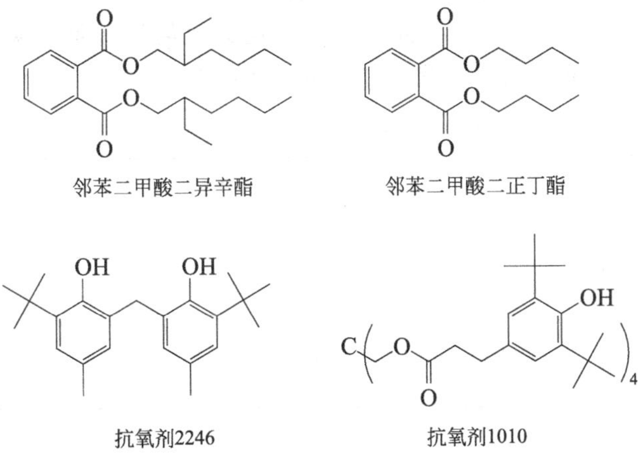

邻苯二甲酸二异辛酯　　　　　　　邻苯二甲酸二正丁酯

抗氧剂2246　　　　　　　　抗氧剂1010

图 1-32　增塑剂与抗氧剂的典型结构

再如 5-壬基-2-羟基苯甲醛肟是湿法冶金中的铜萃取剂，邻羟基苯甲醛肟这个结构决定了其可与二价铜离子形成较稳定的配合物，5-位壬基决定了其油溶性，其他取代基 R 的位置和电子效应决定了其与铜离子配合的反应速率和配合物的稳定性，从而衍生出应用于不同场合的不同品种，5-壬基-2-羟基苯乙酮肟的构效关系亦是如此，见图 1-33。研究萃取剂的结构与性能关系以及萃取剂合成方法的学科称为萃取剂化学。

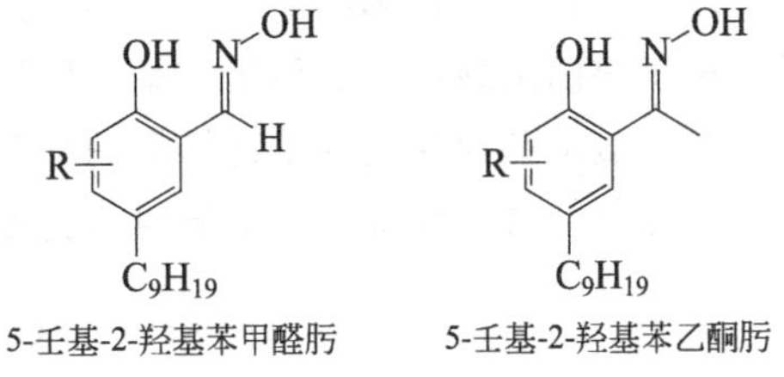

5-壬基-2-羟基苯甲醛肟　　　5-壬基-2-羟基苯乙酮肟

图 1-33　酚羟肟类铜萃取剂的结构通式

更典型的例子是药物分子的构效关系，比如对于青霉素类抗生素，研究表明 6-位的侧链主要决定其抗菌谱，以此发现为基础，药物化学家以 6-氨基青霉烷酸为原料开发了一系列实用品种，如阿莫西林，见图 1-34。

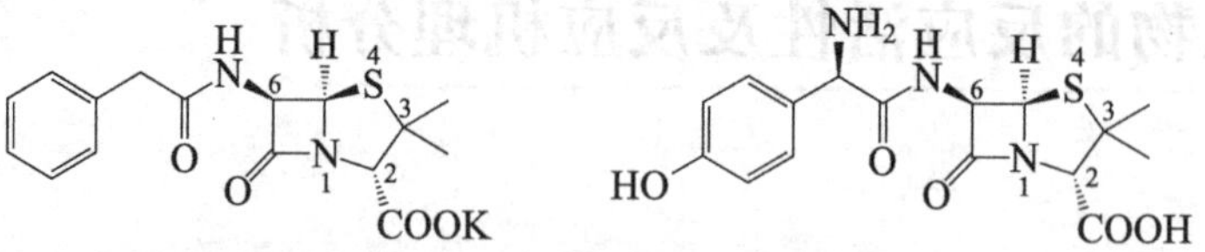

图 1-34　青霉素 G 钾与阿莫西林的结构

　　类似地，有机化学是研究有机化合物结构与反应活性关系的学科，有机化学的一个重要的叙述线索就是有机反应机理，那么如何基于有机物的结构来分析其反应活性？又如何从反应活性理解有机反应机理？这就要从元素的电负性开始。

1.7.1　元素的电负性与化学键的极化

　　多数有机反应依赖于带有正电荷（或部分正电荷）的分子与带有负电荷（或部分负电荷）的分子的相互作用而发生。在中性有机分子中，电荷和部分电荷的产生都依赖于成键元素相对电负性的差异。

　　相对电负性简称电负性，是元素的原子在化合物中吸引电子的能力的标度。数值越大，其原子在化合物中吸引电子的能力就越强。电负性的数值最初是由莱纳斯·鲍林（Linus Pauling）在 1960 年确定的，部分元素的相对电负性见表 1-1。

表 1-1　部分元素的相对电负性

H	B	C	N	O	F
2.1	2.0	2.5	3.0	3.5	4.0
Li	Al	Si	P	S	Cl
1.0	1.5	1.8	2.1	2.5	3.0
					Br
					2.8
					I
					2.5

　　注：元素下对应的数值即为相对电负性。数据引自 John McMurry 的 Organic Chemistry 英文原版（Cengage Learning 出版）2015 年第九版。

　　成键后，电子对偏向电负性大的元素的原子，使其拥有部分负电荷。因为双键上的 π 电子受原子核的束缚小，更易于流动，所以双键结构的可极化程度更高，电负性大的元素的原子的部分负电荷比相应的单键结构的部分负电荷更多。

　　碳和氢与常见元素原子成键时极化方式如下。

$$\overset{\delta^+}{C}\!-\!\overset{\delta^-}{Br} \quad \overset{\delta^+}{C}\!-\!\overset{\delta^-}{O} \quad \overset{\delta^+}{C}\!-\!\overset{\delta^-}{N} \quad \overset{\delta^+}{C}\!=\!\overset{\delta^-}{O}$$

$$\overset{\delta^+}{H}\!-\!\overset{\delta^-}{N} \quad \overset{\delta^+}{H}\!-\!\overset{\delta^-}{O} \quad \overset{\delta^+}{H}\!-\!\overset{\delta^-}{C} \quad \overset{\delta^+}{H}\!-\!\overset{\delta^-}{B}$$

　　碳元素的电负性较氧、氮和卤素等元素小，所以碳原子与这些原子成共价键时，碳原子带部分正电荷；氢原子与碳、氮和氧等原子成键时亦是如此。

值得注意的是氢硼键，氢原子带有部分负电荷而硼原子带有部分正电荷，这在一定程度上决定了烯烃加成硼烷时的区域选择性，也决定了硼氢化钠的还原性。

具体到给定的有机分子中共价键的极化情况，就要结合诱导效应、共轭效应和超共轭效应等电子效应进行分析。例如，以下结构中碳碳双键的极化结果是分别由烷基供电子的超共轭作用、氧上孤对电子供电子的共轭作用和羰基的吸电子的共轭效应决定的。

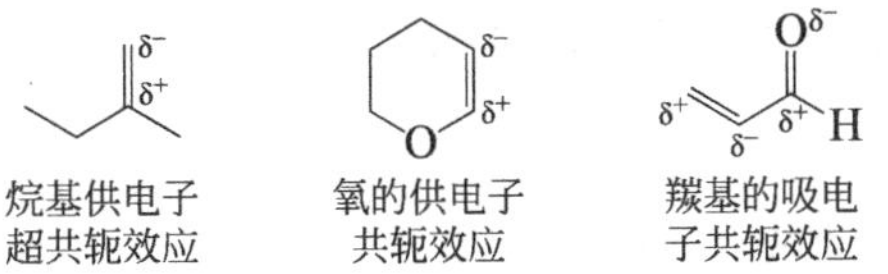

烷基供电子　　　　氧的供电子　　　　羰基的吸电
超共轭效应　　　　共轭效应　　　　　子共轭效应

1.7.2　根据共价键的极化确定分子的反应活性

在确定了分子中共价键的极化方式及电荷分布之后，根据异种电荷互相吸引的原理，就可以确定有机分子的反应活性及反应方式了。

仍以上述三个碳碳双键为例，标记为 δ^- 的碳可与亲电试剂反应，而标记为 δ^+ 的碳则可与亲核试剂反应，所以在理解了上述碳碳双键的极化方式后，图 1-35 所示的反应结果就不难理解了。

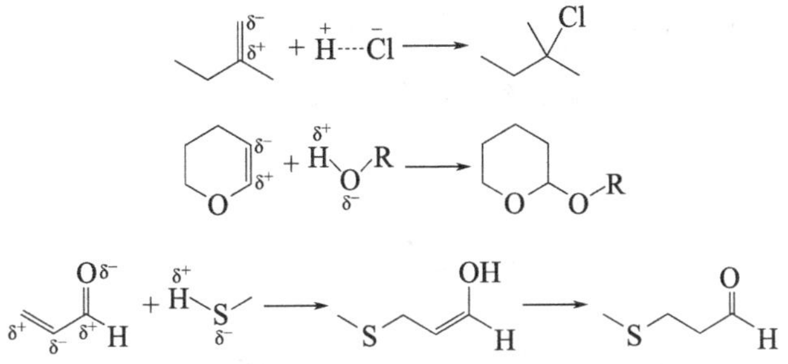

图 1-35　带异种电荷原子间的反应

1.7.3　反应机理分析

根据上述反应活性，结合 1.3.4 节反应机理的表达方法，就可以用弯箭头一步一步地表示出反应过程中的旧键断裂和新键形成，即电子重新分布的具体过程，仍以图 1-35 的三个反应为例，见图 1-36。

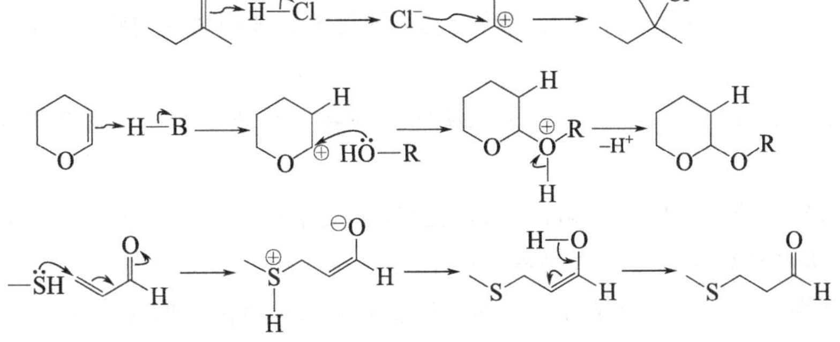

图 1-36　反应机理分析与表达示例

再举两例说明由反应物活性分析到画反应机理的过程。

示例1，正丙胺与溴丙烷的亲核取代反应，见图1-37。对于正丙胺分子中的碳氮键，氮的电负性大于碳，所以氮上带有部分负电荷，为亲核试剂，氮为亲核原子；溴丙烷中溴的电负性大于碳，与溴相连的碳上带有部分正电荷，为亲电原子，氮原子用其未共享电子对与碳成键，同时碳溴键断开，以负离子形式离去，此过程没有中间体，旧键的断裂和新键的形成是同步完成的，所以该亲核取代反应为S_N2机理。

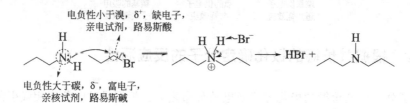

图1-37　正丙胺与溴丙烷的反应活性分析及反应机理

此过程可概括为正丙胺的氮原子以其未共享电子对与溴丙烷中与溴相连的碳成共价键，而共享在碳溴之间的一对成键电子随溴离去。

示例2，氢氰酸根与醛加成，见图1-38。氰根是负离子，亲核试剂；醛羰基碳带部分正电荷，是亲电试剂，氰根因此可以与羰基碳结合成键。

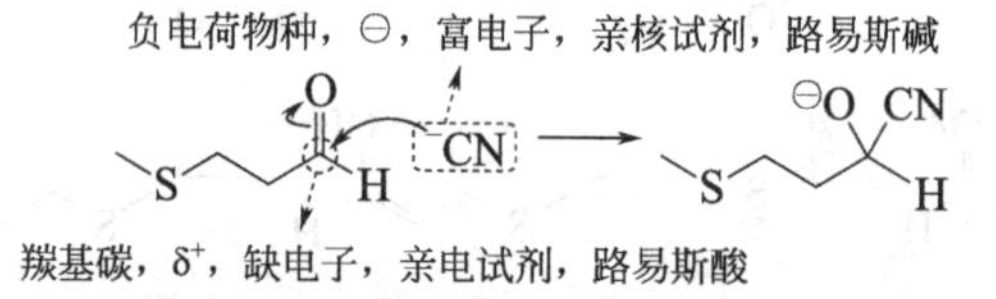

图1-38　氢氰酸根与醛的反应活性分析及反应机理

此过程可概括为氢氰酸根用其未成键电子对与羰基碳共享，成共价键，同时，共享在碳氧之间的一对π电子转移到羰基氧上，完成羰基上的亲核加成。

1.7.4　反应机理表达中常见的问题

以下表达反应机理常见的问题既包括与基本的化学原理相违背的错误，也包括不正确的弯箭头使用方法。

① 主观地拆分反应物，即根据产物结构将反应物"掰成"正离子和负离子，然后让它们反应。

② 忽略酸碱介质对反应的影响，例如在酸性介质中使用氢氧根或烷氧基负离子作亲核试剂；在碱性介质中使用质子对底物进行质子化。

③ 忽视活性中间体的形成条件，例如让碳正离子与碳负离子同时生成并反应。

④ 采用三分子机理，三个分子发生有效碰撞是熵减过程，其概率很低，所以画反应机

理时要避免三分子机理，而是用两步双分子机理表达。例如图 1-39 所示的酸催化的胺与醛的加成反应。

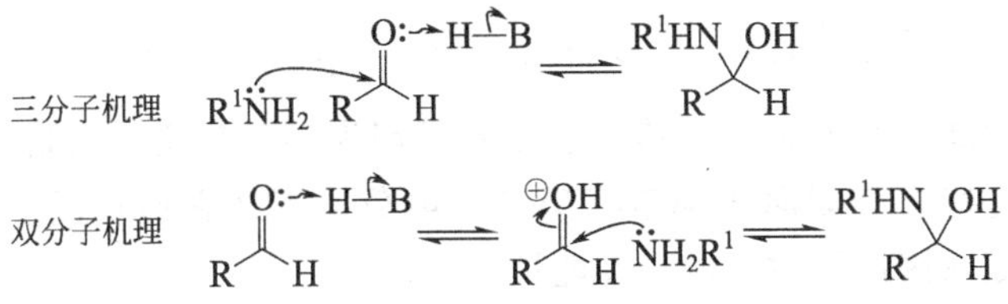

图 1-39　醛和胺加成的三分子机理与双分子机理

⑤ 弯箭头的指向永远与电子流动方向一致，而不是相反，见图 1-40。

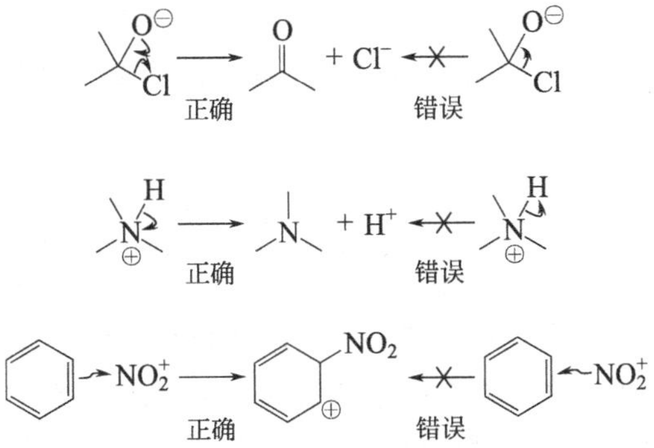

图 1-40　弯箭头表示电子流动

⑥ 弯箭头不是用来表示原子或基团移动的，而是表示电子流动的，原子或基团的移动是电子流动的结果。

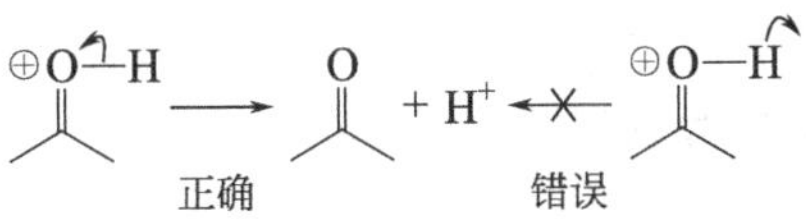

⑦ 弯箭头的起点在电子对（成键电子对或未共享电子对），而不是起始于原子。

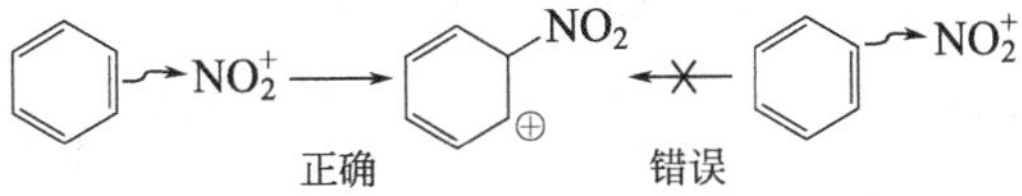

1.7.5　有机分子反应活性的相似性分析

有一些看起来明显属于不同类别的有机化合物，其中心碳原子的共价键类别和极化方式相同，能发生相似的反应，甚至"能互相转化"（能写出方程式，实际中有可能并不反应），它们往往表现出相似的反应活性，例如醇在酸性条件下，卤代烷在碱性条件下都有可能消除为烯烃。

如果能分析出一些化合物在反应活性上的相似性，那么在分析反应机理、设计合成路线等很多方面都有极大的便利性。

（1）相同的共价键类型、极化方式和相似的反应　对于碳氧单键和碳卤键而言，其中心碳原子都为 sp^3 杂化，共价键的类别都为 σ 单键，极化方式也相同，这些中心碳原子都带有部分正电荷，那么它们在反应活性上就具有相似性。醇和卤代烷都能发生取代和消除反应，也都能作为傅-克烷基化的烷基化试剂。

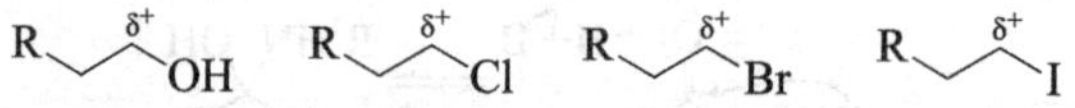

$$R \overset{\delta^+}{\diagup} OH \qquad R \overset{\delta^+}{\diagup} Cl \qquad R \overset{\delta^+}{\diagup} Br \qquad R \overset{\delta^+}{\diagup} I$$

对于碳氧双键和碳氮双键而言，其中心碳原子都为 sp^2 杂化，共价键的类别都为双键，极化方式也相同，这些中心碳原子都带有部分正电荷，那么它们在反应活性上就具有相似性。碳氧双键和碳氮双键都能被加成，都能被还原。

例如乙醛和乙烷亚胺都能与水发生加成反应。

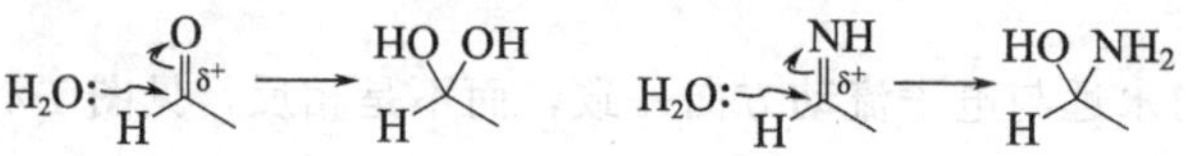

类似地，羧酸及其衍生物的中心碳原子的共价键的类别、极化方式和电荷分布都相同（相似），那么它们在反应活性上也具有相似性。例如都能发生亲核取代，都能作为傅-克酰化的酰化试剂，都能被还原等。

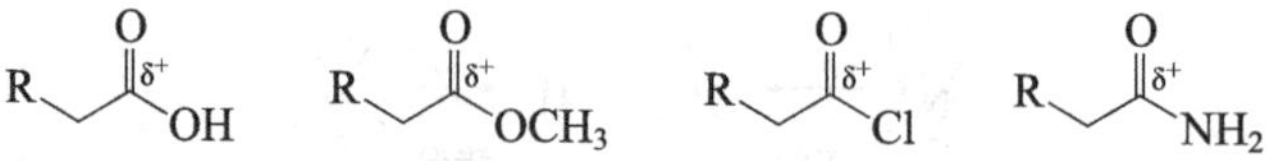

（2）"能互相转化" 醇与卤代烷和醛酮与亚胺的相互转化是有实体存在的。

另一方面，碳杂重键可以视为两个碳杂单键或三个碳杂单键的组合，例如碳氧双键可以等于两个碳氧单键的组合，碳氮三键可以视为三个碳氮单键的组合。这种"视为"并不改变中心碳原子的氧化态。

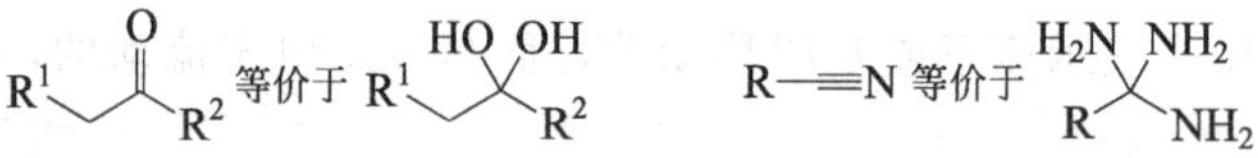

以此为基础，结合本小节中（1）相同的共价键类型，可以认为图 1-41 所示的各类化合物是等价的，都可视为羧酸或其衍生物。

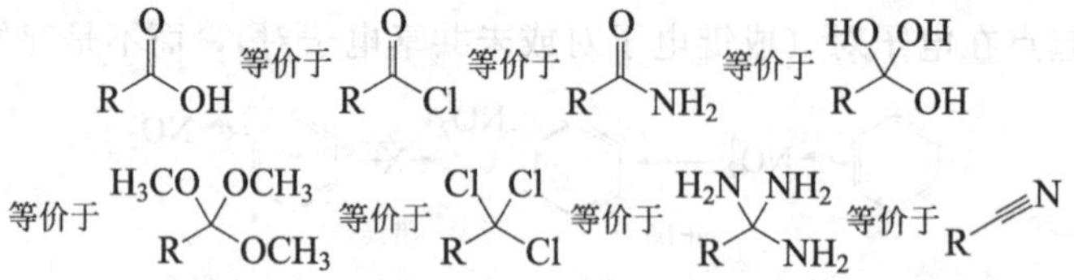

图 1-41　羧酸衍生物的等价性

事实上，这些化合物可能并不都真正存在，但是它们确实是可以"互相转化"的，见图 1-42。

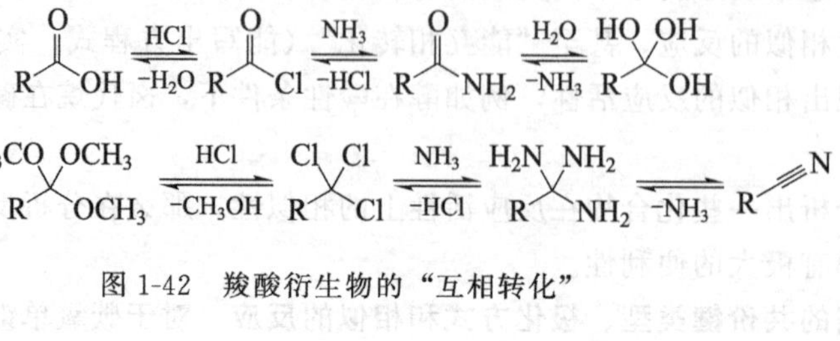

图 1-42　羧酸衍生物的"互相转化"

上述转化可能在现实中根本不能发生，但是确实可以在中心碳原子的氧化态保持不变的情况下写出能配平的反应方程式。这也是有机物具有相似反应活性的判据之一。

上面反应式中现实存在的化合物或其类似物中，羧酸、酰氯都能作为傅-克酰化反应的酰化试剂与芳烃反应生成酮，见 6.2.2 节（5）；N,N-二甲基甲酰胺能与酚醚或 N,N-二烷基苯胺通过维尔斯迈尔-哈克（Vilsmeier-Haack）反应生成醛，见 13.3.1 节（4）；氯仿能与酚通过瑞默-悌曼反应生成醛，见 10.1.3 节（2）；腈能与苯多酚通过霍本-赫施（Houben-Hoesch）反应生成酮，见 10.1.6 节；以上反应底物各异，条件各异，但产物都是一类，说明酰氯、酰胺、氯仿和腈确实在一定程度上具有相似的反应活性。

酰氯、酰胺和腈作为羧酸衍生物同属一类，具有相似的反应活性容易理解，而氯仿这种氯代烷也具有与羧酸衍生物相似的反应活性，其原因就在于氯仿与甲酸或甲酰氯的中心碳原子的氧化态相同。

理解有机分子反应活性的相似性，可以帮助我们建立知识点之间的联系，做到举一反三，融会贯通。

再举一例，曼尼希（Mannich）反应是具有活泼氢的化合物与醛和胺作用，活泼氢被氨甲基取代的反应。具有活泼氢的化合物可以是酮、羧酸、酯、硝基化合物、腈和酚等。

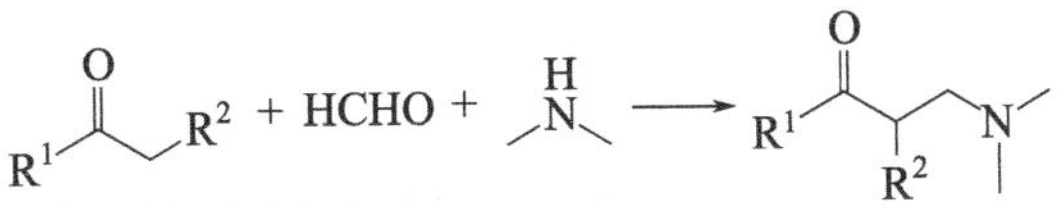

以酮为例，其反应过程为醛与胺先反应生成亚胺，酮以其烯醇式与亚胺反应，完成 α 取代，见图 1-43。

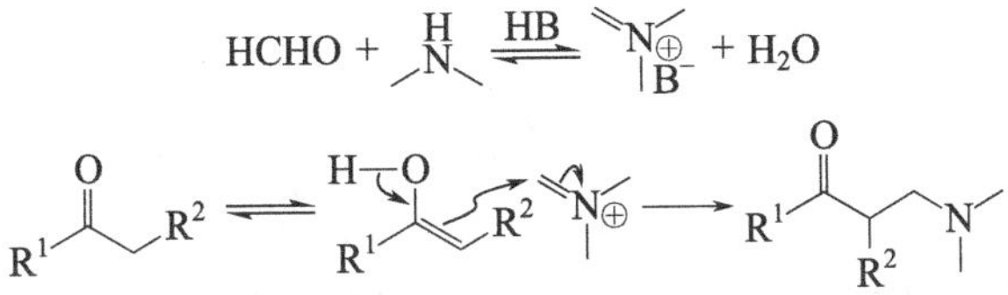

图 1-43　曼尼希反应机理

对于酮、羧酸、酯、硝基化合物和腈这些含有羰基、硝基和氰基等吸电子基的化合物而言，其吸电子基邻位的 α-氢为活泼氢，容易转化为烯醇式，能发生曼尼希反应容易理解，为什么酚这种看起来与它们明显不是一类的化合物也能发生相同的反应呢？那是因为酚本来就是一个以烯醇式自然存在的"羰基化合物"，其在某些方面具有与酮一样的反应活性也就顺理成章了。

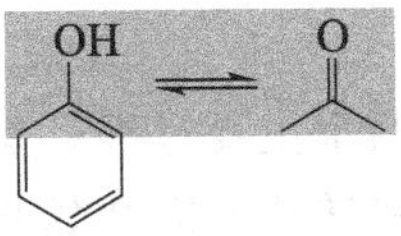

—— 第 **2** 章 ——

烷 烃

2.1 烷烃的结构与反应活性

烷烃中的碳原子是 sp^3 杂化的，碳碳和碳氢之间都以 σ 键结合，碳和氢的电负性较为接近，所以烷烃分子极化程度很低，化学性质较为稳定。但是烷烃中的碳碳键和碳氢键可以发生均裂，这就为自由基反应创造了条件，所以烷烃的典型反应是自由基卤化、硝化、磺化和氧化等反应。

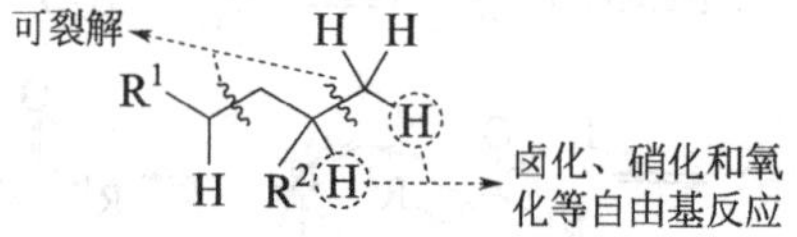

小环烷烃容易发生开环加成。长链烷烃按自由基机理热裂解可以生成烷烃、烯烃和二烯烃等化合物，在能源和重化工业中占有重要地位。

2.2 烷烃的自由基取代

2.2.1 自由基取代的过程

烷烃的自由基取代一般包含以下两个主要过程，首先是链引发，即在光照（$h\nu$）或加热条件下引发得到初始自由基；然后是链转移，即初始自由基中的载链自由基夺取烷烃的氢，得到烷基自由基，烷基自由基再与取代试剂结合得到取代产物和载链自由基。

2.2.2 碳自由基取代的过渡态

前文提到碳自由基的中心碳原子是 sp^2 杂化的［见 1.4.5 节（2）］，那么进一步了解自由基取代的过渡态有助于更好地理解自由基反应。以甲烷溴代的过渡态为例，处于过渡态的中心碳原子已经转为 sp^2 杂化，中心碳原子和溴各带有"部分自由基 $\delta\cdot$"，随着旧键的断裂和新键的形成，自由基完全转到中心碳原子上，见图 2-1。

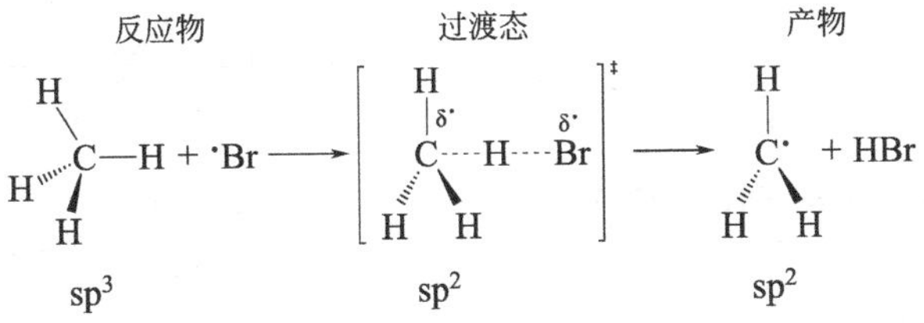

图 2-1　甲烷自由基溴代的过渡态

2.2.3　氯化

氯化试剂可以是氯气、次氯酸酯和硫酰氯等。用氯气氯化可由光引发，例如图 2-2 所示的 2-甲基丙烷光氯化生成 2-氯-2-甲基丙烷的反应。

硫酰氯常态下沸点为 69.1℃，实验室使用起来比氯气方便，其氯化反应可由过氧化物引发，副产物为二氧化硫和氯化氢，反应机理见图 2-3。

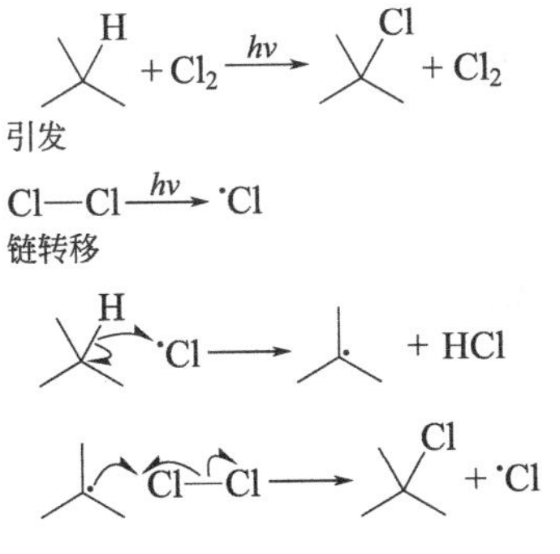

图 2-2　2-甲基丙烷光氯化反应机理

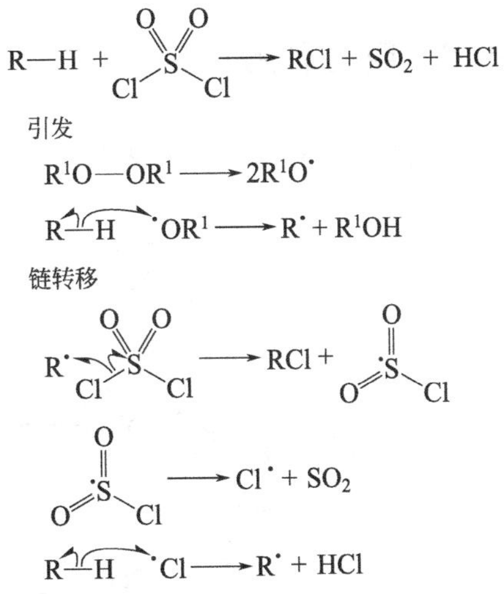

图 2-3　硫酰氯作为氯源的氯化反应机理

2.2.4　气相硝化

烷烃与硝酸或四氧化二氮在 400～450℃ 的气相条件下可以发生自由基硝化反应，由于温度较高，烷烃会发生裂解，反应机理见图 2-4。

2.2.5　磺化和氯磺化

与硝化类似，高温气相条件下烷烃可与硫酸发生自由基取代反应生成烷基磺酸。硫酰氯可以在光照条件下与高级烷烃发生氯磺化反应，反应机理见图 2-5。不同于氯化，氯磺化的链转移反应中与烷基自由基结合的是磺酰氯自由基。

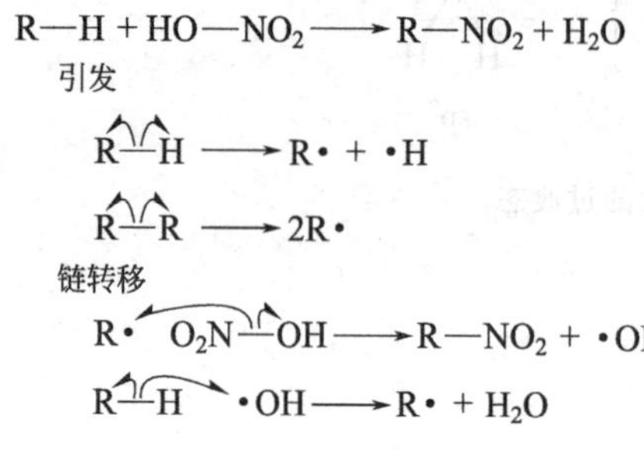

图 2-4　烷烃气相硝化的反应机理

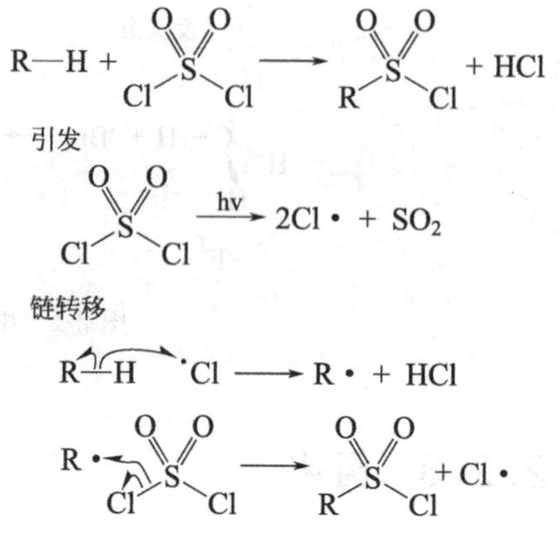

图 2-5　烷烃氯磺化的反应机理

发生于长链烷烃的自由基氯化和硝化等反应中，碳链上可有多个产生自由基的位点，这些位点上的自由基的稳定性差别往往并不很大，所以上述自由基反应的选择性不是很好，但是这类反应也并不是毫无应用价值，例如可以用光氯化法合成氯化石蜡和氯化聚乙烯等阻燃剂。

2.2.6　自动氧化

图 2-6 所示的含三级氢的烷烃容易与氧发生自动氧化，生成叔烷基过氧化氢。

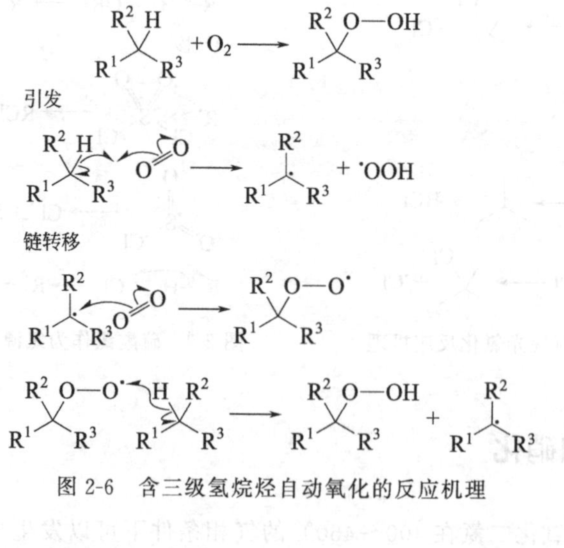

图 2-6　含三级氢烷烃自动氧化的反应机理

2.3　小环烷烃的开环加成

三元环和四元环的烷烃环张力较大，容易发生开环反应，例如环丙烷可以经催化加氢转化为丙烷。环丙烷和环丁烷还可以与卤素和氢卤酸发生开环加成。

2.3.1　与卤素加成

环丙烷与卤素加成也是按自由基机理进行的，例如环丙烷可与溴反应生成1,3-二溴丙烷，见图2-7。

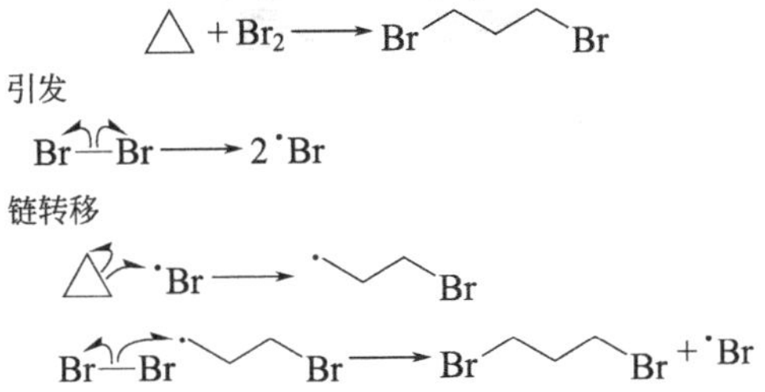

图 2-7　环丙烷与溴的自由基加成

2.3.2　与氢卤酸加成

烷基取代的不对称的环丙烷与氢卤酸开环加成反应服从马尔科夫尼科夫规则，提示这类反应是亲电加成，是离子型反应，以环丙烷加成氢溴酸为例。

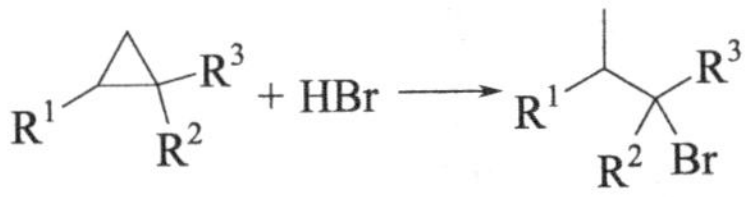

图 2-8 概括了研究者提出的三种主要反应机理，即机理 A，环丙烷角碳质子化机理（corner-protonated cyclopropane）；机理 B，环丙烷边键质子化机理（edge-protonated cyclopropane）；机理 C，经过一步双分子亲电取代（S_E2）的经典碳正离子机理。这些不同的反应机理都有实验数据支撑，都有合理性。

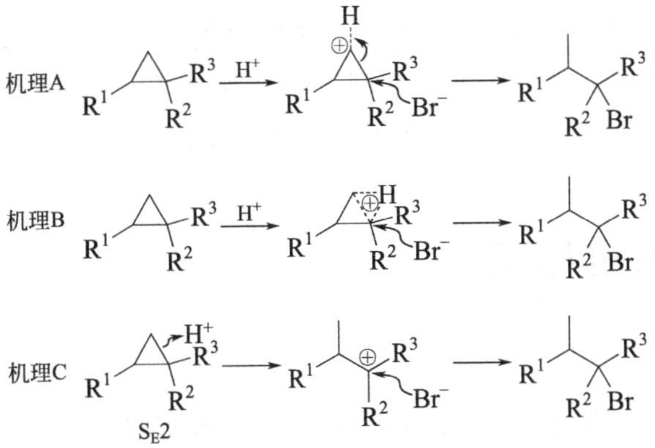

图 2-8　烷基取代不对称环丙烷与氢溴酸开环加成反应机理

第 3 章

烯 烃

3.1 烯烃的结构与反应活性

烯烃的双键碳原子为 sp^2 杂化，双键碳原子各用一个 sp^2 轨道相互结合，形成一个碳碳 σ 键，每个双键碳原子的其余两个 sp^2 轨道再分别与其他原子成 σ 键，两个双键碳原子各自的一个电子所在的 p 轨道相互平行重叠，形成 π 键。即碳碳双键中有一个 σ 键和一个 π 键，与双键直接相连的四个基团与双键碳共平面。

碳碳双键，富电子，可发生亲电加成、
亲电取代，可被氧化，可被还原

烯丙位的活泼氢，可卤代

烷基取代的烯烃是富电子物种，其典型反应为亲电加成、亲电取代和氧化反应等。亲电加成有加卤素、加氢卤酸、加醇和加羧酸等，亲电取代如普林斯（Prins）反应。烯烃还能发生硼氢化氧化、环氧化、臭氧化-还原和硼氢化-还原等氧化还原反应。

碳碳双键可以活化其邻位即烯丙位的氢，使其能够发生自由基卤代反应。

3.2 烯烃的亲电加成

烯烃的亲电加成一般分两步进行，见图 3-1，第一步是亲电试剂 E^+ 加成到双键上，得到一个碳正离子或环鎓离子，之后，原来与亲电试剂 E^+ 配对的亲核试剂 Nu^-（也可以是其他亲核试剂，例如溶剂）再与碳正离子结合，或背面进攻环鎓离子，得到最终加成产物，以下为反应机理通式。

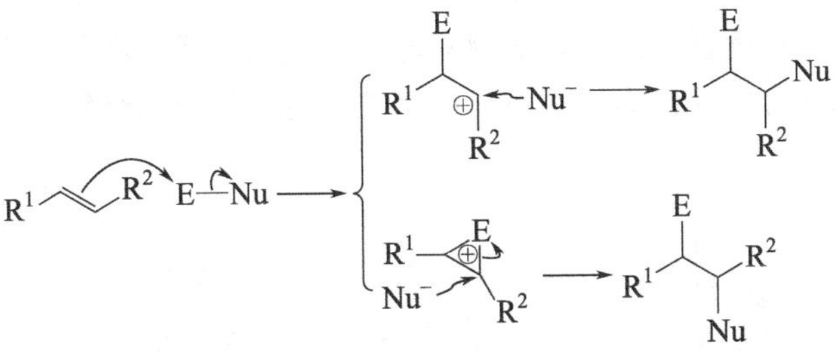

E—Nu≡Br—Br，Cl—Cl，H—Br，H—OR…

图 3-1　烯烃亲电加成的一般过程

3.2.1　加卤素

烯烃与卤素加成，其反应机理依烯烃结构、卤素种类和溶剂的极性变化较大，主要有镒盐机理和碳正离子机理。立体化学以反式加成为主，个别情况是顺式加成和非立体选择性加成。

(1) 反式加成　以溴与顺-丁-2-烯的加成为例，反应的第一步是双键 π 电子与极化的溴分子作用，生成三元环的溴镒离子中间体。

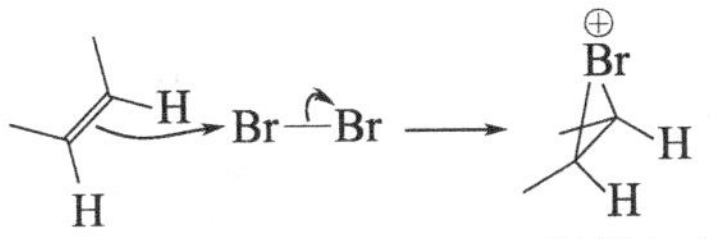

第二步是溴负离子从背面进攻环溴镒离子得到反式产物。

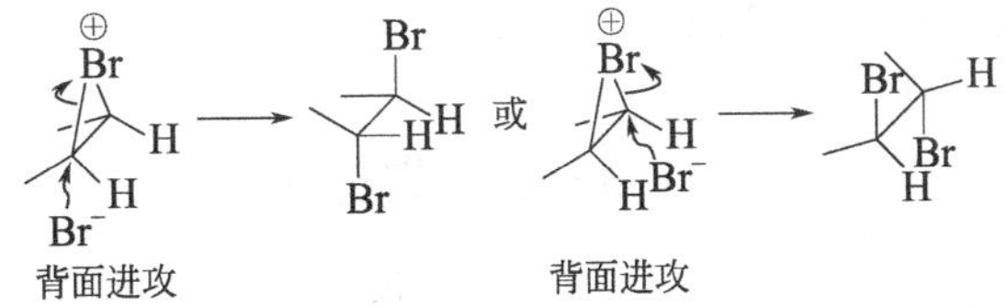

(2) 顺式加成　顺式反应不常见，实例如茚在四氯化碳中与氯加成。

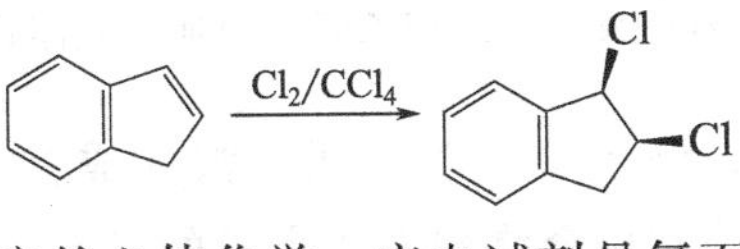

以下因素决定了此加成反应的立体化学，亲电试剂是氯而不是加溴，氯不像溴那样容易形成环镒离子，被加成的双键与苯环共轭，容易形成稳定的碳正离子，反应在非极性溶剂中进行。

五元环双键的 π 电子与氯分子作用得到碳正离子和氯负离子，而这两个离子在非极性的四氯化碳中都不能充分溶剂化，而只能以离子对形式互相吸引，直接在双键的同侧反应，此为离子对机理。

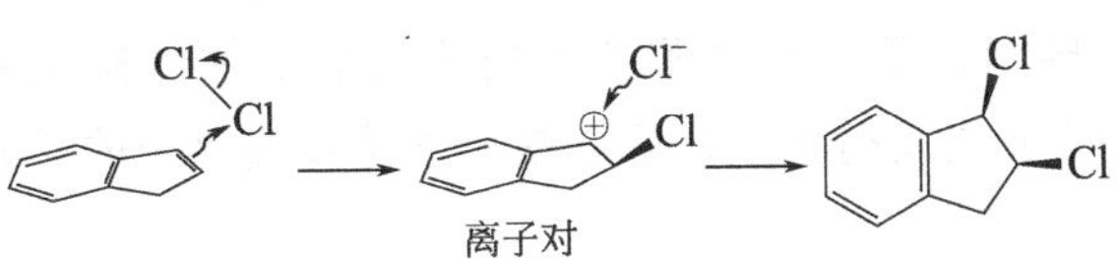

为什么氯不能像溴那样容易形成环鎓离子？如图 3-2 所示，其原因就在于氯的电负性大，原子半径小，可极化程度低，所以在双键 π 电子与氯结合后，在另一个双键碳上所得碳正离子不易与邻位的氯结合成氯鎓离子，而只能以碳正离子的形式继续反应，也就呈现出不同的立体化学结果。

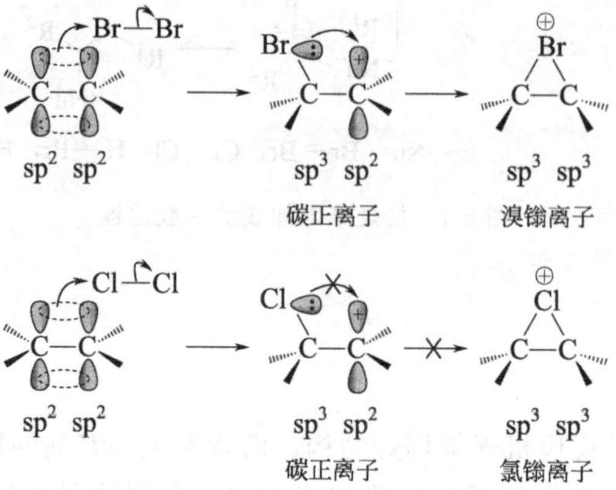

图 3-2　烯烃与卤素亲电加成的中间体

（3）非立体选择性加成　顺-1,2-二苯乙烯与溴加成时，在乙酸中反应得到顺式产物和反式产物的混合物，而于四氯化碳中反应时，得到单一的反式加成产物，见图 3-3。

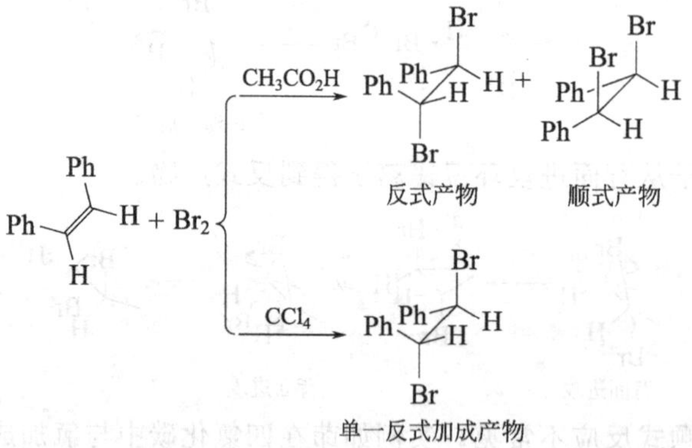

图 3-3　溶剂对顺-1,2-二苯乙烯与溴加成立体化学的影响

这表明在极性溶剂乙酸中，顺-1,2-二苯乙烯与溴加成首先形成了稳定的溶剂化的碳正离子，溴离子与碳正离子结合前有机会绕到碳正离子的背面，因此所得加成产物为反式与顺式的混合物。

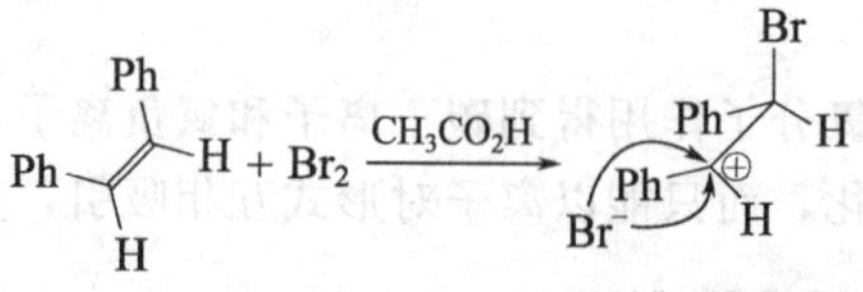

在非极性的四氯化碳中，顺-1,2-二苯乙烯与溴加成形成的碳正离子不能充分溶剂化，而形成环鎓离子更有利于正电荷分散，之后，溴离子从环鎓离子的反面进攻，所以反应结果为反式加成。

3.2.2　加氢卤酸

（1）反应机理　在没有自由基引发剂过氧化物存在时，烯烃与氢卤酸的加成反应是通过碳正离子机理进行的。

加成的第一步是质子亲电进攻双键，即双键 π 电子与质子作用，双键打开得到一个碳正离子，之后卤负离子与该碳正离子结合，以下为 2-甲基-丁-1-烯与氢溴酸加成的反应机理。

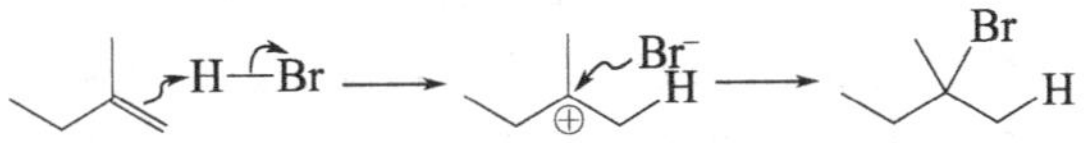

其中碳正离子的生成为控制步骤，氢卤酸的活性顺序为氢碘酸＞氢溴酸＞盐酸，这与氢卤酸的酸性顺序一致，即酸性强的氢卤酸质子更容易电离，反应速率更快。

（2）取代基电子效应的影响　上述 2-甲基-丁-1-烯与氢溴酸加成时生成的产物是氢加在含氢较多的双键碳原子上，这种区域选择性符合马尔科夫尼科夫规则。

前文提到，烷基取代基对碳碳双键有供电子的超共轭效应，见 1.7.1 节，2-甲基-丁-1-烯双键碳所连的甲基和乙基把双键 π 电子推向 1-位的碳，所以 1-位碳上带有部分负电荷，自然更容易与带有正电荷的质子结合。

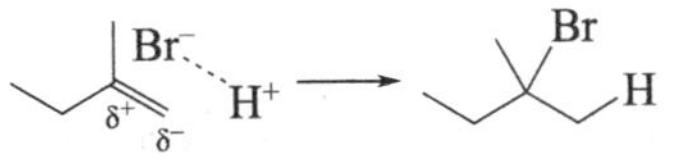

另外，此反应为亲电加成，先加到双键上的是质子，所得活性中间体为碳正离子，所以如果氢加在含氢较多、烷基取代少的双键碳上，就把更多的烷基取代基留给了碳正离子，这样的碳正离子是更稳定的。可以推断，即使质子"不小心"加成到了含氢较少的碳上，其也可以迅速迁移重排到含氢较多的碳上而生成更稳定的碳正离子，见图 3-4。

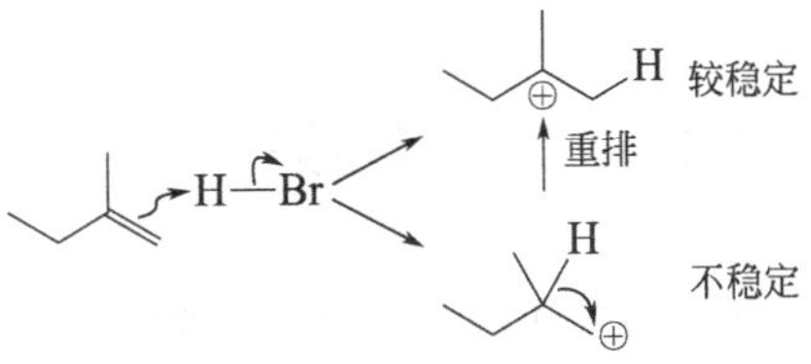

图 3-4　不对称烯烃加成氢溴酸的选择性

以上从共价键的极化及底物的反应活性和碳正离子的稳定性两个角度解释了马尔科夫尼科夫规则。

非烷基取代烯烃的亲电加成也很常见，有两类典型结构：一是吸电子基取代的，例如羧基、硝基和三氟甲基等取代的；二是带有孤电子对的杂原子基团取代的，例如氯、溴、烷氧基和氨基等取代的。

对于第一类结构，双键碳所连基团为吸电子基，双键的极化方式与烷基取代的烯烃正好相反，其加成氢卤酸的区域选择性也相反，氢加在含氢较少的碳上，如果从碳正离子稳定性解释可以得到相同结论，例如 3,3,3-三氟丙烯与氢溴酸加成时，氢加在含氢较少的碳上，这与丙烯与氢溴酸加成的区域选择性相反。

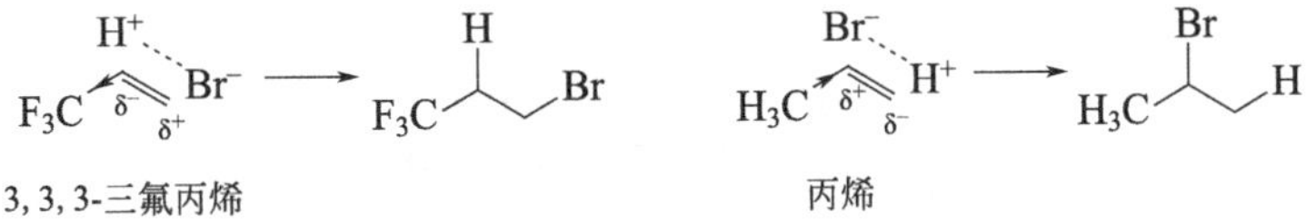

3,3,3-三氟丙烯　　　　　　　　　丙烯

对于第二类结构，这些杂原子一方面比碳的电负性大，吸引成键 π 电子，表现为吸电子的诱导效应，另一方面又有能够稳定碳正离子的孤电子对，表现为供电子的共轭效应。含氧

和氮这两个杂原子取代基，其共轭效应一般大于诱导效应，总体表现为供电子，所以碳碳双键邻位含烷氧基和氨基这两类取代基的烯烃，其与氢卤酸加成时区域选择性符合马尔科夫尼科夫规则，示例见 1.7.2 节和 1.7.3 节。

氯和溴等卤素原子作为烯烃的取代基的情况比较复杂，其电负性较大，能够从整体上降低碳碳双键上 π 电子密度，从而使双键的亲核性降低，并因此降低烯烃与氢卤酸的加成速率。

另一方面，如果在卤素所连碳上形成碳正离子，那么此碳正离子可以由卤素供电子的共轭效应而稳定，所以加成产物的区域选择性仍然符合马尔科夫尼科夫规则，例如卤代乙烯与氢溴酸加成。

在这里，看似矛盾的诱导效应和共轭效应其实是统一的。诱导效应导致烯烃的亲核能力降低，提高了反应的能垒，但是一旦克服了能垒，共轭效应就决定了反应的区域选择性。后续章节（6.3.3 节）中讨论芳烃的亲电取代中既有取代基的影响时，指出卤素是钝化芳环的邻对位定位基，其原因与此类似。

上面讨论了烯烃加成氢卤酸时双键碳上既有取代基的电子效应的影响，有些情形符合马尔科夫尼科夫规则，有些则相反，实际上这都可以归结为反应底物的活性和中间体碳正离子的稳定性问题。

3.2.3　加次卤酸

氯气或溴在稀水溶液中或碱性的稀水溶液中与烯烃加成可以得到 β-卤代醇，这相当于在碳碳双键上加成了次卤酸，但是烯烃并不能与次卤酸直接加成。

反应结果是反式加成，提示反应经过环卤鎓离子中间体，再反面进攻开环，得反式产物。以下为碱性介质中环己烯与溴加成的反应机理，反应也是分两步进行，即生成环溴鎓离子和背面进攻。

烷基取代的不对称烯烃加次卤酸时也服从马尔科夫尼科夫规则，带有部分正电荷的卤素原子，相当于氢卤酸中带正电荷的质子，加成到含氢较多的碳上，尽管次卤酸不能直接加成，但还是可以按共价键的极化来类比分析，例如异丁烯加成次溴酸的反应结果就是异种电荷相互吸引的结果。

上述不对称取代的烯烃加次卤酸时，既然经过环卤鎓离子，为什么亲核试剂水或氢氧根没有进攻位阻更小的碳呢？

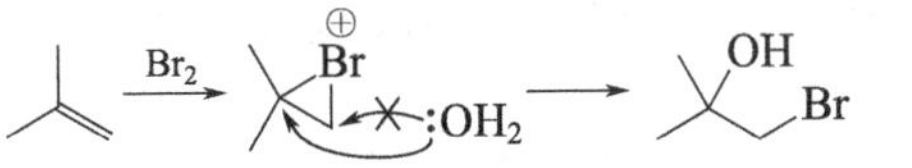

进攻高位阻碳产物

一般认为环鎓离子在这种极性溶剂水中，弱亲核试剂水或氢氧根倾向于进攻能形成相对稳定碳正离子的位点，也就是多烷基取代位阻大的碳。

如图 3-5 所示，极性溶剂可以溶剂化碳正离子，所以极性溶剂中烯烃加卤素往往按碳正离子机理进行。非极性溶剂中碳正离子不能充分溶剂化，不易稳定存在，所以非极性溶剂中烯烃加卤素往往按环鎓离子机理进行，这是因为环鎓离子本身就是个电荷分散的活性中间体，不必借助于溶剂化分散电荷来稳定自己。换个角度说，就是在非极性溶剂中，碳正离子被迫把自己变成环鎓离子来稳定自己。

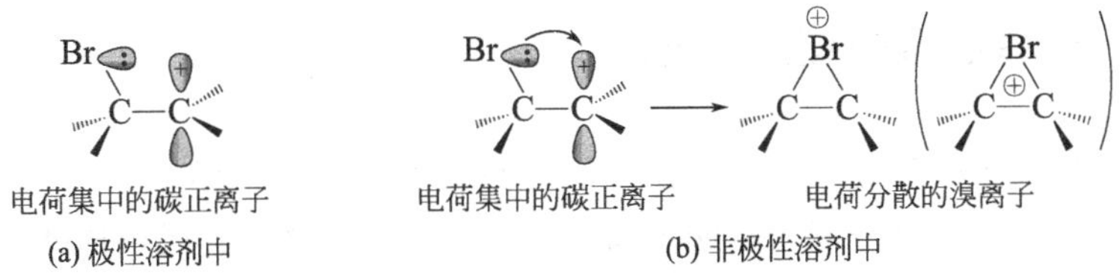

电荷集中的碳正离子　　　　电荷集中的碳正离子　　　电荷分散的溴离子

(a) 极性溶剂中　　　　　　　　　(b) 非极性溶剂中

图 3-5　溶剂极性对烯烃亲电加成中间体种类的影响

本例中，烯烃加次溴酸时，形成的溴鎓离子兼具碳正离子与溴鎓离子的性质，溴和高位阻碳若即若离，形成紧密离子对（见 5.2.3 节），就是说尽管溴鎓离子中的溴原子和两个成环碳原子都带有部分正电荷，但是两个碳原子上的正电荷并不是平均的，而是高位阻碳上的正电荷多于低位阻碳上的，即高位阻碳更加亲电；另一方面，水和氢氧根是比较弱的亲核试剂，反应速率低，其有机会选择更加亲电的碳进行反应，此时，空间位阻就不再是主要因素了。

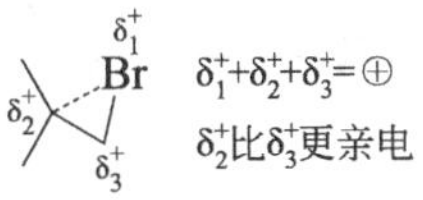

$\delta_1^+ + \delta_2^+ + \delta_3^+ = \oplus$

δ_2^+比δ_3^+更亲电

下面 3.2.4 节的烯烃羟汞化和烷氧汞化及后续章节中环氧化物的酸催化开环反应中〔见 8.2.2 节（2）〕，亲核试剂也都是进攻位阻大的多烷基取代的碳，其原因都与此相似。

3.2.4　羟汞化-还原和烷氧汞化-还原

烯烃的羟汞化也是亲电加成反应。如图 3-6 所示的 1-甲基环戊烯可以在四氢呋喃/水溶液中与乙酸汞发生羟汞化反应，其中汞离子亲电加成到烯烃双键上，形成三元环的汞鎓离子，水亲核进攻开环，得到 α-羟基汞，再经硼氢化钠还原脱汞，得到符合马尔科夫尼科夫规则的醇。

$$Hg(OCOCH_3)_2 \rightleftharpoons (HgOCOCH_3)^+ + CH_3COO^-$$

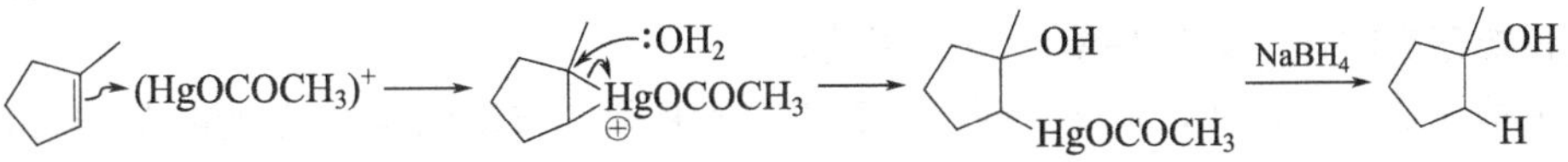

图 3-6　1-甲基环戊烯羟汞化-还原的区域选择性

本反应的区域选择性解释可以参考前文的烯烃加次卤酸。

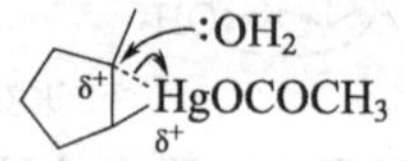

如果在醇溶液中以三氟乙酸汞实施以上反应，还原脱汞后可得到符合马尔科夫尼科夫规则的醚，为烷氧汞化-还原反应，例如 3,3-二甲基-丁-1-烯经乙氧汞化-还原反应后，氢加到含氢较多的双键的端位。

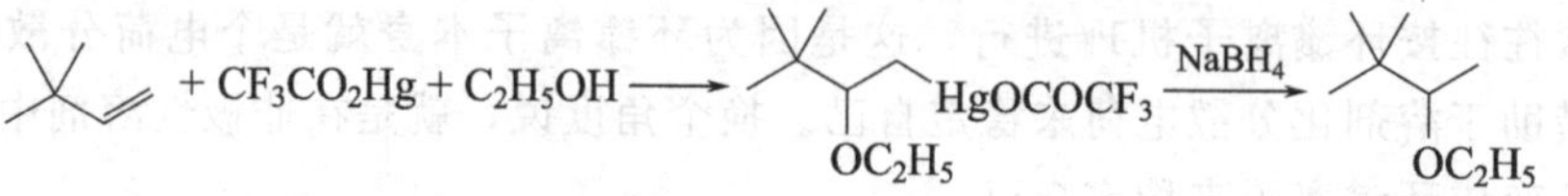

3.2.5　与其他亲电试剂加成

质子加成到烯烃碳碳双键上所得碳正离子可与多种亲核试剂结合，包括硫酸氢根、水、羧酸、醇和酚等，所得产物分别为硫酸单酯、醇、羧酸酯和醚，其区域选择性也符合马尔科夫尼科夫规则，见图 3-7。

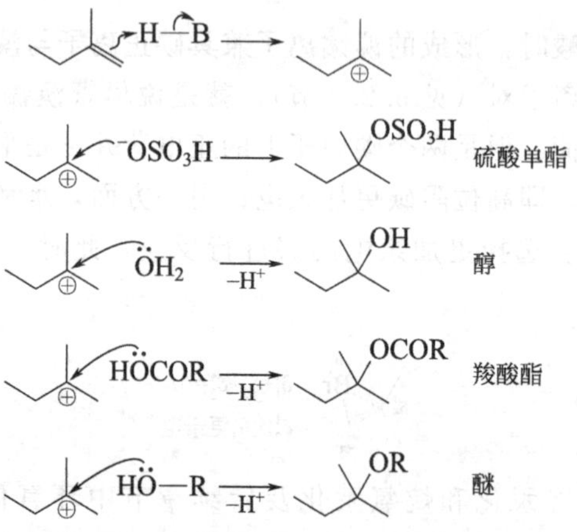

图 3-7　烯烃常见的亲电加成反应

3.3　烯烃的自由基加成

烯烃加溴化氢，有过氧化物存在时按自由基机理进行，生成稳定自由基的倾向决定了其区域选择性是反马尔科夫尼科夫规则的，称为过氧化物效应，但氯化氢和碘化氢无此效应。示例见图 3-8，2-甲基-丁-1-烯在过氧化物存在下与溴化氢加成得到 1-溴-2-甲基丁烷，而没有过氧化物存在时，产物为 2-溴-2-甲基丁烷。

自由基为缺电子物种，其稳定顺序与碳正离子相同，与溴化氢加成时生成的自由基和碳正离子的位置也一样，为什么按自由基机理加成的区域选择性与按碳正离子机理加成的区域

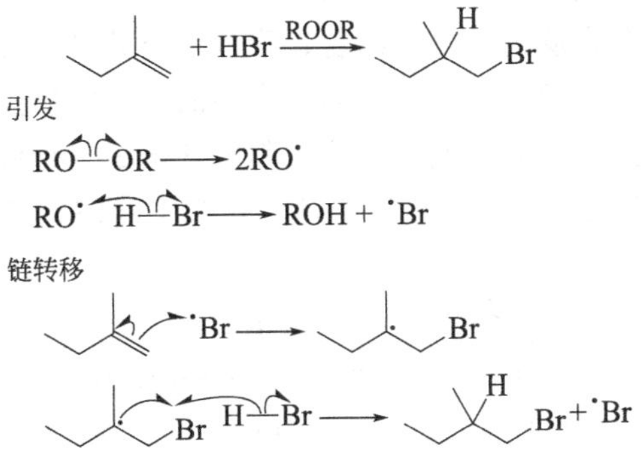

图 3-8　烯烃反马氏规则加成的自由基机理

选择性相反呢？原因在于亲电加成时首先与双键结合的是质子，而自由基加成时氢被引发剂捕获了，先加成到碳碳双键上的是溴，溴也就成了载链自由基。

　　溴代三氯甲烷和四氯化碳等多卤代烷在过氧化物引发或光照下，也能与烯烃发生加成反应。例如丙烯与一溴三氯甲烷按自由基机理加成可得 3-溴-1,1,1-三氯丁烷。

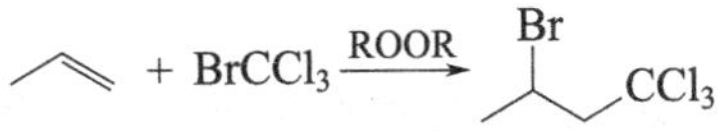

　　图 3-9 为反应机理，引发步骤中较弱的碳溴键发生了均裂，这一引发过程决定了这个反应的区域选择性。

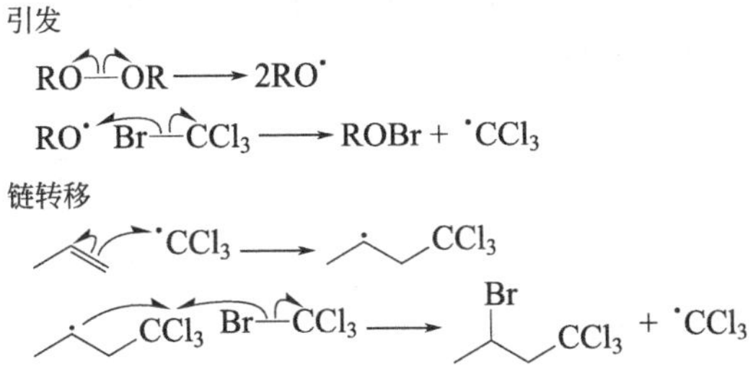

图 3-9　烯烃与溴氯甲烷加成的反应机理

3.4　烯烃与碳烯加成

　　烯烃与碳烯加成产物为环丙烷衍生物。单线态碳烯与烯烃加成时，双键 π 电子对进入碳烯的空 p 轨道，碳烯 sp^2 轨道的电子对再进入烯烃 π 键打开所产生的空轨道，这一过程是碳烯在烯烃的同侧完成的，所以单线态碳烯对烯烃的加成是有立体选择性的，为顺式加成，例如顺-丁-2-烯与二氯甲基单线态碳烯的加成。

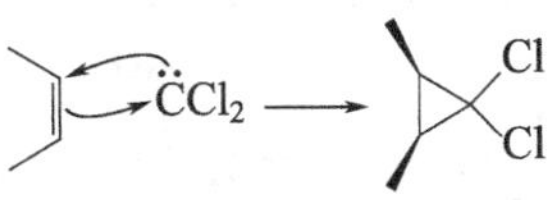

　　三线态碳烯可以视为双自由基，根据洪特规则，这两个处于不同轨道的电子是同向自旋

的，它们不能共同形成一个共价键。所以三线态碳烯与烯烃加成时，先是烯烃双键的两个 π 电子中的一个与碳烯的反向自旋的单电子结合，形成一个共价键，此时原双键另一个碳和碳烯各保留有一个单电子，而这两个单电子是同向自旋的，必须经过有效碰撞，吸收能量变成反向自旋之后才能结合成另一个共价键，在此过程中碳碳 σ 键有机会自由旋转，反应结果就失去了立体选择性，例如图 3-10 所示顺-丁-2-烯与甲基三线态碳烯的加成过程。

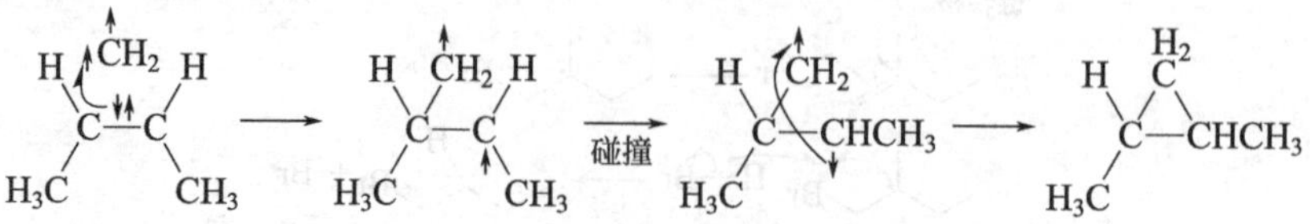

图 3-10　烯烃与三线态碳烯的非立体选择性加成

3.5　烯烃的亲电取代

烯烃也可以发生亲电取代，但不像芳烃那样常见。除质子外的亲电试剂对烯烃的双键亲电进攻，得到碳正离子，碳正离子的吸电子作用导致其邻位碳（即亲电试剂结合那个碳）上的氢碳具有酸性，脱去该质子就得到取代产物。

在亲电试剂与双键结合形成碳正离子这步与烯烃的亲电加成是相似的，得到碳正离子后，脱氢即为取代，与亲核试剂结合即为加成，见图 3-11。

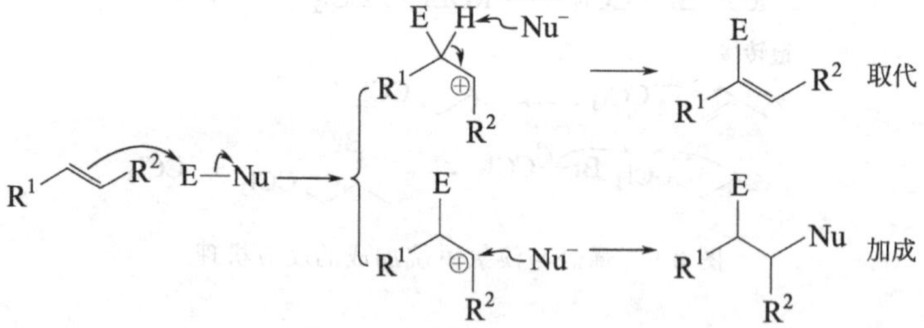

图 3-11　烯烃的亲电取代与亲电加成

酸催化下，烯烃与甲醛反应，依底物结构和反应条件的不同，可以生成烯丙醇、1,3-二醇和 1,3-二噁烷，称为普林斯（Prins）反应。其中的烯丙醇即为烯烃的亲电取代产物。

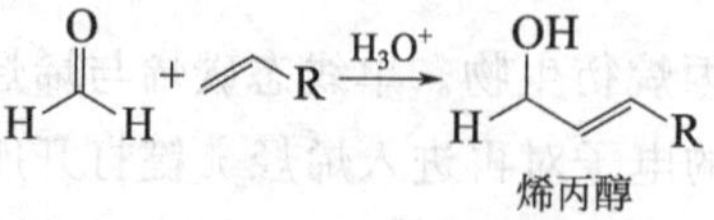

甲醛羰基的氧质子化后得到一个亲电试剂，烯烃的双键打开进攻其羰基碳，羰基双键打开得到羟甲基，之后再脱质子，就得到亲电取代产物烯丙醇。

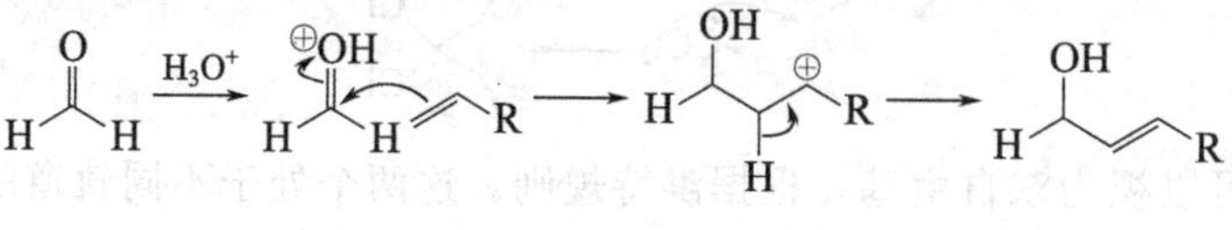

3.6 烯烃的氧化

3.6.1 硼氢化-氧化

端位烯烃的硼氢化-氧化反应产物是伯醇，这与烯烃水合的区域选择性相反，合成上意义很大。

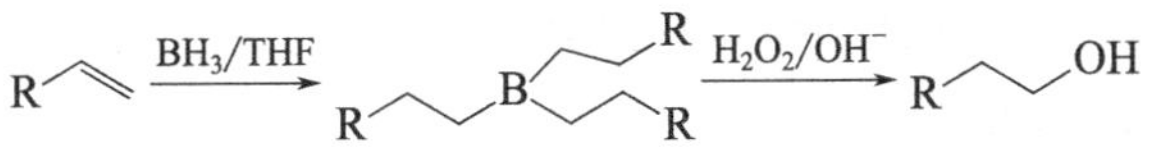

硼烷加成到烯烃双键上是通过四中心过渡态完成。

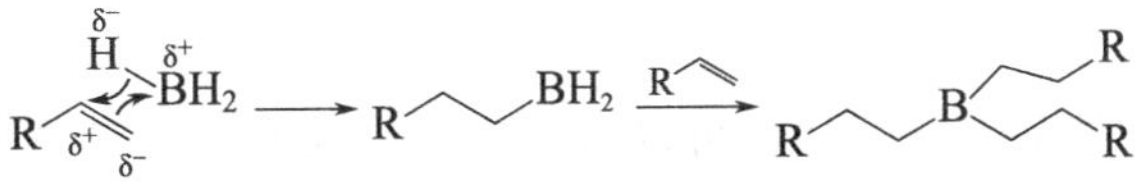

烯烃硼氢化的结果是氢加到含氢较少的碳上，氢和硼的电负性大小顺序和空间位阻决定了反应的区域选择性，以图 3-12 所示的 1-甲基环戊烯的硼氢化为例。

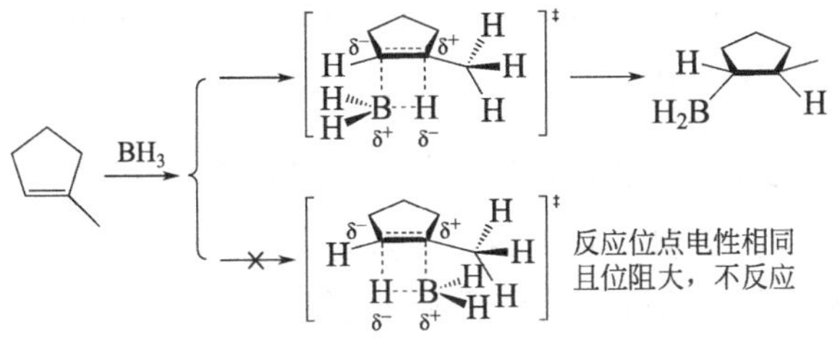

图 3-12　烯烃加成硼烷的区域选择性

烷基硼的双氧水氧化实际上是个重排反应，即烷基硼重排为硼酸酯，这步重排与贝耶尔-维利格（Baeyer-Villiger）氧化（见 9.4.2 节）相似，是缺电子氧的重排，所得硼酸酯经碱性水解得到硼酸盐和醇，见图 3-13。

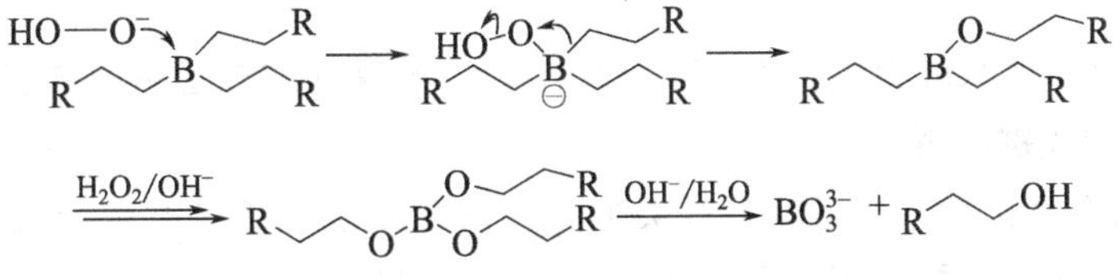

图 3-13　烷基硼氧化重排水解为醇的反应机理

3.6.2 环氧化

烯烃由过氧羧酸氧化为环氧化物的反应称为普里莱扎夫（Prilezhaev）反应，这一环氧化过程被描述成蝴蝶机理（butterfly mechanism），见图 3-14。

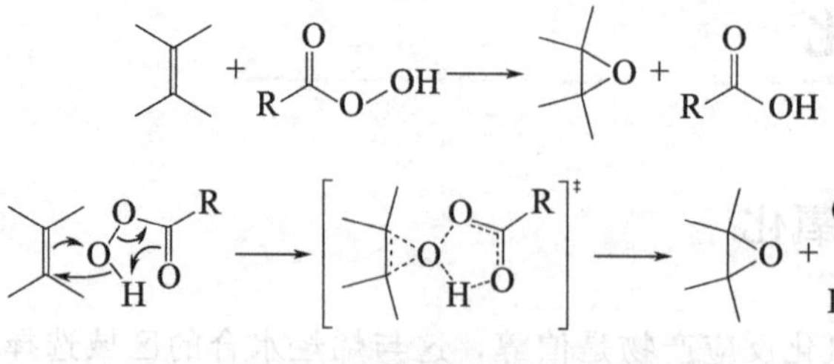

图 3-14　烯烃环氧化的反应机理

从过渡态来看，这个氧化反应的本质是烯烃双键上的亲电反应，所以过氧酸取代基 R 的吸电子能力越强，反应活性越高。

3.6.3　氧化为邻二醇

依氧化剂和反应条件的不同，烯烃可以氧化为顺式或反式邻二醇。

（1）氧化为顺式邻二醇　高锰酸钾（强碱介质）、四氧化锇和碘/湿羧酸银是氧化烯烃为顺式邻二醇的常用氧化剂。其反应过程一般经过环酯过渡态。

① 高锰酸钾作氧化剂　以水或含水的低级酮作溶剂，以理论量的低浓度（1%～3%）的高锰酸钾作氧化剂，在 pH>12 的碱性介质中，低温下可将烯烃氧化为顺式二醇。

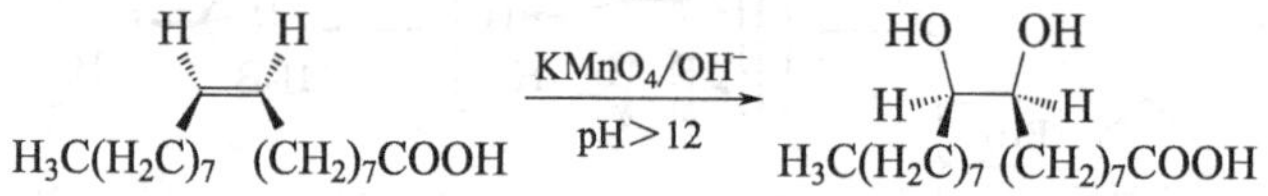

反应机理以环己烯氧化为例，见图 3-15，其反应过程包括环酯的形成及水解，只有顺式取向可形成稳定环酯，所以反应结果是形成顺式邻二醇。

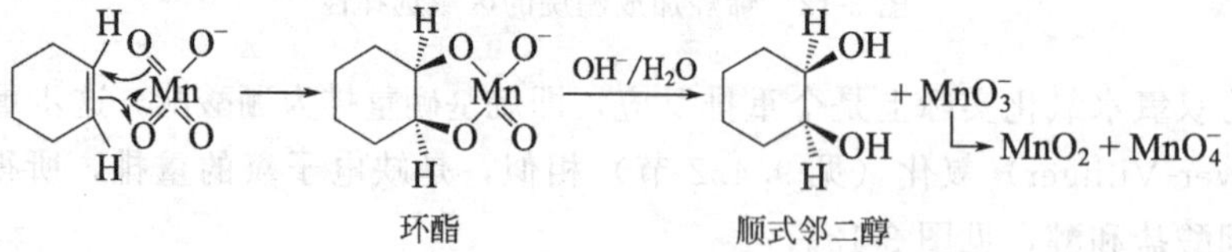

图 3-15　高锰酸钾氧化烯烃为顺式邻二醇

pH 值>12 时，以水解为主；而 pH 值<12 时，或高锰酸钾过量或浓度过高时都容易发生深度氧化，即碳碳键断裂。

② 四氧化锇作氧化剂　与高锰酸钾类似，四氧化锇氧化烯烃时也经过环状锇酸酯中间体，再水解得到顺式邻二醇，仍以环己烯氧化为例，见图 3-16。

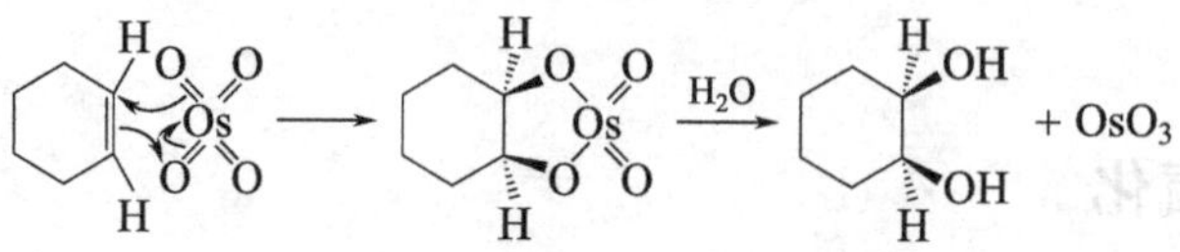

图 3-16　四氧化锇氧化烯烃为顺式邻二醇

四氧化锇昂贵，剧毒，可致盲。实际应用时常用催化量，而用其他氧化剂（氯酸盐或过氧化氢等）氧化其还原产物三氧化锇使之循环再生。

（2）氧化为反式邻二醇 烯烃氧化制备反式邻二醇的常用方法是过氧羧酸法，以过氧乙酸和过氧甲酸较为常用。前文提到，过氧酸可氧化烯烃为环氧化物，环氧化物在酸催化下可与羧酸发生开环加成，羧酸从环氧环的背面进攻，得反式邻二醇单羧酸酯，再碱性水解得到反式邻二醇，图 3-17 以环己烯和过氧甲酸的反应为例说明了这一机理。

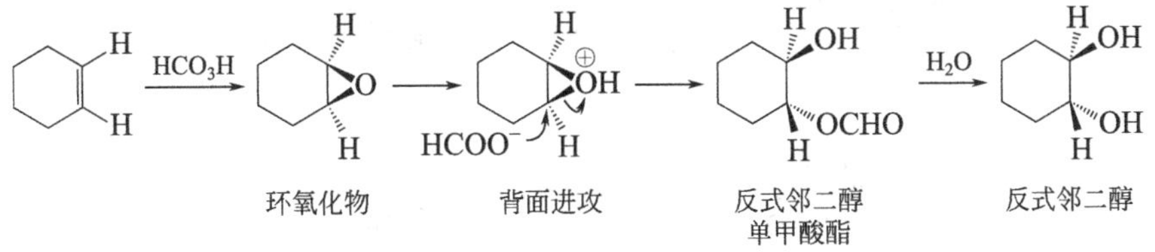

图 3-17　过氧酸氧化烯烃为反式邻二醇

3.6.4　氧化断裂

（1）高锰酸钾氧化 烯烃在低温强碱性的稀高锰酸钾溶液中氧化得到邻二醇。而在高温或酸性或浓高锰酸钾溶液中氧化则得到碳碳键断裂产物，这类氧化也经过环酯中间体，见图 3-18。

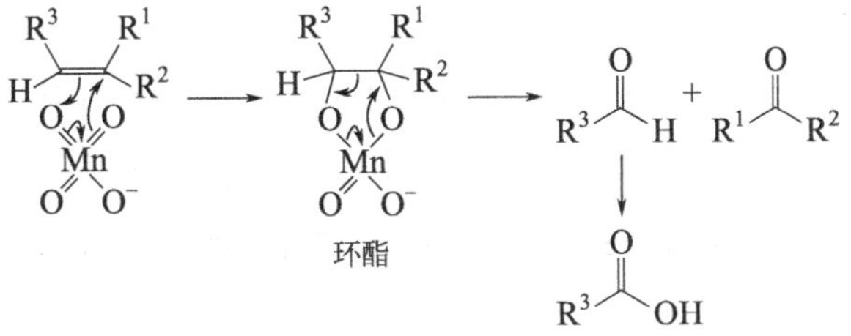

图 3-18　高锰酸钾氧化烯烃断裂

也可以在碱性条件下用高锰酸钾/高碘酸钠氧化，其机理是碱性条件下烯烃被高锰酸钾氧化为邻二醇，邻二醇被高碘酸钠氧化断裂，见图 3-19。高锰酸钾的投料量一般较小，其被还原的产物可由高碘酸钠氧化再生。

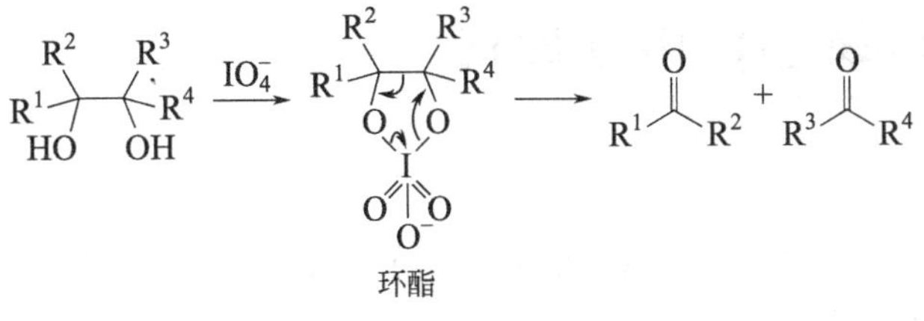

图 3-19　高碘酸钠氧化烯烃断裂

（2）臭氧化-还原 臭氧可与烯烃双键加成生成过氧化物，此过氧化物经重排和还原可得到碳碳双键断裂的产物。常用的还原剂有锌/乙酸、甲硫醇和亚磷酸三酯等。

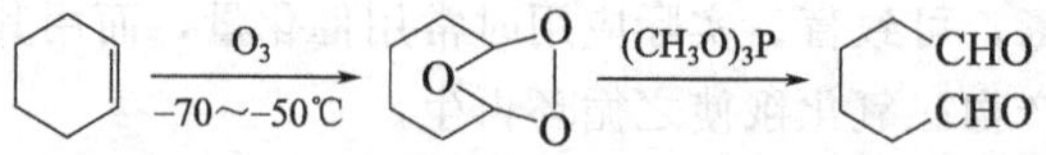

其反应过程包括过氧化物的形成、重排以及还原等步骤。以锌粉还原为例，反应机理见图 3-20。

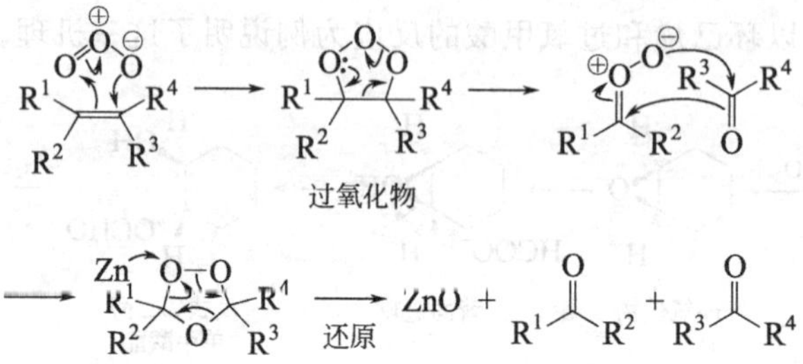

图 3-20　烯烃的臭氧化-还原反应机理

3.7　烯烃的硼氢化-还原

烯烃与硼烷加成所得三烷基硼可以与羧酸反应生成烷烃，这种硼氢化-还原是烯烃的间接还原方法。

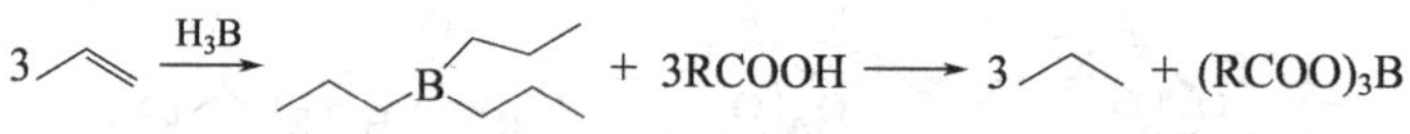

该还原反应是通过六元环过渡态完成的，见图 3-21，电子重新分配，烷基所连的硼被质子取代，即质子亲电取代了硼（S_E2），而硼则与羧酸的氧结合形成硼酸羧酸酐。

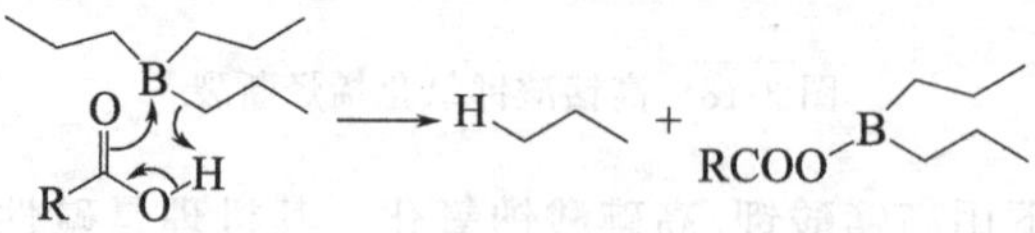

图 3-21　羧酸还原烷基硼的反应机理

3.8　烯烃 α-氢的自由基取代

烯烃烯丙位的 α-氢，在高温下（500～600℃）可以发生自由基卤代，例如丙烯可以被氯气高温氯化为 3-氯丙烯。

高温导致氯氯键均裂，从而引发自由基反应，反应机理见图 3-22。

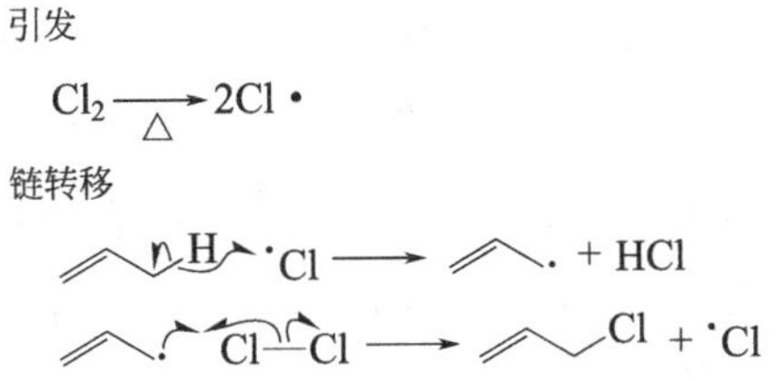

引发

$$Cl_2 \xrightarrow{\triangle} 2Cl \cdot$$

链转移

图 3-22   烯丙位高温氯代的反应机理

对于烯丙位溴化，实验室较为方便的方法是用 N-溴代丁二酰亚胺（NBS）在光或引发剂引发下实现，条件较为温和，例如环己烯 α-氢的溴代。

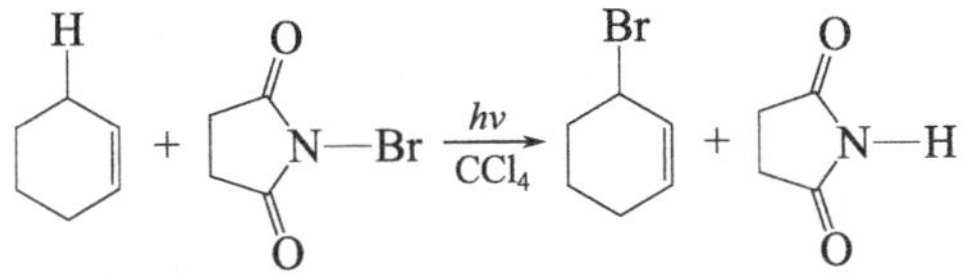

此类反应中，与环己烯直接反应的溴化剂是溴素，反应机理与前述丙烯与氯气的高温氯化相同。溴素来自溴化产生的溴化氢与 NBS 的反应。

那么在反应还没有进行，没有溴化氢生成的时候，反应是如何开始的呢？一般认为反应体系中会存在少量的酸或水，其与 NBS 反应可以生成溴素，溴化反应就可以开始进行了，图 3-23 表明了溴素与溴化氢的循环过程。

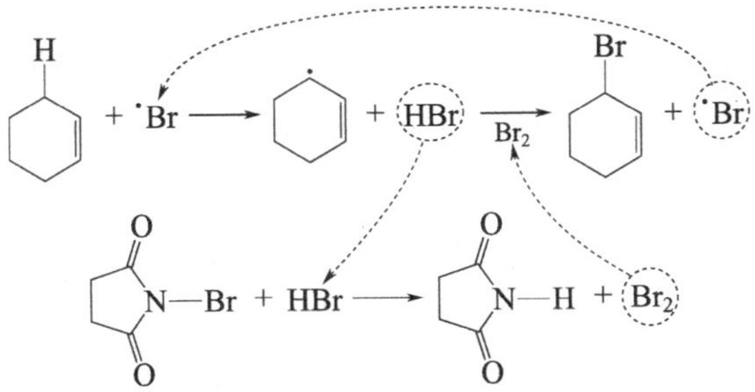

图 3-23   NBS 溴代烯丙位的反应机理

3.9   共轭双烯的特征反应

共轭双烯表现出一些不同于孤立单烯烃或隔离双烯的反应特征，例如容易发生 1,4-共轭加成和狄尔斯-阿尔德（Diels-Alder）反应。

3.9.1   1,4-共轭加成

丁-1,3-二烯与溴加成时，得到的是 1,2-加成和 1,4-加成的混合物。

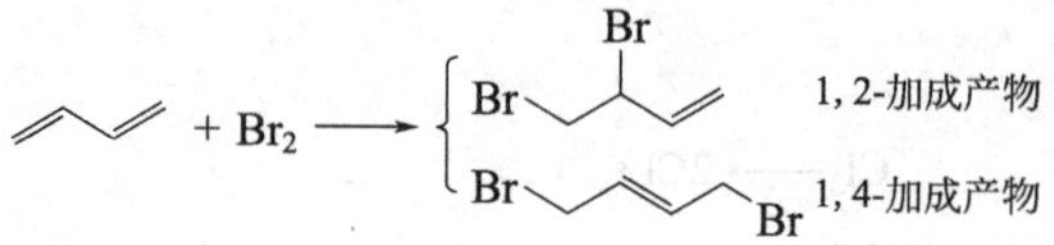

$$\text{（结构式）} + Br_2 \longrightarrow \begin{cases} \text{Br} \quad \text{1,2-加成产物} \\ \text{Br} \quad \text{1,4-加成产物} \end{cases}$$

通过图 3-24 所示的反应机理可以看出，丁-1,3-二烯与溴反应生成的碳正离子的正电荷并不是定域在一个碳上，C2 和 C4 都有部分正电荷，它们都有机会与溴负离子结合，从而得到 1,2-加成和 1,4-加成的混合物。

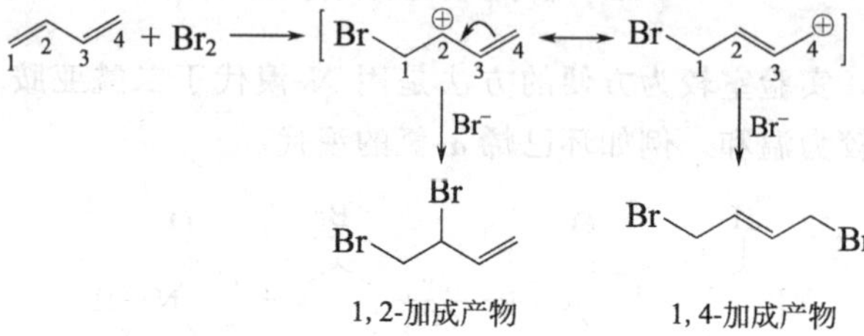

图 3-24　丁-1,3-二烯的 1,2-加成与 1,4-加成

1,4-加成产物可以视为共轭体系作为一个整体参与反应的产物，而这种共轭体系以整体形式参与的加成反应称为共轭加成，因此，共轭双烯与亲电试剂的 1,4-加成即为 1,4-共轭加成。

3.9.2　狄尔斯-阿尔德反应

共轭双烯与含有烯键或炔键的化合物反应生成六元环化合物的反应称为狄尔斯-阿尔德反应，这也是共轭双烯的特征反应之一，为协同机理。以下为丁二烯与顺丁烯二酸酐的反应。

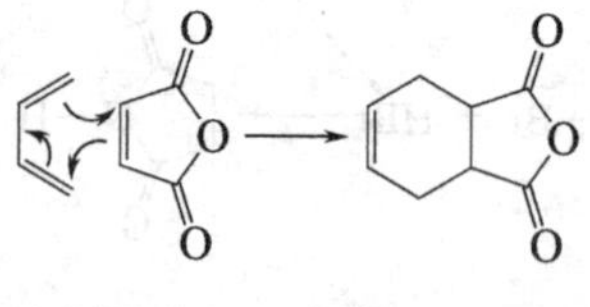

第**4**章

炔 烃

4.1 炔烃的结构与反应活性

炔烃分子中三键碳原子是 sp 杂化的,两个三键碳原子各用一个 sp 轨道正面互相重叠形成一个碳碳 σ 键,再各用一个 sp 轨道分别与其他原子形成一个 σ 键,而被一个电子占据的 p 轨道彼此平行重叠,就形成了两个 π 键,从而构成了碳碳三键。组成炔烃分子的四个原子位于一直线上。

炔烃的反应活性主要来自碳碳三键本身,其可被还原为烷烃,或部分还原为烯烃。可以进行亲电加成也可以进行亲核加成,还可以作为亲双烯体发生狄尔斯-阿尔德反应。

乙炔或单取代炔烃上与三键碳直接相连的氢具酸性,可被多种金属取代而成炔盐,如炔钠、炔铜和炔银等,其中的某些炔盐可以作为亲核试剂与醛、酮和卤代烷等反应。

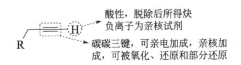

4.2 加成反应

4.2.1 亲电加成

炔烃三键碳原子为 sp 杂化,这使得其 π 电子的亲核性较烯烃弱。当分子中碳碳双键和碳碳三键共存时,一般是双键首先被加成。

(1)加卤素 一般得反式烯烃,可深度加成,得四卤代的烷烃。图 4-1 所示为己-3-炔与溴加成的反应机理,与烯烃加溴类似,也经过环溴鎓离子中间体。

(2)加氢卤酸 单取代的炔烃加氢卤酸时,得到符合马尔科夫尼科夫规则的产物,氢加

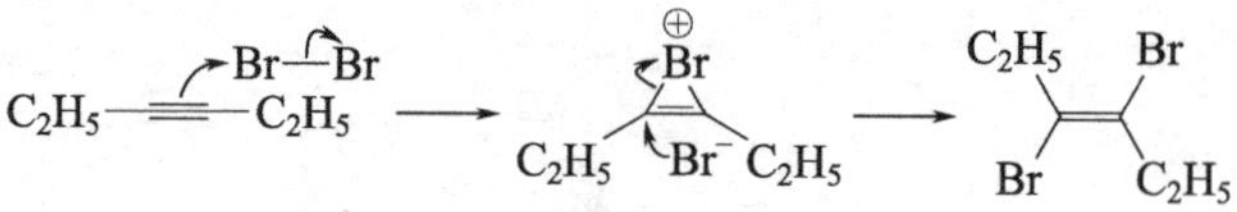

图 4-1　己-3-炔与溴的反式加成

到含氢较多的碳上，例如戊-1-炔与氢溴酸加成可得 2-溴戊-1-烯，后者可继续与氢溴酸加成得到 2,2-二溴戊烷。

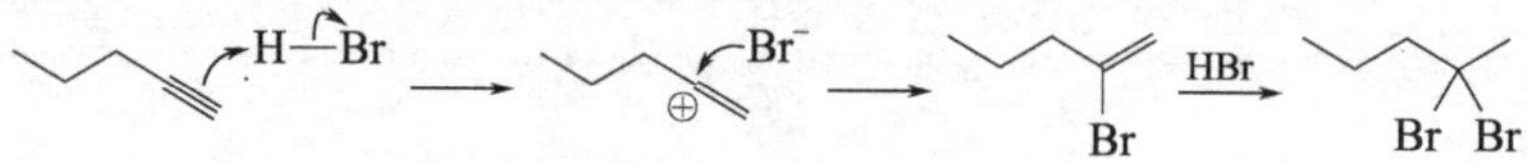

与烯烃加溴化氢类似，炔烃加溴化氢时也有过氧化物效应，得到反马尔科夫尼科夫规则的产物，例如己-1-炔在过氧化物存在下与溴化氢加成得到 1-溴己-1-烯，后者也可继续与溴化氢加成得到 1,2-二溴己烷。

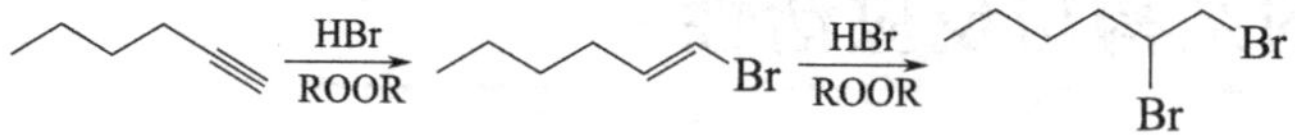

此反应的区域选择性与自由基的稳定性有关，己-1-炔的碳碳三键与溴自由基作用时，如果溴与端位的碳结合，所得碳自由基更稳定，见图 4-2。

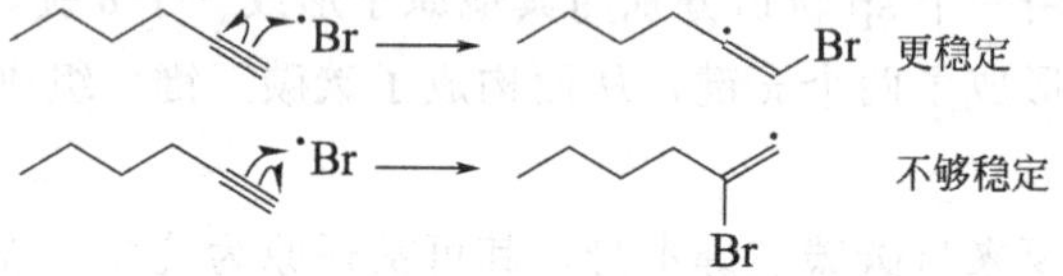

图 4-2　炔烃加成氢溴酸自由基中间体的稳定性比较

以此更稳定的自由基继续反应，则得到最终加成产物。

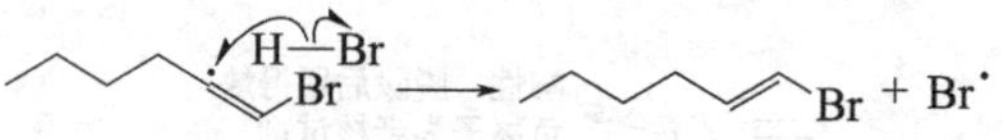

以上两个自由基反应放在一起就是链转移过程，两个链转移过程加在一起就是总反应，见图 4-3。

图 4-3　炔烃自由基加成氢溴酸的链转移反应

以下为 1-溴己-1-烯继续加成为烷烃的过程中自由基的稳定性顺序。

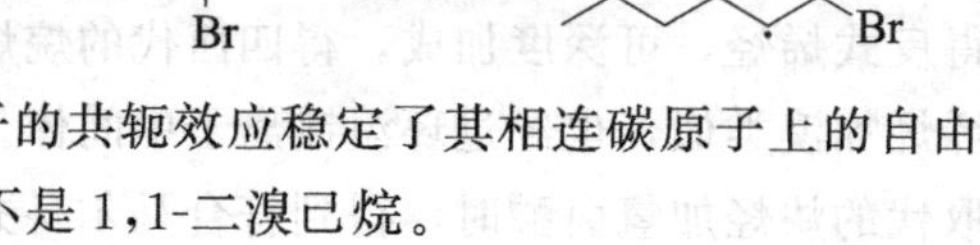

如图 4-4 所示，溴原子的共轭效应稳定了其相连碳原子上的自由基，所以继续加成溴化氢就得到 1,2-二溴己烷而不是 1,1-二溴己烷。

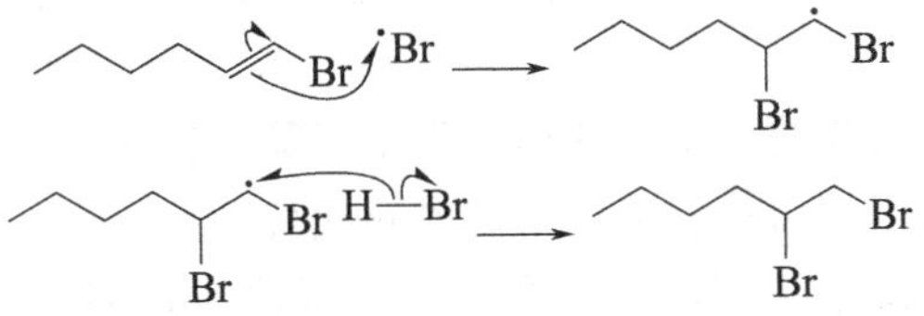

图 4-4　炔烃自由基加成两分子氢溴酸

(3) 水合　炔烃水合后生成符合马尔科夫尼科夫规则的烯醇，烯醇转化为相应的醛或酮。

该反应常用硫酸/硫酸汞催化，该机理尚不能完全阐明，一般认为是 +2 价的汞首先对炔键进行亲电进攻，再水合，然后质子亲电取代，置换掉汞离子，所得烯醇式结构经互变异构得到醛或酮，见图 4-5。

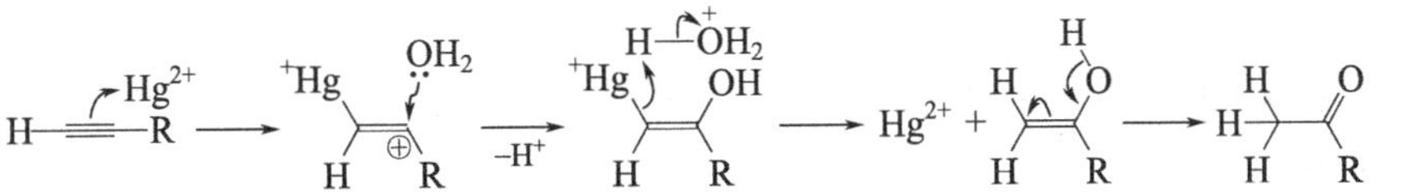

图 4-5　炔烃的汞催化水合反应机理

4.2.2　亲核加成

乙炔或单取代的炔烃可与醇、硫醇、胺、亚胺、氢氰酸、酰胺和羧酸等含活泼氢的化合物在碱性条件下发生亲核加成反应。

如图 4-6 所示，乙炔和乙酸在乙酸锌催化下加成可得乙酸乙烯酯。

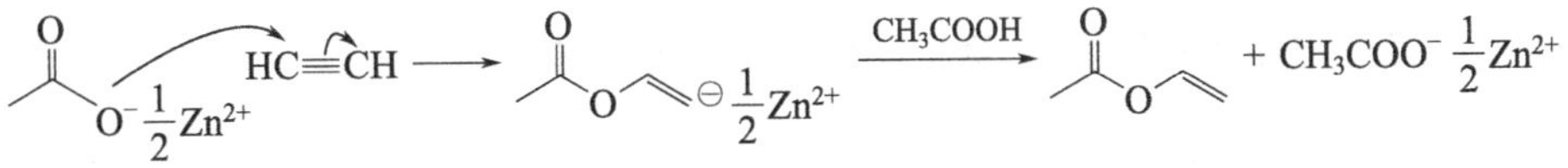

图 4-6　炔烃的亲核加成反应机理

4.3　炔负离子的反应

直接连在 sp 杂化的碳上的氢有一定的酸性，为活泼氢。含活泼氢的炔烃可以在一定条件下形成金属炔化物而得到炔负离子，例如与氨基钠、格利雅试剂和有机锂试剂反应可分别得到炔钠、炔基格利雅试剂和炔锂。

这些炔负离子是很好的亲核试剂，可与伯卤代烷反应，常用来由乙炔或单取代的炔烃制备高级炔烃，例如乙炔钠与溴乙烷反应可得丁-1-炔。

$$HC\equiv CH \xrightarrow{NaNH_2} HC\equiv C^- Na^+ \quad H_3CH_2C \overset{\frown}{-} Br \longrightarrow HC\equiv C-CH_2CH_3$$

上述第二步，乙炔的乙基化为 S_N2 反应，采用适当的方法也能得到双取代或不对称取代产物。

如果用仲卤代烷或叔卤代烷，则往往因为发生消除反应而得不到取代产物，这是因为炔负离子本身也是强碱。常用的卤代烷为溴代烷或碘代烷。

作为亲核试剂，炔负离子还能与醛或酮发生加成反应，例如乙炔钾可与丙酮反应生成 2-甲基丁-3-炔-2-醇。

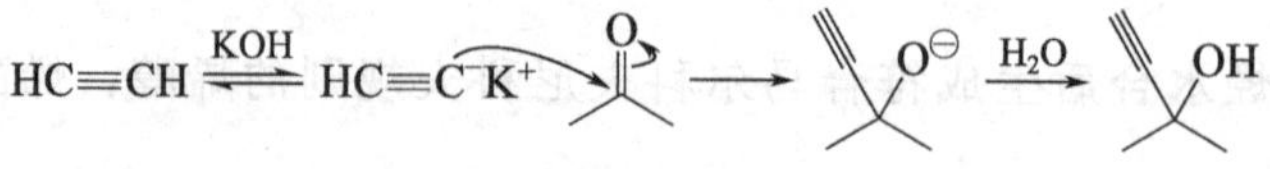

$$HC\!\!\equiv\!\!CH \xrightarrow{KOH} HC\!\!\equiv\!\!C^- K^+ \quad \cdots \longrightarrow \cdots \xrightarrow{H_2O} \cdots OH$$

4.4　炔烃的氧化

炔烃经高锰酸钾或臭氧氧化可发生碳碳三键的断裂，得到两个羧酸。此外炔烃可以发生硼氢化-氧化反应。

单取代的炔烃与硼烷加成，得到反马尔科夫尼科夫规则的产物，后者可氧化重排为烯醇，并转化为相应的醛，这与炔烃的汞催化水合反应的区域选择性相反。

如图 4-7 所示，双取代的炔烃与硼烷加成时，区域选择性不是很好，经氧化重排后得到的是两个酮的混合物。

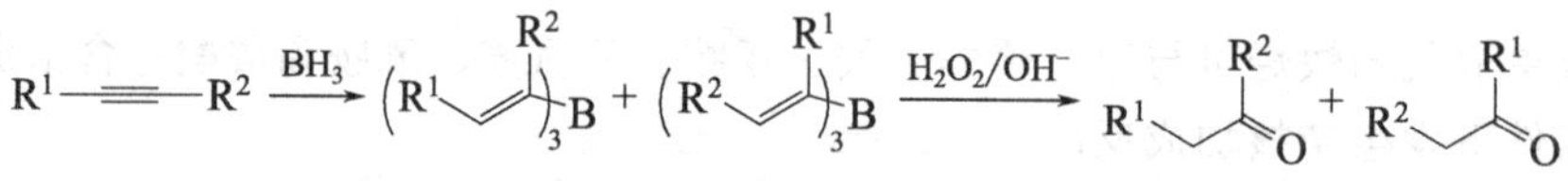

$$R^1\!\!\equiv\!\!R^2 \xrightarrow{BH_3} \left(R^1 \overset{R^2}{\diagup}\right)_3\!\!B + \left(R^2 \overset{R^1}{\diagup}\right)_3\!\!B \xrightarrow{H_2O_2/OH^-} R^1\!\!\overset{R^2}{\diagdown}\!\!O + R^2\!\!\overset{R^1}{\diagdown}\!\!O$$

图 4-7　双取代炔烃的硼氢化-氧化反应

以上反应机理与烯烃的硼氢化-氧化类似，见 3.6.1 节。

4.5　炔烃的还原

炔烃经催化加氢可得烷烃，常用的催化剂有钯、铂和镍等，用部分中毒的钯催化剂催化可以还原得到烯烃。

常见的化学还原炔烃的方法有硼氢化-还原、碱金属/液氨还原和氢化铝锂还原。

正如烯烃可以经硼氢化-还原得到烷烃一样，炔烃经硼氢化-还原可以得到烯烃，反应机理也相同，见 3.7 节。

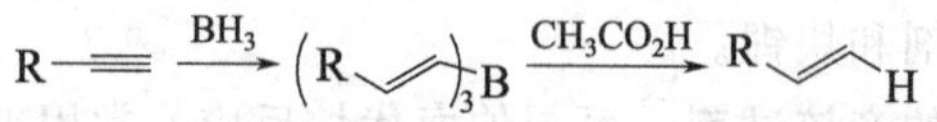

$$R\!\!\equiv\!\! \xrightarrow{BH_3} \left(R \diagup\right)_3\!\!B \xrightarrow{CH_3CO_2H} R\!\!\diagup\!\!\overset{}{\diagdown}\!\!H$$

钠或锂于液氨中还原炔烃可得反式烯烃，其反应机理与芳烃的伯奇（Birch）还原类似。以金属钠还原为例，见图 4-8，首先是金属钠溶于液氨中得到溶剂化的电子，该电子与炔烃三键发生自由基反应，得到反式烯烃的自由基负离子，负离子从液氨中捕获质子，得到反式烯烃的自由基，自由基再得一个电子，得到反式烯烃的负离子，负离子再从液氨中捕获质子，就得到还原产物烯烃。

$$Na + NH_3 \longrightarrow Na^+ + e^-(NH_3)$$

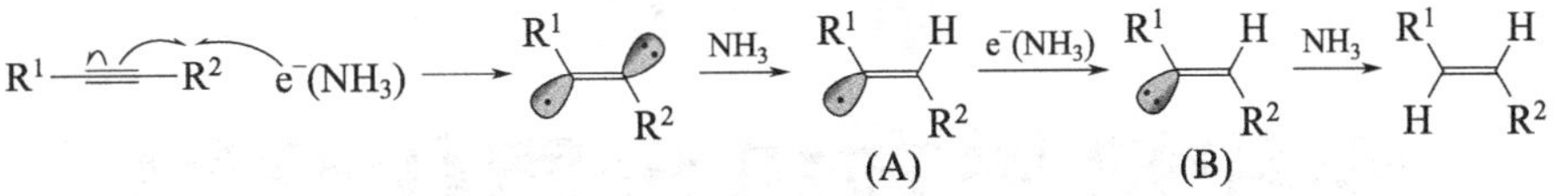

图 4-8　金属钠还原炔烃为烯烃的反应机理

上述过程中，烯基自由基（A）可以迅速达到顺反平衡，并以反式结构为主，而烯基自由基（A）得电子转化为烯基负离子（B）的反应速率小得多，所以转化为烯基负离子（B）的全是反式结构，于是最终还原产物为反式烯烃。以下氢化铝锂还原的立体化学与此类似。

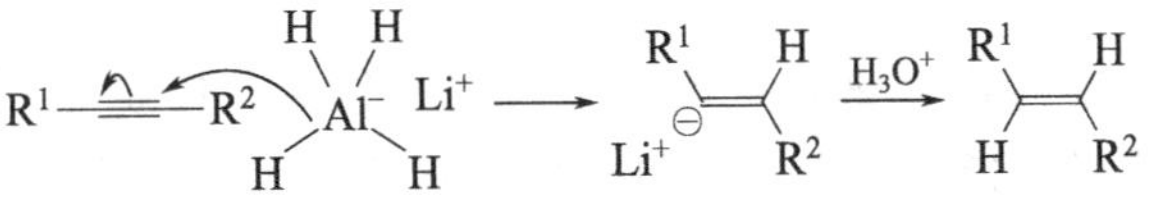

炔烃用氢化铝锂还原也得到反式烯烃。此还原反应的本质是炔烃的亲核加成。

第 **5** 章
卤代烃与有机金属化合物

所有碳卤键直接相连的化合物都可称为卤代烃,包括卤代烷烃、卤代烯烃和卤代芳烃等,本章所讨论的卤代烃多指卤代烷,也包括少量其他卤代烃。

5.1　卤代烷的结构与反应活性

卤代烷的中心碳原子是 sp^3 杂化的,卤素的电负性大于碳,碳-卤键的极化程度较高,与卤素相连的碳带有部分正电荷,卤素又能离去,所以卤代烷容易发生亲核取代反应;受卤原子吸电子诱导效应的影响,卤原子的 β-氢有酸性,可以在一定条件下离去,失去卤化氢的底物就变成了消除产物。

由卤代烷可以制备有机金属化合物,如有机锂试剂和格利雅试剂等,这是亲核性碳的重要来源,为构建碳-碳键提供了很好的方法。

活泼的伯和仲卤代烷可被氧化为醛和酮,卤代烷还可发生脱卤还原反应,转化为烷烃。

一些卤代烷可发生 α-消除而得到碳烯,继而发生后续的反应,见 1.4.6 节。

5.2　亲核取代反应

卤素的电负性大于碳,所以碳卤键的偶极矩是指向卤原子的,使得与卤素直接相连的碳原子带有部分正电荷,而且卤原子有带着与碳原子共享的电子对离去的倾向,所以卤代烷的卤素原子可以被其他亲核试剂取代,即发生亲核取代反应。

能与卤代烷发生亲核取代反应的亲核试剂的种类很多，如亲核性的碳（包括有机金属化合物和烯醇负离子）、胺、醇、烷氧基负离子、硫醇、酰氧基负离子和无机阴离子，如其他卤离子、氰基负离子、硫氰酸根、氢氧根、氢根、硝酸根和叠氮酸根等等。

依亲核试剂进攻与卤素离去方式的不同，这类亲核取代反应可以分为双分子亲核取代（S_N2）和单分子亲核取代（S_N1）。

5.2.1　S_N2反应

S_N2反应是协同过程，其特征是旧键的断裂和新键的形成是同步完成的，反应速率分别与底物和亲核试剂的浓度成正比，故为双分子亲核取代。

亲核试剂从卤素的背面进攻与它连接的碳原子，先与碳原子形成比较弱的键，同时卤素与碳原子的键有一定程度的减弱，两者与碳原子成一直线形，碳原子上另外三个键逐渐由伞形转变成平面（碳原子从 sp^3 杂化变为 sp^2 杂化），达到过渡态后，亲核试剂与碳原子之间的键开始形成，碳原子与卤素之间的键开始断裂，碳原子上三个键由平面向另一边偏转，形成产物。图 5-1 所示为 S_N2 反应的过渡态。

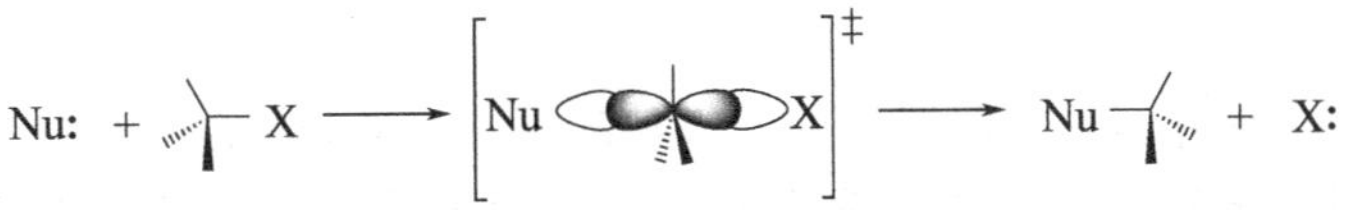

图 5-1　S_N2 反应的过渡态

以下甲醇钠和溴乙烷反应生成甲乙醚的反应机理说明了 S_N2 反应的过程。

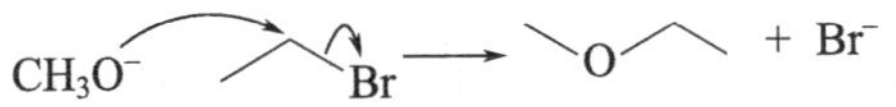

受空间效应的影响，卤代烷发生 S_N2 反应的活性顺序是甲基卤代烷＞伯卤代烷＞仲卤代烷＞叔卤代烷，对于烷基结构相同的卤代烷，其活性顺序是碘代烷＞溴代烷＞氯代烷，氟代烷很难发生 S_N2 反应，这与对应的卤离子的离去能力顺序相同。

5.2.2　S_N1反应

有些卤代烷，典型的是叔卤代烷，可以在未经亲核试剂进攻的情况下，自行脱去离去基团卤离子，形成碳正离子，之后，亲核试剂再与该碳正离子结合，得到产物。由于碳正离子的生成为控制步骤，其反应速率仅与底物的浓度成正比而与亲核试剂的浓度无关，故为单分子亲核取代。图 5-2 所示为 2-溴-2-甲基丙烷的乙醇解的反应机理。

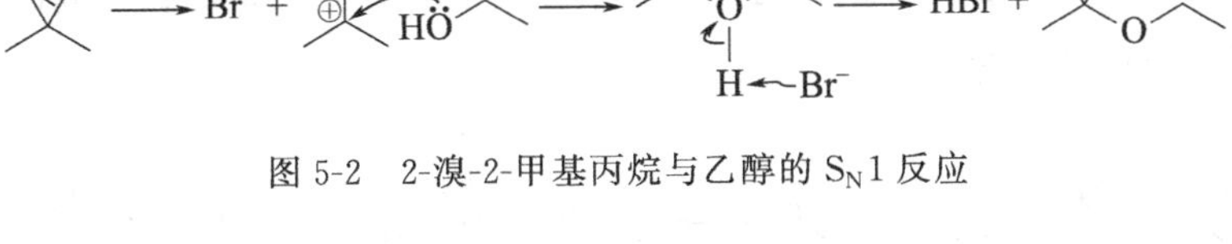

图 5-2　2-溴-2-甲基丙烷与乙醇的 S_N1 反应

由于经过碳正离子中间体，S_N1 反应有时可得重排产物，例如 2,2-二甲基-1-溴丙烷在乙醇中溶剂解，所得几乎全部为碳正离子重排产物。

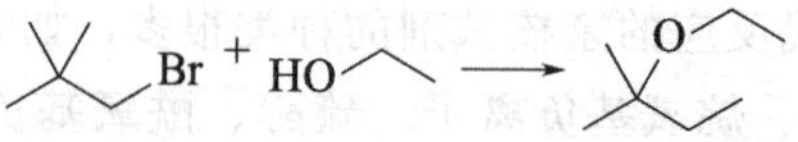

图 5-3 所示反应机理包含碳正离子重排。

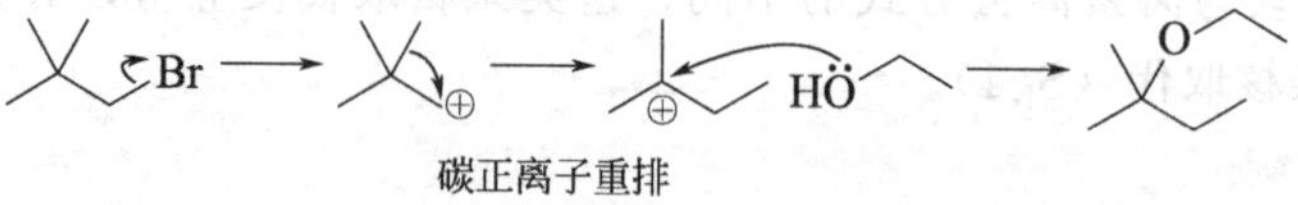

碳正离子重排

图 5-3　S_N1 反应中的碳正离子重排

S_N1 反应与 S_N2 反应同为发生在饱和碳原子上的亲核取代反应，S_N1 的反应速率仅与底物浓度有关，反应经过碳正离子，可能发生重排反应，反应后底物中心碳原子的构型一般发生消旋。S_N2 反应是协同机理，反应速率与底物和亲核试剂的浓度分别成正比，反应前后底物中心碳原子的构型翻转。

此外，它们还有个重要的区别，即 S_N1 反应一般在酸性、中性或很稀的碱性介质中进行，而 S_N2 反应则一般在碱性介质中进行。

5.2.3　紧密离子对机理

很多有机反应过程并不是非此即彼的。饱和碳原子上的亲核取代反应中，还有一些兼具 S_N1 反应和 S_N2 反应的特征，具体表现为取代产物部分消旋，或者亲核试剂进攻能形成较稳定碳正离子的位点，但是产物却像 S_N2 反应那样发生了构型翻转，而不是像 S_N1 反应那样发生消旋，等等。

离子对机理可以很好地解释上述现象。离去基团，不局限于卤离子，从底物上解离时，由于底物结构和溶剂性质等因素的影响，其解离的结果有不同的情况。

$$R-L \rightleftharpoons [R^+\ L^-] \rightleftharpoons [R^+\ \|\ L^-] \rightleftharpoons R^+ + L^-$$

底物分子　　　紧密离子对　　　溶剂分割离子对　　　碳正离子　　　负离子

底物分子共价键异裂得到的碳正离子和离去基团负离子，最初由于异性电荷的相互吸引仍然紧靠在一起，形成紧密离子对，之后少数溶剂分子插到两个离子之间，但它们仍然是一个离子对，称为溶剂分割离子对，最后离子被大量溶剂分子分割包围，形成溶剂化的自由碳正离子和负离子。

上述解离过程是可逆的，各步的相对反应速率取决于底物分子的结构和溶剂的性质，也就是说最后的平衡组成取决于上述两个因素。有的底物在某些溶剂中可能更容易生成紧密离子对，而另一些底物在某些溶剂中可能更倾向于生成溶剂化的正负离子。

酸催化下不对称烷基取代的环氧化物的开环反应就是兼具 S_N1 反应和 S_N2 反应特征的亲核取代。亲核试剂可以是水、醇（酚）、氢卤酸、氢氰酸和羧酸等比较弱的亲核试剂。反应的第一步是环氧化物的氧质子化，第二步是亲核试剂进攻高位阻的碳，同时环氧环打开得到构型翻转的产物，见图 5-4。

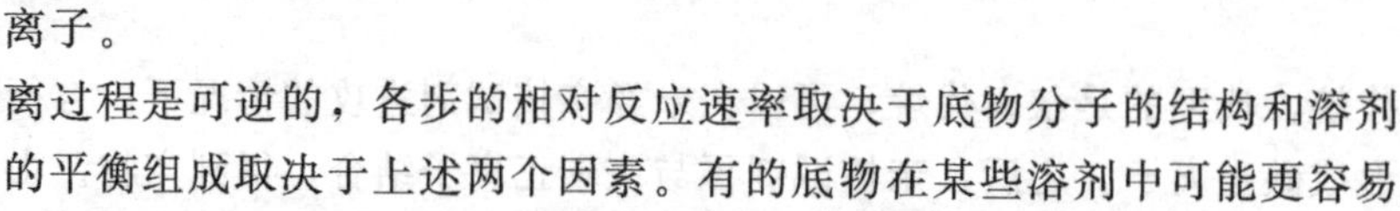

图 5-4　酸催化环氧开环的区域选择性

构型翻转说明该亲核取代有 S_N2 机理的特征，但是按 S_N2 机理进行时，亲核试剂应该进攻未取代的低位阻的碳。另一方面，在多取代高位阻的碳上形成的碳正离子更稳定，亲核试剂进攻此多取代的碳是 S_N1 机理的特征，但是如果按 S_N1 机理进行，产物至少应该是部分消旋的，这又与实验结果不符。

紧密离子对机理可以很好地解释该反应结果。见图 5-5，环氧化合物的氧原子质子化后，增加了其吸电子能力，有离去开环形成碳正离子的倾向，但是碳正离子本身可能还不够稳定，所以需要离去的氧原子充分靠近来分散正电荷使之稳定，这就形成了紧密离子对。由于碳氧键已经断裂，该反应就有了 S_N1 机理的特征，同时，氧原子并没有完全离去，阻挡了正面进攻，亲核试剂只能选择背面进攻，并导致构型翻转，使得该反应又具有 S_N2 机理的特征，立体化学和同位素标记研究已经证明了以上机理。

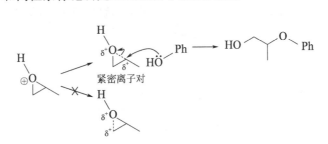

图 5-5　酸催化环氧开环的紧密离子对机理

烯烃加次卤酸（3.2.3 节）与烯烃羟汞化和烷氧汞化（3.2.4 节）的反应都属于紧密离子对机理。

5.3　亲核取代反应中的邻基参与

立体化学和动力学证据表明，一些亲核取代反应中，与中心碳原子邻近的基团有时会先与其发生分子内的亲核取代反应，形成环状中间体，之后，亲核试剂再进攻中心碳原子，环状中间体打开，得到亲核取代产物。

例如，一些手性 α-氨基酸的重氮盐发生重氮基的取代反应时，其中心碳原子的构型得以保持，这一现象用邻基参与可以得到解释。由于先发生了分子内的 S_N2 反应，羧酸的氧负离子亲核进攻取代了重氮基，生成了三元环的内酯，之后亲核试剂与内酯发生分子间的 S_N2 反应，两次 S_N2 反应导致中心碳原子的构型翻转两次，所以底物的构型保持不变，见图 5-6。

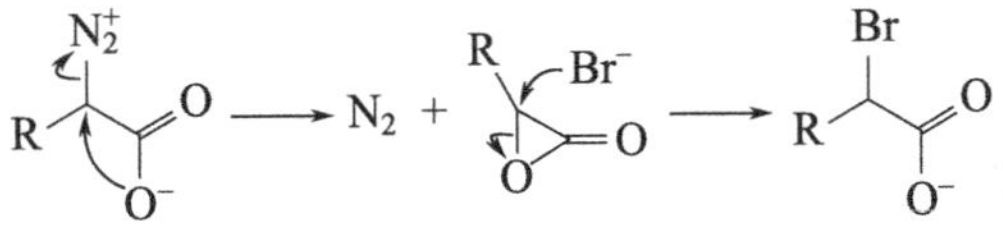

图 5-6　α-氨基酸重氮盐取代反应的邻基参与

再如 2-氯-二乙硫醚于二噁烷/水中发生水解时，比相应的 2-氯-二乙醚的反应速率快

10000 倍，这也是邻基参与的结果，见图 5-7。

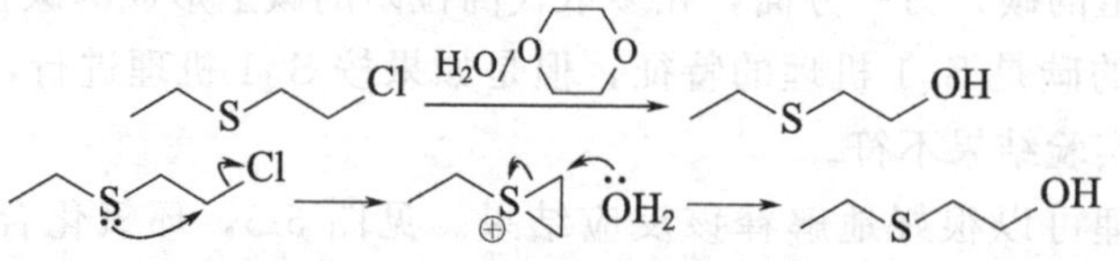

图 5-7　2-氯-二乙硫醚水解的邻基参与

一般而言，能发生邻基参与的基团都是卤素或硫等杂原子、碳碳双键和芳基等富电子亲核物种。

图 5-8 所示为碳碳双键发生邻基参与的实例，2-(环戊-3-烯基) 乙醇的对甲苯磺酸酯的乙酸解。环戊烯基的碳碳双键的亲核进攻促进了对甲苯磺酸负离子的离去，并形成三元环的正离子中间体，之后溶剂乙酸再亲核进攻就得到最终产物。

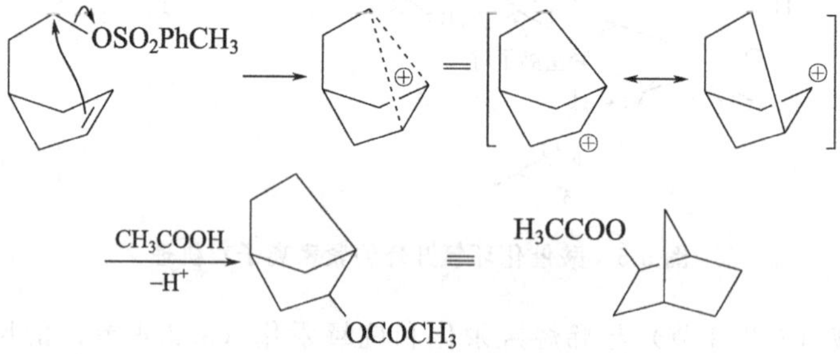

图 5-8　碳碳双键的邻基参与

邻基参与现象并不局限于亲核取代反应中，碳正离子重排时，芳基优先于烷基迁移，也是芳基邻基参与的结果，示例见 7.7.2 节（1）频哪醇重排。

5.4　消除反应

由于诱导效应的传递，卤代烷 β-碳上也带有部分正电荷，使得其上的氢具有一定的酸性，所以卤代烷可以消除卤化氢，得到烯烃。

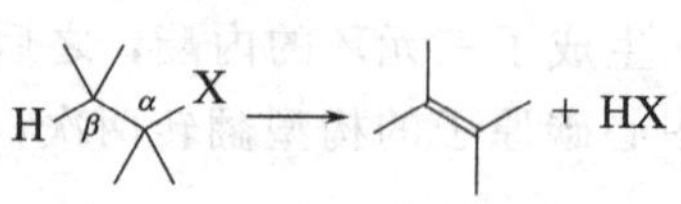

按 β-氢和卤素离去方式的不同，消除反应主要分为双分子消除（E2）、单分子消除（E1）和单分子共轭碱消除（E1cB）。

5.4.1　E2 消除

E2 消除是协同过程，其特征是卤代烷的 β-氢和卤素的离去以及双键的形成是一步完成的，反应速率与底物和碱的浓度分别成正比，故为双分子消除。以 1-溴丙烷在叔丁醇钾溶液中消除为丙烯为例。

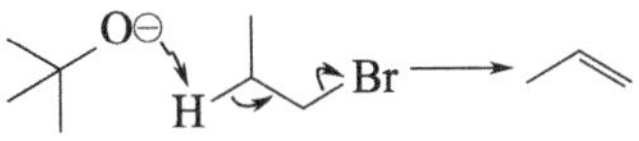

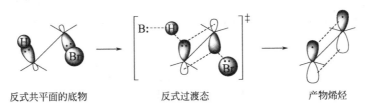

E2 消除一般在碱性介质中进行，为反式共平面消除，这是由底物的优势构象决定的，例如 (1S,2S)-1,2-二溴-1,2-二苯乙烷的优势构象为苯基交叉构象，消除共平面的氢和溴，得到（Z)-1-溴-1,2-二苯乙烯，见图 5-9。

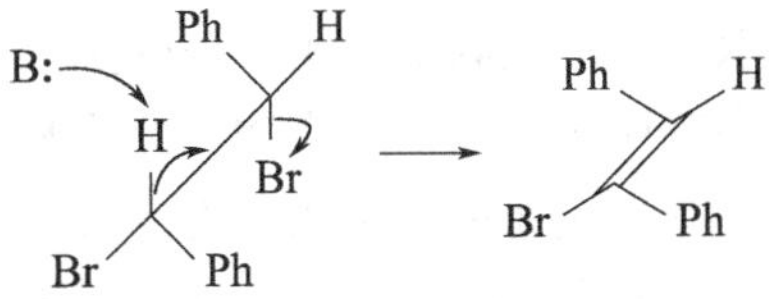

图 5-9 溴代烷的反式共平面消除

从图 5-10 所示的 E2 反应的过渡态也可以看出，碳原子从 sp³ 杂化变成 sp² 杂化，形成 sp² 杂化的 p 轨道并交叠为 π 键的必要条件是共平面。

反式共平面的底物   反式过渡态   产物烯烃

图 5-10 E2 反应的过渡态

同一元素的不同同位素在反应速率上有差别，这一现象称为动力学同位素效应。E2 消除有氘同位素效应。由于碳氘键的键能比相应的碳氢键的键能大 5kJ/mol，所以碳氘键的断裂速率比碳氢键的断裂速率低，所以以 E2 机理消除溴化氘的反应速率较消除溴化氢的反应速率低，这也是 E2 消除的特征之一。

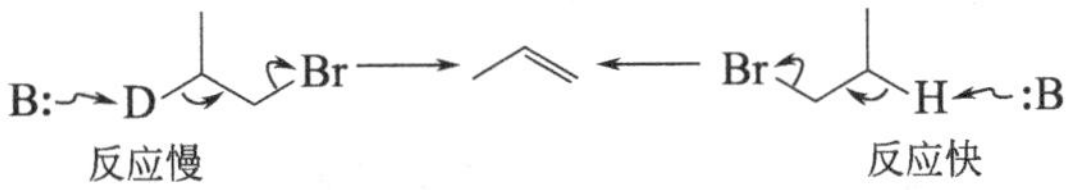

反应慢   反应快

5.4.2 E1 消除

卤代烷的卤素首先离去形成碳正离子，之后再脱去 β-氢得到消除产物，其中碳正离子的生成为控制步骤，其反应速率仅与底物的浓度成正比而与碱的浓度无关，故为单分子消除。

例如 2-氯-2-甲基丙烷在乙醇水溶液中加热，除得到取代产物外，还可以得到消除产物 2-甲基丙烯，见图 5-11。

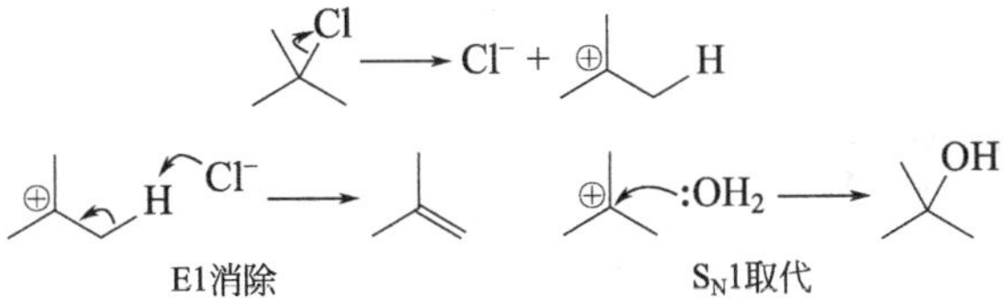

E1 消除   S$_N$1 取代

图 5-11 E1 消除与 S$_N$1 取代为平行反应

脱质子不是 E1 消除的控制步骤，所以 E1 消除没有氘动力学同位素效应。

5.4.3 E1cB 机理

E1 消除中，离去基团先于质子离去，E2 消除中，质子和离去基团同步离去并形成碳碳双键。还有一种消除是质子先于离去基团离去，通过碳负离子中间体完成的，其第一步是碱夺取质子形成碳负离子，该碳负离子为底物的共轭碱；第二步是负离子推掉相邻碳原子上的离去基团而得到消除产物，此为控制步骤。由于控制步骤为共轭碱的单分子脱去离去基团过程，其反应速率与碱的浓度无关，故为单分子共轭碱消除，即 E1cB 机理。

能发生 E1cB 反应的底物一般应具有两个特征，一是 α-碳上连有强的吸电子基，从而使 β-氢具有较强的酸性，并使碳负离子得以稳定，二是离去基团不易离去。简单的卤代烃不易发生此反应，两个以上卤素原子连在一个碳原子上，其 β-氢的酸性才足以支持此机理。图 5-12 所示反应中三氟甲基的吸电子作用导致其 α-氢的酸性较强，而氟离子本身为很难离去的基团。

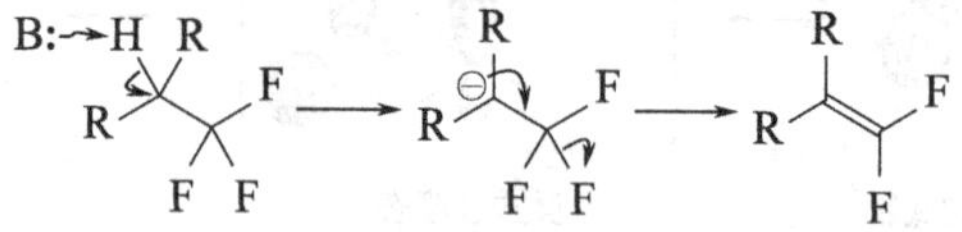

图 5-12 三氟甲基衍生物发生 E1cB 反应

邻二卤代烷通过有机金属化合物（见 5.7 节）形成的碳负离子也能与邻位的卤素发生 E1cB 消除，例如用金属镁处理邻二氯代烷可得消除产物烯烃，见图 5-13。

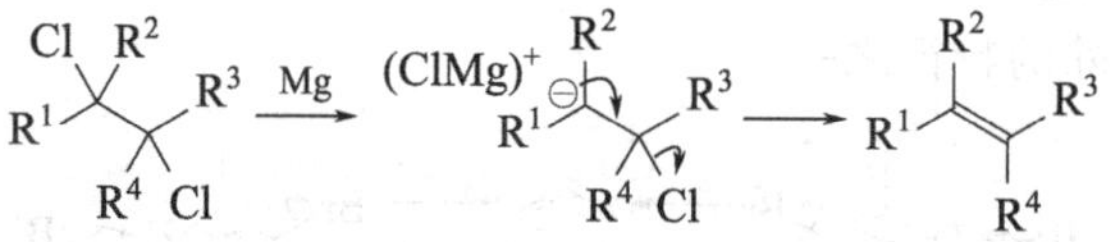

图 5-13 用金属镁处理邻二氯代烷发生 E1cB 反应

E1cB 机理更为典型和常见的实例是 β-羟基羰基化合物在碱性条件下消除为 α,β-不饱和羰基化合的反应。如图 5-14 所示，乙醛经羟醛缩合得到的 β-羟基丁醛以 E1cB 机理消除为丁-2-烯醛。

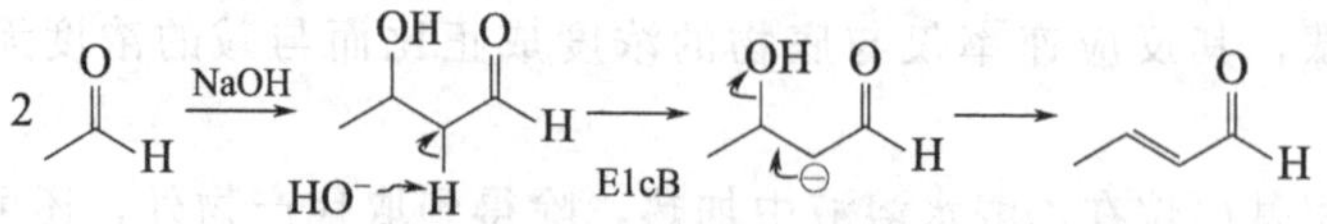

图 5-14 β-羟基丁醛以 E1cB 机理消除为丁-2-烯醛

5.5 消除的选择性

根据扎伊采夫规则，卤代烷的碱性消除倾向于生成多烷基取代的、更稳定的烯烃。这意味着当卤代烷分子中有多个 β-氢可供消除时，一般要选择多烷基取代的碳上的氢进行消除。

例如 2-溴丁烷在乙醇钠的乙醇溶液中发生 E2 消除反应，主产物是丁-2-烯，次要产物是丁-1-烯，2-溴-2-甲基丁烷以同样的条件消除，主产物是 2-甲基丁-2-烯，次要产物是 2-甲基丁-1-烯，见图 5-15。

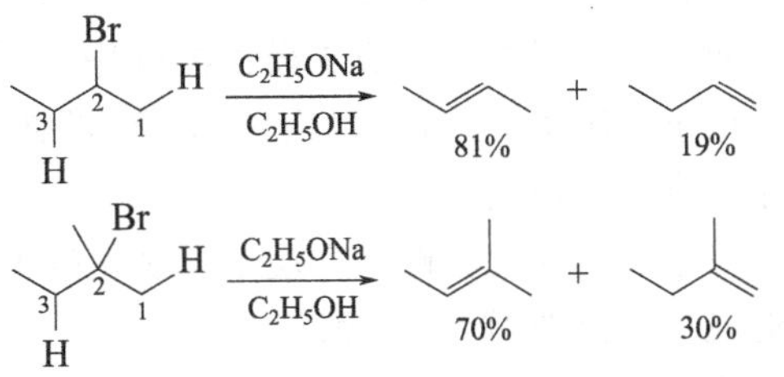

以上结果与扎伊采夫规则吻合，但是还有问题可以探讨。

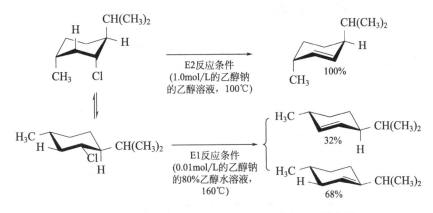

图 5-15　符合扎伊采夫规则的溴代烷消除反应

一是为什么多一个甲基的底物，2-溴-2-甲基丁烷消除时生成多取代烯烃的选择性降低了？其原因在于增加的甲基增大了空间位阻，提高了 3-位氢与碱结合的难度。可以推断，如果是用叔丁醇钾这样高位阻的碱，无论哪个底物，消除 3-位氢的产物比例还要进一步降低。

另一个问题是，以上反应是按 E2 机理进行的，那么如果是在中性溶液或很稀的碱性溶液中按 E1 机理进行，反应结果会在多大程度上符合扎伊采夫规则呢？由于 E1 消除中质子和卤素不是同步地从底物上离去的，而且不受反式共平面的限制，所以，E1 消除的反应结果一般会与扎伊采夫规则吻合得更好，图 5-16 所示的 2-氯薄荷烷在不同条件下的消除结果说明了这一点。

图 5-16　E1 消除更容易获得符合扎伊采夫规则的产物

上述反应按 E2 机理进行时，消除了与氯反式共平面的氢，所得产物不符合扎伊采夫规则；按 E1 机理进行时，不受氢与氯反式共平面的制约，符合扎伊采夫规则的产物占了主导。

5.6　取代还是消除

有很多因素影响卤代烷的取代与消除的竞争，其中较为主要的因素有卤代烷的结构、亲核试剂的结构与亲核能力（碱的结构与强度）、溶剂和反应温度等。关于取代和消除的竞争可以总结如下。

对于伯卤代烷，如果亲核试剂很强（例如伯胺或伯醇钠），则容易发生 S_N2 反应，如果碱的碱性很强并且位阻很大（例如叔丁醇钾），则容易发生 E2 消除。

对于仲卤代烷，非质子极性溶剂中，弱碱性的亲核试剂容易发生 S_N2 反应，如果用强碱，则 E2 消除占主导。烯丙位和苄位的仲卤代烷容易发生 S_N1 取代和 E1 消除，因为这样的结构利于形成碳正离子。

对于叔卤代烷，碱性介质中容易发生 E2 消除，但中性介质中（例如纯水或醇）则容易同时发生 S_N1 取代和 E1 消除。

应当指出，实际的反应往往并不是非此即彼的，常常得到取代和消除反应的混合物，只不过某些情况下，某个产物占主导。

5.7 有机金属化合物

卤代烃于乙醚等惰性溶剂中可与锂、钠、钾和镁等金属反应形成碳与金属直接相连的一类化合物，即有机金属化合物。

5.7.1 有机金属化合物的形成

有些有机金属化合物，如有机钠试剂、有机锂试剂和格利雅试剂一般可由卤代烷与金属直接合成，为单电子转移过程，即自由基机理，见图 5-17。

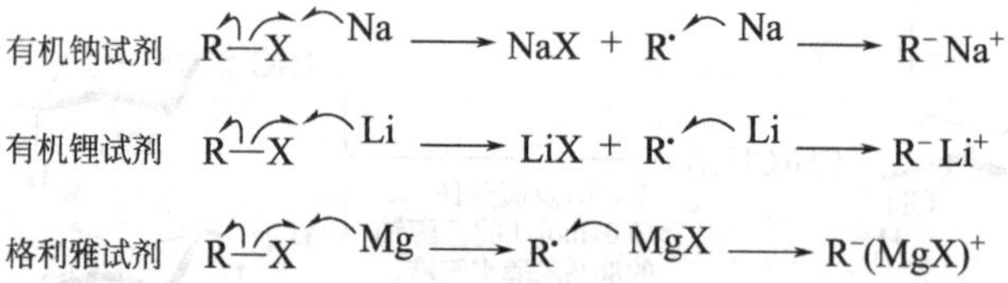

有机钠试剂 $R{-}X \quad Na \longrightarrow NaX + R\cdot \quad Na \longrightarrow R^-Na^+$

有机锂试剂 $R{-}X \quad Li \longrightarrow LiX + R\cdot \quad Li \longrightarrow R^-Li^+$

格利雅试剂 $R{-}X \quad Mg \longrightarrow R\cdot \quad MgX \longrightarrow R^-(MgX)^+$

图 5-17 形成常见有机金属化合物的反应机理

合成格利雅试剂时，卤代烷的活泼性顺序为碘代烷＞溴代烷＞氯代烷，溴代烷活性适中，最为常用。活泼的叔烷基、苄基型和烯丙型烷基可用氯代烷。

有机金属化合物也可以通过离子交换法合成，例如二烷基铜锂［吉尔曼（Gilman）试剂］可用烷基锂和卤化亚铜合成。

$$2R^-Li^+ + CuX \longrightarrow (R_2Cu)^-Li^+ + LiX$$

5.7.2 有机金属化合物的反应

依金属活泼性的差异，碳-金属键的性质变化较大，一般认为，碳-锂键和碳-钠键为离子键，碳-镁键为极性共价键，而碳-汞键和碳-锡键等是共价键。离子键和极性共价键的碳，通常为强亲核试剂，即硬碱，其他则为弱亲核试剂，即软碱。

无论哪种情况，我们都可以认为有机金属化合物提供了一大类亲核性的碳，所以有机金属化合物最常见的反应是作为亲核试剂与缺电子中心的反应，具有缺电子中心的化合物包括二氧化碳、环氧化物、卤代烷、羰基化合物（醛、酮、羧酸和羧酸衍生物）及相应的 α,β-不饱和羰基化合物，等等。

例如有机钠试剂可用来制备对称的烷烃，为伍兹（Wurtz）反应，为 S_N2 机理。

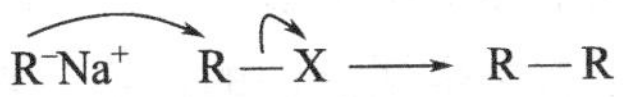

$$R^-Na^+ \quad R-X \longrightarrow R-R$$

图 5-18 所示为格利雅试剂的部分常见反应，亲电试剂依次为二氧化碳、环氧化物、羧酸酯和 α,β-不饱和酮。

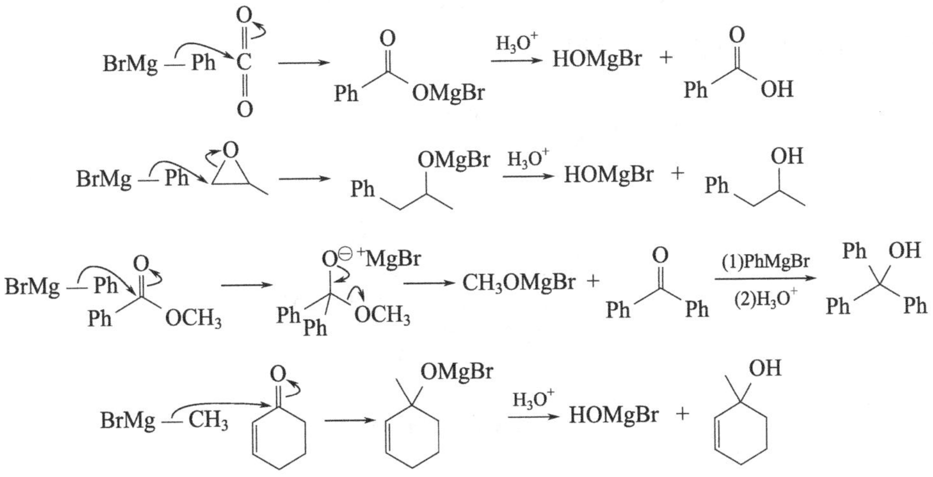

图 5-18　格利雅试剂的部分常见反应

图 5-19 所示为二甲基铜锂与环己-2-烯酮的反应。

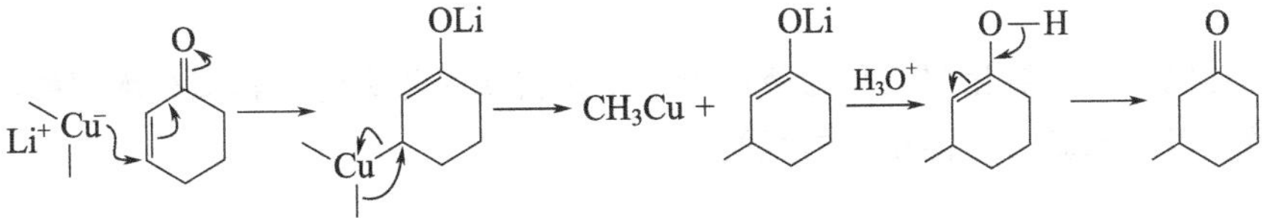

图 5-19　二甲基铜锂与环己-2-烯酮的 1,4-共轭加成

注意到，甲基格利雅试剂与环己-2-烯酮反应时得到的是 1,2-加成产物，而二甲基铜锂与环己-2-烯酮反应时得到的是 1,4-共轭加成产物。

强亲核试剂倾向于与强亲电试剂反应，弱亲核试剂倾向于与弱亲电试剂反应，这是有机反应的一般规律。

α,β-不饱和羰基化合物的 2-位羰基碳可以视为强亲电试剂，而 4-位的双键碳则可视为弱亲电试剂，所以强亲核试剂，格利雅试剂发生 1,2-加成，弱亲核试剂，二甲基铜锂发生 1,4-共轭加成，即硬碱 1,2-加成，软碱 1,4-共轭加成，见图 5-20。

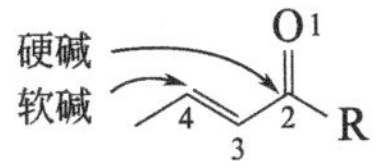

后续章节还有 α,β-不饱和羰基化合物加成反应的内容，其加成的选择性大都如此。

图 5-20　1,2-加成与
1,4-共轭加成的选择性

5.7.3　过渡金属催化碳碳键偶联简介

　　碳碳键构成了有机分子的骨架，碳碳键的构建自然就成为有机化学的重要研究内容。

　　构建碳碳键的重要途径就是用上述有机金属化合物，而过渡金属催化的应用则极大地丰富了构建碳碳键的方法，也丰富了有机金属化学的内容。常见的方法有熊田（Kumada）偶联、根岸（Negishi）偶联和斯蒂尔（Stille）偶联等钯催化的有机卤化物的交叉偶联反应，其反应机理也颇为相似，以根岸偶联为例。

$$R^1{-}X \ + \ R^2{-}MgX \xrightarrow{\ L_2Pd(0)\ } R^1{-}R^2$$

图 5-21 所示为其催化循环示意图。

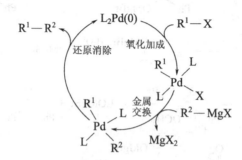

图 5-21　根岸偶联反应的催化循环示意图

5.8　卤代烃的氧化与还原

　　卤代烷可以被多种氧化剂氧化为醛或酮，是卤代烷转化为醇，再氧化醇得醛酮的路线补充。卤代烃可以还原脱卤，得相应的烃类。

5.8.1　氧化

　　伯或仲卤代烷可被二甲亚砜或氧化叔胺氧化为相应醛或酮。卤化苄可以被乌洛托品氧化为芳醛。

　　(1) 二甲亚砜（DMSO）氧化　在碱的帮助下，二甲亚砜可将活泼的卤代烷氧化为醛或酮，称为科恩布卢姆（Kornblum）反应。其中碘代烷的反应结果较好，而溴代烷和氯代烷一般需先转化为碘代烷再氧化。

$$\underset{(CH_2)_5}{\overset{I}{\diagup\!\diagup\!\diagdown}} \xrightarrow{\ DMSO/NaHCO_3\ } \underset{(CH_2)_5}{\overset{O}{\diagup\!\diagup\!\diagdown}}H$$

　　其主要反应过程包括取代和碱性消除两步。以下为反应机理，注意到五元环过渡态中，硫原子将与氧原子共享的那对电子据为己有，其本身被还原为二甲硫醚（图 5-22）。

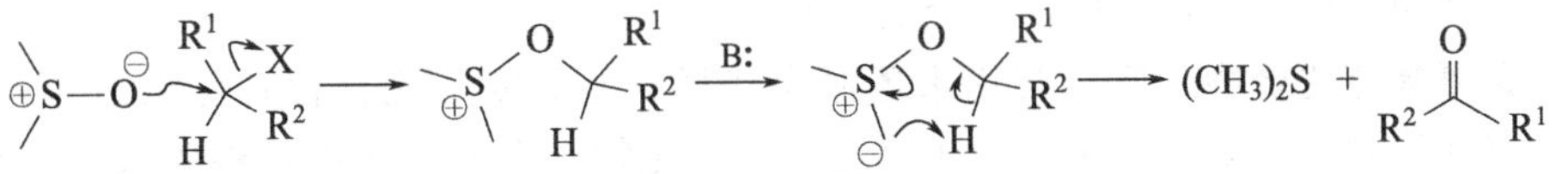

图 5-22　二甲亚砜氧化卤代烷的反应机理

（2）氧化叔胺氧化　氧化叔胺，例如 N-氧化吡啶，可将活泼的卤代烷氧化为相应的羰基化合物，与二甲亚砜氧化类似，主要反应过程也包括取代和碱性消除两步（图 5-23）。

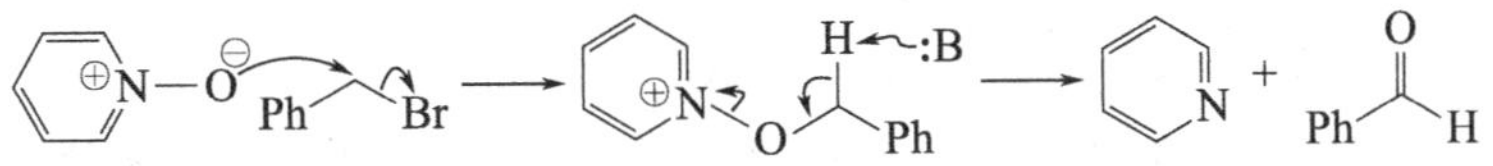

图 5-23　叔胺氧化物氧化卤代烷的反应机理

（3）乌洛托品氧化　乌洛托品即六亚甲基四胺，是由甲醛和氨合成的，可视为甲醛的等价物。缓和水解卤化苄与乌洛托品形成的季铵盐可得芳醛，称为索姆莱特（Sommelet）反应（图 5-24）。

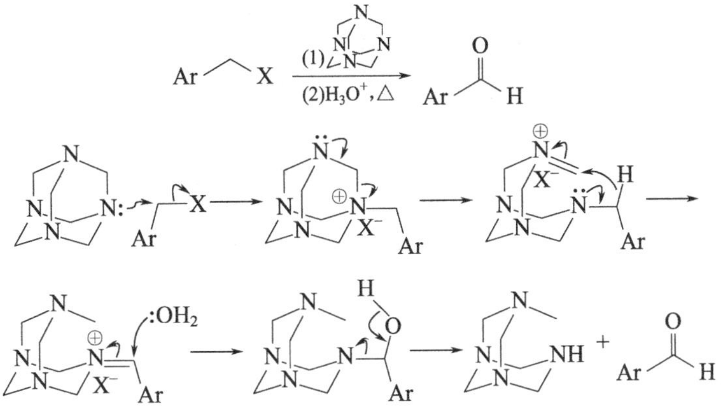

图 5-24　乌洛托品氧化卤代烷的反应机理

第一步乌洛托品与卤化苄发生 S_N2 反应生成季铵盐，之后发生消除，得亚胺正离子，该正离子为氢根的受体；消除同时还得到了苄胺，此时完成了取代，还没有氧化。下一步，氢根转移到亚胺双键上，从苄基上带走一对电子，苄基上的氮原子与苄基碳共享了一对电子，形成碳氮双键，此时，苄基碳的氧化态已经升高了，氧化实际上已经完成了，因为后续亚胺水解为羰基并不改变苄基碳的氧化态。

那么卤化苄被氧化后，是哪个分子或基团被还原了呢？对照下图中的乌洛托品和反应产物的结构可以发现，标记的碳原子原来连有两个氮原子，反应后只连有一个，这个局部相当于从醛变成了醇，就是这个碳原子被还原了。

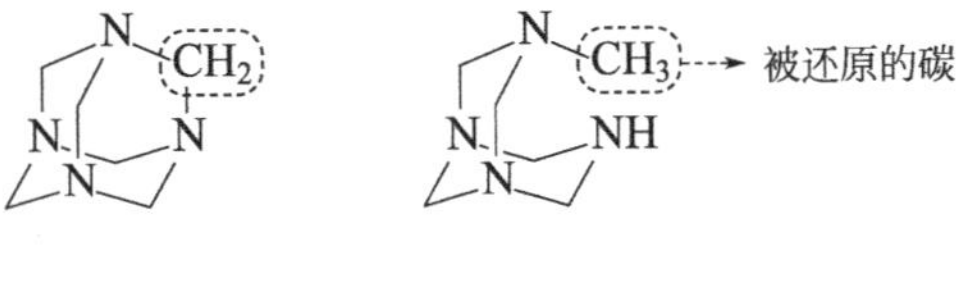

5.8.2　还原

卤代烃可被多种还原剂还原，得到脱卤化合物。较为常用的还原方法有催化氢解、金属复氢化合物还原和质子溶剂中的活泼金属还原。

(1) 金属复氢化合物还原　常用来还原卤代烃的金属复氢化合物有氢化铝锂和硼氢化钠。其中氢化铝锂活性高，甚至还能还原乙烯型卤化物（卤素直接连在碳碳双键上），主要用于伯和仲卤代烷的还原，叔卤代烷用氢化铝锂还原时容易发生消除反应。硼氢化钠活性低，主要用于仲和叔卤代烷的还原。

反应是氢根取代卤素，中心碳原子构型翻转，为 S_N2 机理。

(2) 活泼金属还原　这类还原剂包括锌/盐酸、锌/氢氧化钠和钠/液氨等，脱卤还原能力较强，烯烃和芳烃上的卤素往往也能脱掉。

反应是通过自由基机理完成的。步骤为碳卤键均裂，生成碳自由基和卤素自由基，两个自由基分别从金属得到电子，变成碳负离子和卤负离子，碳负离子从质子溶剂中捕获质子，就得到脱卤还原产物。以下为液氨中金属钠作还原剂的氯代烯烃脱氯反应。

第 **6** 章
苯与芳烃

本章讨论以苯为代表的芳烃，涉及苯和苯的衍生物及其他芳烃的典型反应。

6.1　苯的结构与反应活性

苯有环状大 π 键，具有芳香性，较为稳定，但其仍可加氢还原为环己烷，光氯化为六氯环己烷，在五氧化二钒催化下被氧气氧化为顺酐，在液氨与醇的混合溶液中被碱金属还原为环己二烯，见图 6-1。

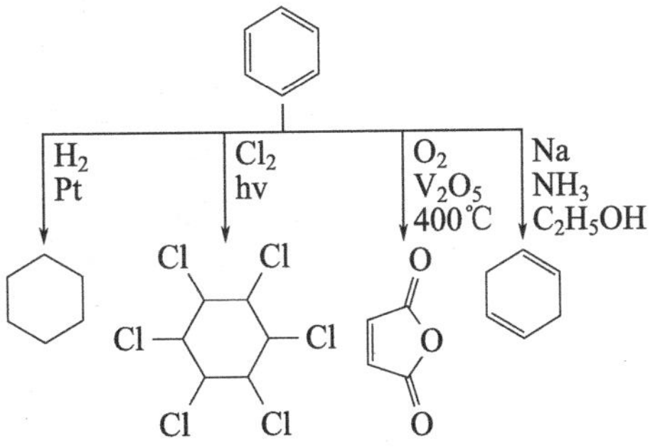

苯及其衍生物更为常见的反应是保留苯环，即保留芳香性的反应，其中以芳香族亲电取代和芳香族亲核取代最为典型。

苯及其某些衍生物是富电子物种，能发生亲电取代反应；而苯环上如果有合适的离去基团，连有吸电子基（不是必要条件），则可以发生亲核取代反应。

图 6-1　苯的常见反应

芳香族亲电取代和亲核取代都涉及苯环上既有取代基对反应活性和区域选择性的影响问题，这些问题用共振理论可以得到较好的解释。

6.2　芳香族亲电取代反应

典型的芳香族亲电取代反应有芳烃的硝化、磺化、卤化、重氮盐偶合、傅-克烷基化与酰化等。

亲电试剂可以是正离子，例如硝基阳离子或酰基碳正离子等，也可以是极化的带有部分正电荷的物种，例如三氧化硫的硫原子或被三氯化铁极化了的氯分子。

6.2.1 反应机理

以苯为例，见图 6-2，亲电试剂先与苯环的大 π 键作用形成 π-络合物，之后苯环的一个双键打开，与亲电试剂结合，得到带有正电荷的中间体，离域的碳正离子，即 σ-络合物，之后再脱去质子，就得到亲电取代产物。其中 σ-络合物的形成是控制步骤。

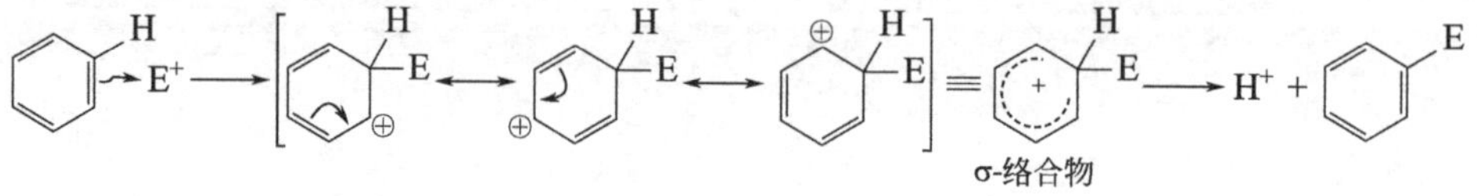

图 6-2　苯亲电取代的反应机理

σ-络合物的稳定性在很大程度上决定了该亲电取代反应的活性和定位规律。

6.2.2 反应示例

（1）苯的混酸硝化　苯在浓硝酸和浓硫酸组成的混酸中硝化时，亲电试剂为硝基阳离子，硝基阳离子是通过硝酸的羟基质子化再脱水得到的，见图 6-3。

$$HONO_2 + H_2SO_4 \rightleftharpoons H_2O^+NO_2 + HSO_4^-$$
$$H_2O^+NO_2 \rightleftharpoons H_2O + {}^+NO_2$$
$$\underline{H_2SO_4 + H_2O \rightleftharpoons H_3O^+ + HSO_4^-}$$
$$HNO_3 + 2H_2SO_4 \rightleftharpoons {}^+NO_2 + H_3O^+ + 2HSO_4^-$$

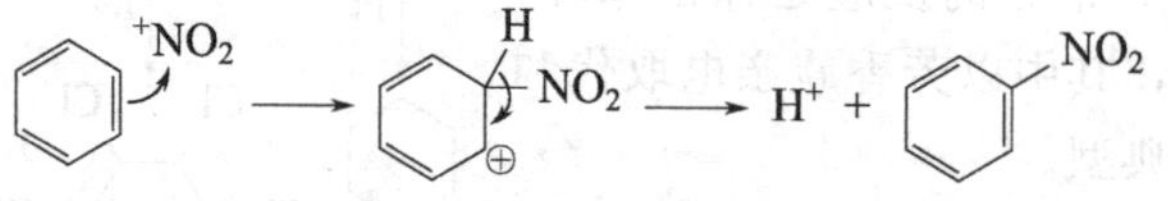

图 6-3　苯硝化的反应机理

（2）苯的磺化（三氧化硫）　三氧化硫为活泼的亲电试剂，如图 6-4 所示，其用于芳烃的磺化时，不产生废酸。

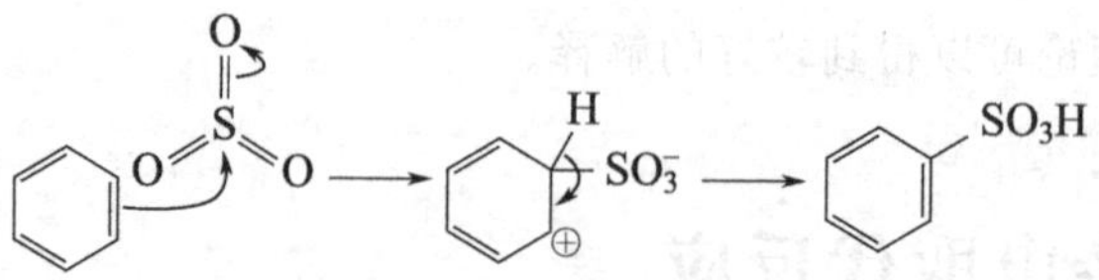

图 6-4　苯磺化（三氧化硫）的反应机理

（3）甲苯的烷基化　以异丁醇为烷基化剂，质子酸为催化剂，对芳烃进行烷基化，为傅-克烷基化反应，见图 6-5，亲电试剂为经碳正离子重排得到的叔丁基碳正离子。

（4）酚的羟甲基化和烷基化　酚在酸催化下可与醛或酮反应得到羟甲基化产物，羟甲基化产物再质子化脱水得到碳正离子，继续与酚反应得到烷基化产物。图 6-6 表示了 2-叔丁基-

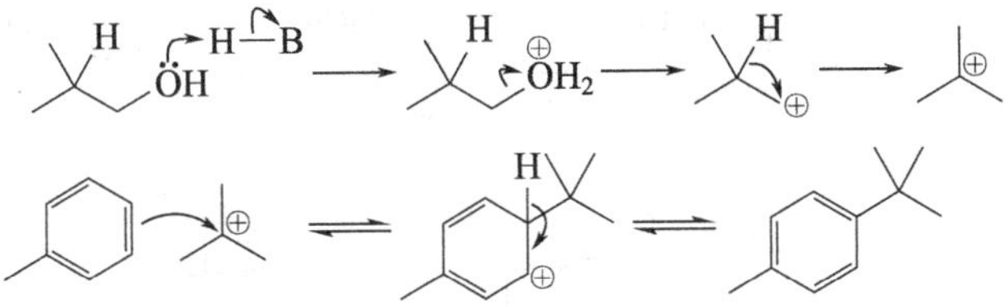

图 6-5　甲苯傅-克烷基化反应机理

4-甲酚在浓硫酸催化下与甲醛反应合成抗氧剂 2246 的反应机理。

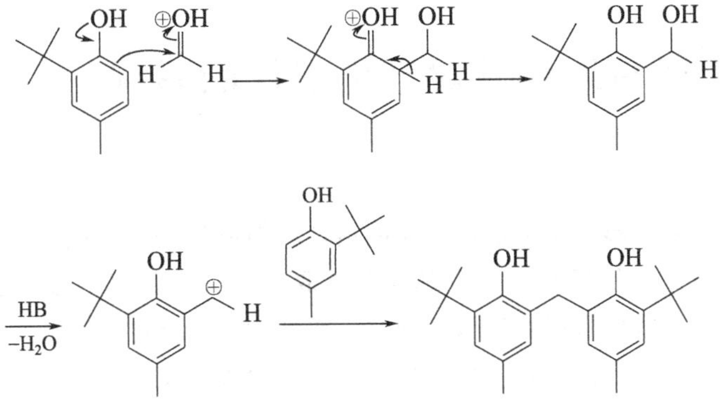

图 6-6　合成抗氧剂 2246 的反应机理

（5）苯的乙酰化　以乙酰氯为酰化剂，三氯化铝为催化剂，对苯进行酰化，产物为苯乙酮，是典型的傅-克酰化反应，见图 6-7，亲电试剂为乙酰基碳正离子。

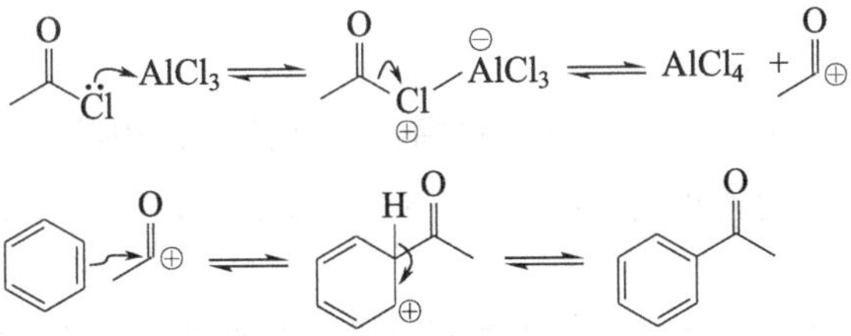

图 6-7　苯傅-克酰化反应机理

（6）邻二甲苯的甲酰化　烷基苯可以在三氯化铝和少量氯化氢的催化下，与一氧化碳反应生成甲酰化物（醛），称为加特曼-科赫（Gattermann-Koch）反应。例如以邻二甲苯为原料实施该反应可得 3,4-二甲基苯甲醛，这也是傅-克酰化反应。

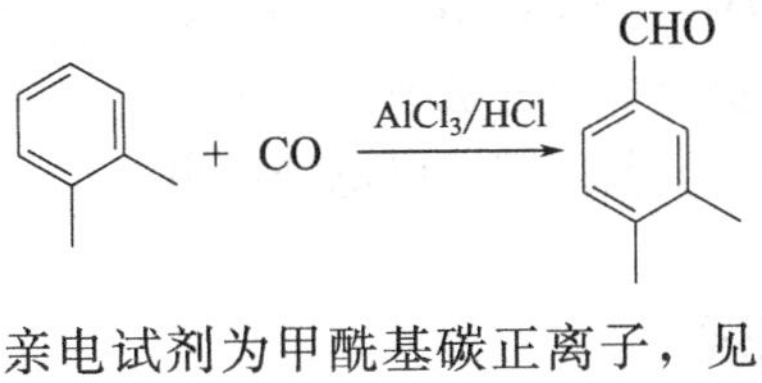

其中酰化试剂为甲酰氯，亲电试剂为甲酰基碳正离子，见图 6-8。

如果把甲酰氯的生成过程逆过来，就是甲酰氯消除为一氧化碳和氯化氢的过程，此消除为 α-消除，据此可以更好地理解一氧化碳的路易斯结构式和反应活性。

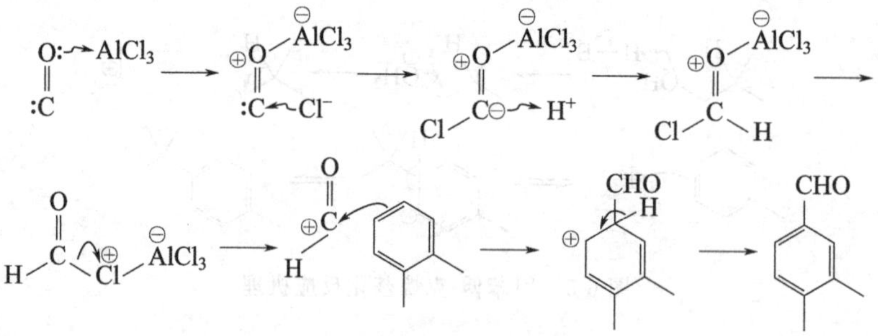

图 6-8　加特曼-科赫反应机理

6.3　苯环上既有取代基对亲电取代的影响

苯环上既有取代基会影响亲电取代反应的活性和新取代基的定位。既有取代基按其影响结果可以分为两大类：一是邻对位定位基，即新取代基进入其邻对位，也称为第一类定位基；二是间位定位基，即新取代基进入其间位，也称为第二类定位基。

多数情况下，邻对位定位基有活化苯环的作用，使底物反应活性增加，间位定位基有钝化苯环的作用，使底物活性降低。

上述两类定位基的定位规律是由取代基的电子效应，即诱导效应、共轭效应和超共轭效应决定的。

6.3.1　两类定位基

（1）邻对位定位基　这类定位基主要包括：①强活化作用的—NR_2、—NHR、—NH_2、—O^- 和—OH；②中等活化作用的—OR 和—NHCOR；③弱活化作用的—R 和—Ph；④弱钝化作用的—F、—Cl 和—Br。

活化苯环的定位基要么是含带有未共享电子对的氧或氮等杂原子的基团，要么是烷基等具有超共轭作用的基团，它们与苯环相连时都表现为供电子作用。

比较特殊的是卤素，作为既有取代基，它们是邻对位定位基，但同时又钝化苯环，使底物活性降低，其定位效应后面单独讨论。

（2）间位定位基　这类定位基主要有—NO_2、—SO_3H、—COOH、—COOR、—CHO、—COR、—$CONH_2$、—CONHR、—$CONR_2$、—CN、—S^+R_2 和—N^+R_3。

这类定位基要么是具有强诱导效应的锍或铵的正离子，要么是带有羰基或氰基等具有共轭效应的基团，它们与苯环相连时都表现为吸电子作用。

6.3.2　共振理论解释

共振理论可以很好地解释两类定位基对亲电取代的影响，可以从反应前和反应时两方面讨论。

(1) 反应前既有取代基对苯环电子云密度的影响 当烷氧基或氨基等基团连在苯环上时，杂原子上的未共享电子对可与苯环共轭而产生供电子效应，图 6-9 所示为苯甲醚的共振结构。

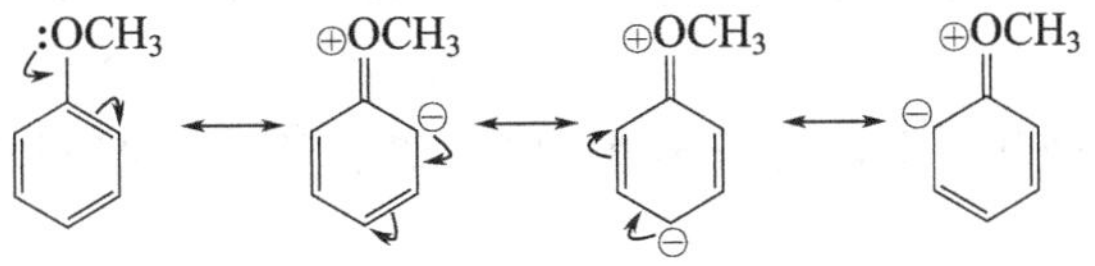

图 6-9 苯甲醚的共振结构

从上述共振结构可以看出，甲氧基使苯环的电子云密度增加了，这就使亲电取代反应更容易发生，活化了苯环，而且电子云密度是选择性地增加在邻对位，而间位影响较小，所以甲氧基就成为邻对位定位基。

而当苯环上有甲酰基、硝基或氰基等具有吸电子共轭效应的基团时，苯环的电子云密度会降低，图 6-10 所示为硝基苯的共振结构。

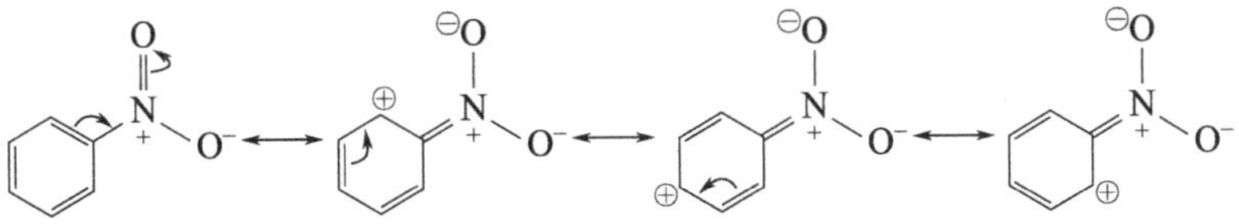

图 6-10 硝基苯的共振结构

从上述共振结构可以看出，硝基使苯环的电子云密度降低了，这就增加了亲电取代反应的难度，钝化了苯环，而且电子云密度是选择性地降低在邻对位，间位影响较小，所以，硝基就成为间位定位基。

(2) 反应时既有取代基对 σ-络合物稳定性的影响 也可以从反应进行时，既有取代基对 σ-络合物稳定性的影响来分析两类定位基。

第一类定位基仍以甲氧基为例，苯甲醚硝化时，硝基进入甲氧基的邻位（或对位，邻位与对位等价）所得碳正离子的共振结构见图 6-11。

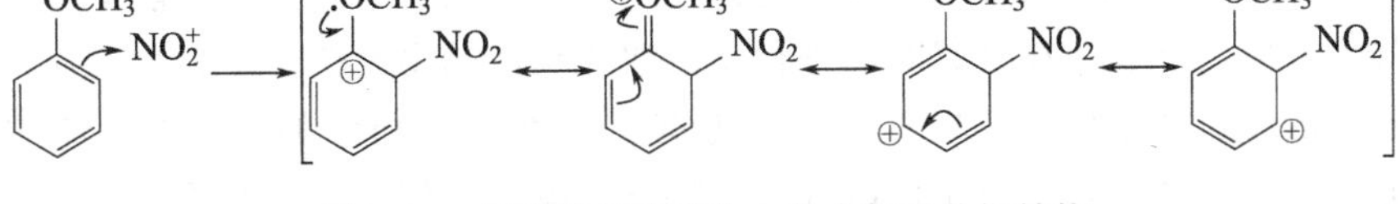

图 6-11 苯甲醚邻位硝化 σ-络合物的共振结构

硝基进入甲氧基的间位所得碳正离子的共振结构见图 6-12。

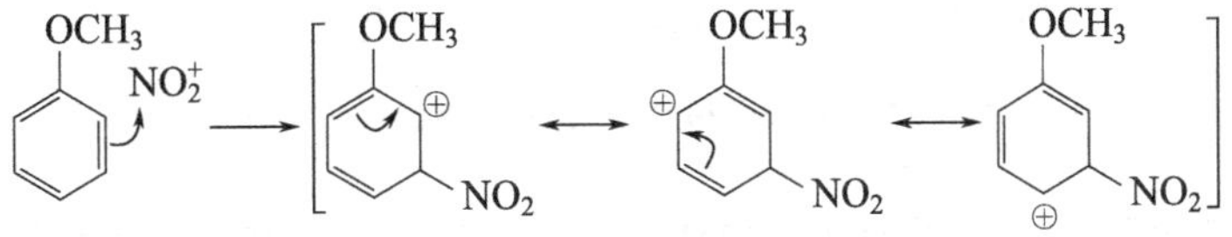

图 6-12 苯甲醚间位硝化 σ-络合物的共振结构

从以上共振结构可以看出，苯甲醚邻对位硝化时，所得碳正离子的共振结构有四个，甲氧基的氧原子也可以分散一部分正电荷。苯甲醚间位硝化时，所得碳正离子的共振结构有三个，甲氧基的氧原子不能参与分散正电荷。

由共振结构的涵义可知，硝基进入甲氧基的邻对位所得碳正离子的正电荷更分散，该σ-络合物也更稳定，这就大大增加了硝基进入甲氧基邻对位的倾向，使甲氧基成为邻对位定位基。

第二类定位基仍以硝基为例，硝基苯硝化时，如果硝基进原硝基的间位，所得碳正离子的共振结构见图 6-13。

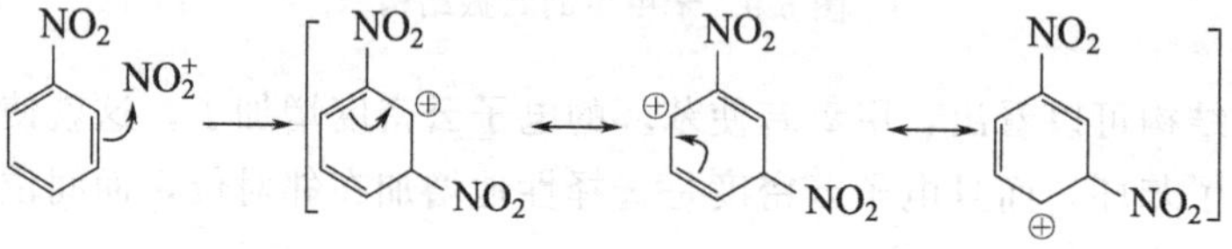

图 6-13 硝基苯间位硝化 σ-络合物的共振结构

硝基进入原硝基的邻位（或对位，邻位与对位等价）所得碳正离子的共振结构见图 6-14。

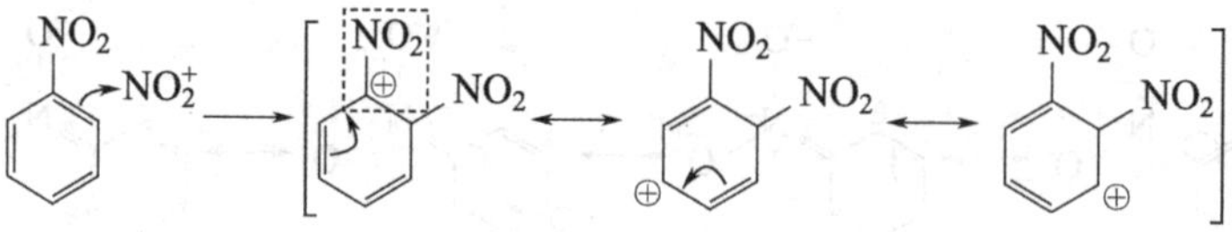

图 6-14 硝基苯邻位硝化 σ-络合物的共振结构

从以上共振结构可以看出，硝基苯邻（对）位和间位硝化时，所得碳正离子的共振结构都是三个，但是邻对位硝化时，有一个共振结构的正电荷处在吸电子的硝基所在的碳原子上，这个极限式显然不稳定，其对正电荷分散的贡献很小，因此邻对位硝化的 σ-络合物的稳定性较间位硝化的 σ-络合物差，所以，硝基苯硝化时是以间位产物为主。

6.3.3 卤素的定位效应

卤素是比较特殊的，其吸电子的诱导效应较强，降低了苯环上的电子云密度，提高了亲电反应的能垒，降低了苯环的反应活性，有钝化苯环的作用。另一方面，能垒一旦克服，其供电子的共轭效应又能稳定在其邻对位进行亲电取代反应的中间体 σ-络合物，这就使得它们成为钝化苯环的邻对位定位基，以氯苯硝化为例，从图 6-15 所示的共振结构来看，硝基进入氯原子的邻（对）位时，氯原子可以分散一部分正电荷，使 σ-络合物更稳定。

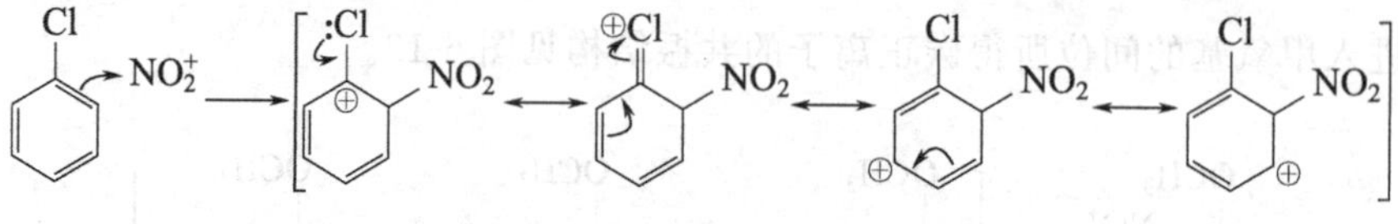

图 6-15 氯苯邻位硝化 σ-络合物的共振结构

卤素作为既有基团，在芳香族亲电取代反应中的定位效应与卤代烯烃的亲电加成反应中卤素对反应活性和区域选择性的影响类似，原因也相似，见 3.2.2 节（2）。

6.4 芳香族亲核取代反应

如果苯环上连有可离去的基团，如氟、氯或溴，在适当的条件下可以发生芳香族亲核取代反应，比如邻硝基氯苯可以氨解为邻硝基苯胺，氯苯可以在液氨中与氨基钠反应转化为苯胺，见图 6-16。这类反应在合成上应用很广，如邻硝基苯胺可以还原为邻苯二胺，这是苯直接二硝化再还原得不到的。

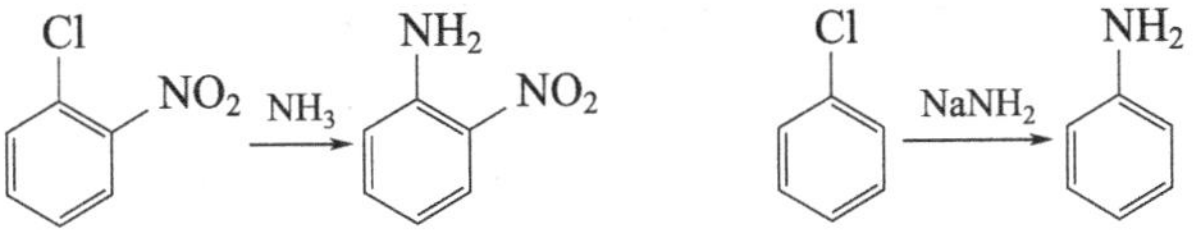

图 6-16　苯的亲核取代反应举例

苯环的结构限制了像 S_N2 机理那样的直接取代。以上两例虽然都是苯环上氯的氨解，都是亲核取代反应，但反应机理却不相同，邻硝基氯苯氨解是加成消除机理，而氯苯的氨解则是消除加成机理。

6.4.1 加成消除机理

按加成消除机理进行的必要条件，一是苯环上有好的离去基团，二是苯环上有强吸电子基，而亲核试剂的碱性不必很强。图 6-17 说明了邻硝基氯苯氨解的反应机理。

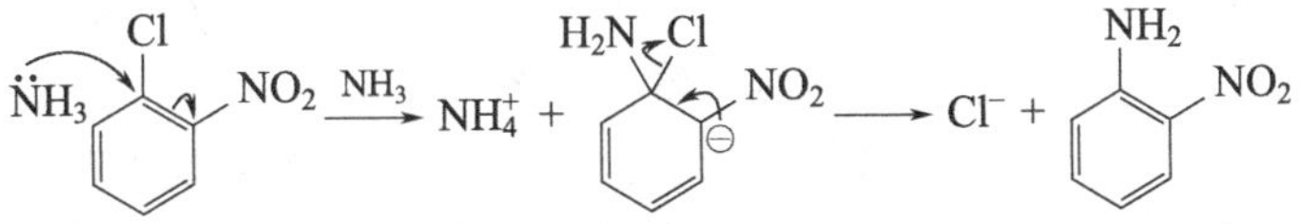

图 6-17　苯亲核取代的加成消除机理

加成消除机理的特征是亲核试剂先加成到苯环的双键上，之后再消除离去基团。

6.4.2 加成消除机理的选择性及共振论解释

当苯环上不同位置有多个相同或相似的可离去基团时，亲核试剂的取代就有选择性问题，例如图 6-18 所示的 1,2-二氯-4-硝基苯碱解时，是 1-位（硝基对位）的氯被羟基取代还是 2-位（硝基间位）的氯被羟基取代？

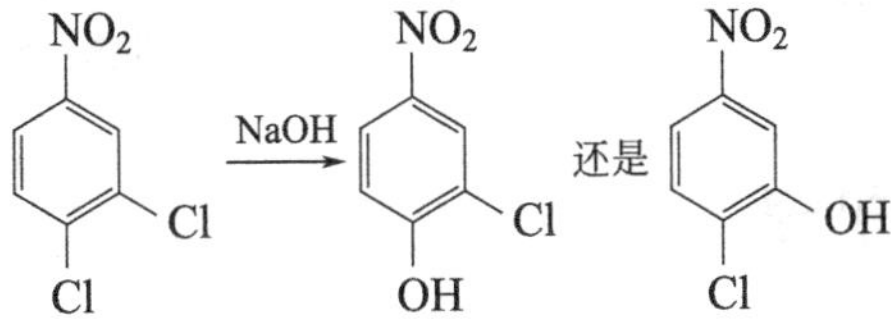

图 6-18　1,2-二氯-4-硝基苯碱解的选择性

亲核取代的第一步是亲核试剂加成到苯环双键上，得到一个碳负离子中间体，这个碳负离子的稳定性决定了这个反应的选择性，用共振理论可以很好地阐明这个问题。

氢氧根取代 2-位氯时所得碳负离子的共振结构见图 6-19。

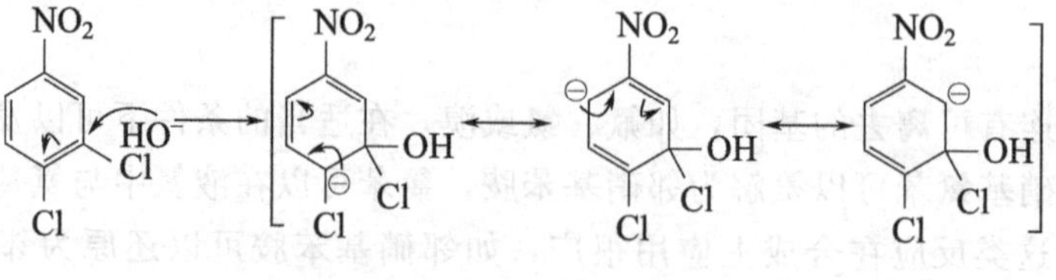

图 6-19　氢氧根取代 2-位氯时所得碳负离子的共振结构

氢氧根取代 1-位氯时所得碳负离子的共振结构见图 6-20。

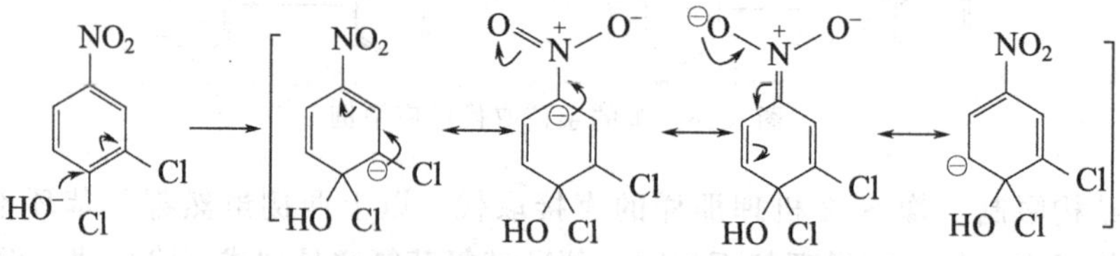

图 6-20　氢氧根取代 1-位氯时所得碳负离子的共振结构

可见，取代 1-位氯时所得碳负离子的负电荷可以部分分散到硝基的氧原子上，而取代 2-位氯时不能，所以，氢氧根取代 1-位（硝基对位）氯的产物占主导。

6.4.3　加成消除机理中卤素的活性

实验证明，苯环上以加成消除机理发生亲核取代反应时，作为离去基团的卤素的活性顺序是氟＞氯＞溴，见图 6-21。

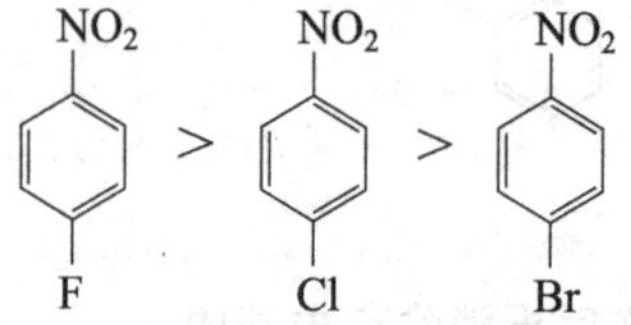

图 6-21　对硝基卤苯亲核取代的活性顺序

这与饱和碳上的亲核取代的活性顺序正好相反，表明亲核试剂在苯环上加成是控制步骤，因为氟的电负性最大，因此与之相连的碳原子更亲电。

可是在合成诺氟沙星中，哌嗪为什么更容易取代氯而不是氟？这是因为在氯的对位有个吸电子的羰基，该羰基大大降低了氯所连碳的电子云密度。

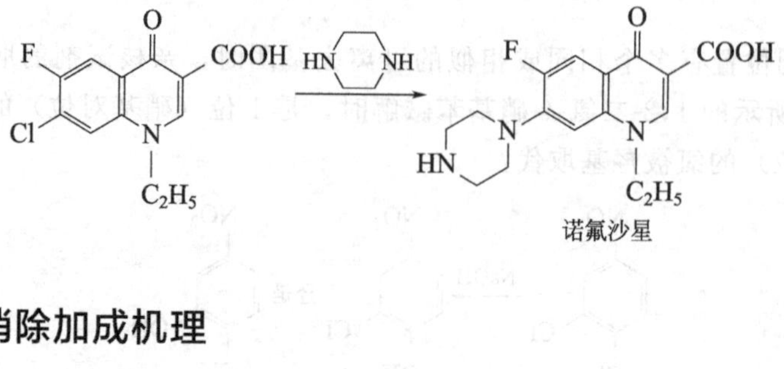

诺氟沙星

6.4.4　消除加成机理

因为经过苯炔（benzyne）中间体，消除加成机理亦称苯炔机理。一般而言，苯的亲核取代反应按消除加成机理进行的必要条件为一是苯环上有好的离去基团，二是要有很强的亲核试剂（强碱），而苯环上不必有吸电子基。图 6-22 所示为氯苯在液氨中与氨基钠反应生成苯胺的反应机理。

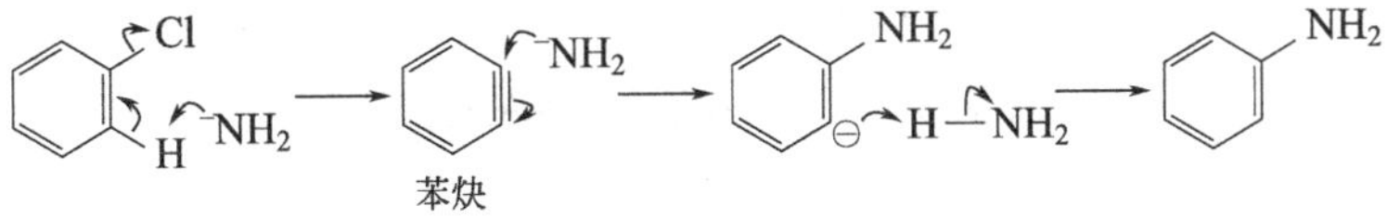

图 6-22　苯亲核取代的消除加成机理

消除加成机理的特征是先在强碱作用下消除卤化氢得到苯炔，亲核试剂再加成到苯炔的三键上得到取代产物。

6.4.5　碳正离子机理

与 S_N1 反应类似，苯先失去离去基团得到苯基碳正离子，之后再与亲核试剂结合完成亲核取代。由于苯基碳正离子很不稳定，所以卤代苯通常不能发生此反应，而苯胺重氮盐比较常见，例如图 6-23 所示的希曼反应。

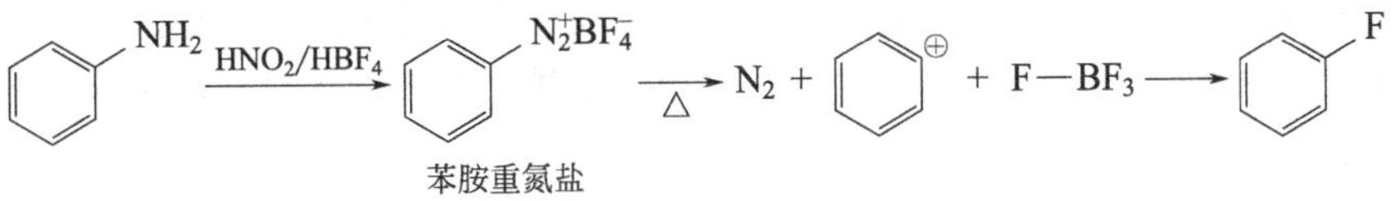

图 6-23　希曼反应机理

6.5　苯及其衍生物的伯奇还原

在液氨/醇中，锂、钠和钾等活泼碱金属可以将苯及某些衍生物部分还原为环己-1,4-二烯衍生物，称为伯奇（Birch）还原。

反应机理见图 6-24，溶剂化的自由电子传递给苯环，得到自由基负离子，负离子从溶液中得质子，自由基再得电子，变成负离子，负离子再从溶液中得质子就得到还原产物。

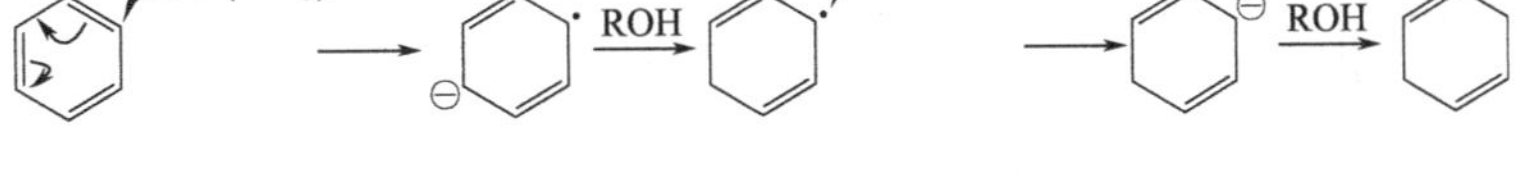

图 6-24　苯的伯奇还原反应机理

苯环上有不同电子效应的取代基时，双键相对于取代基的位置不同，供电子基的取代倾向于生成 1,4-二烯，吸电子基的取代倾向于生成 2,5-二烯，见图 6-25。

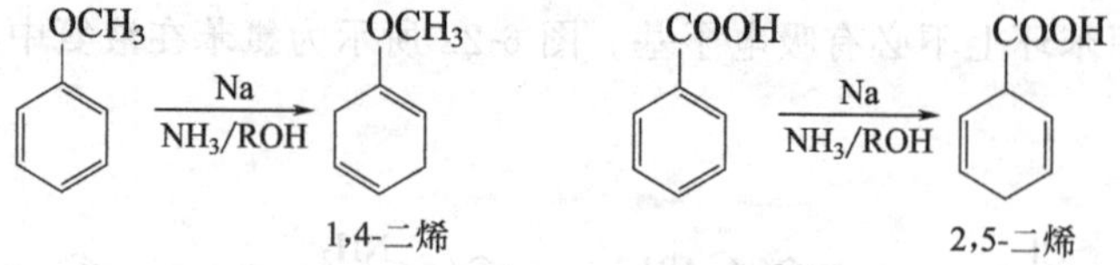

图 6-25 苯同系物伯奇还原的选择性

6.6 苯的重要衍生物的典型反应

本节讨论烷基苯和联苯等重要衍生物的典型反应。

6.6.1 烷基苯

与烯丙位类似，烷基苯的苄位也是活泼位点，例如甲苯容易被高锰酸钾氧化为苯甲酸。苄位也容易发生自由基反应，例如甲苯可与氯气在加热或光照条件下发生自由基取代，依次生成一氯甲基苯、二氯甲基苯和三氯甲基苯，其机理可参考烯丙位的自由基卤代，见 3.8 节。

异丙苯经空气氧化为异丙苯过氧化氢，再酸性重排，是工业上合成苯酚和丙酮比较经济和绿色的方法，见图 6-26。

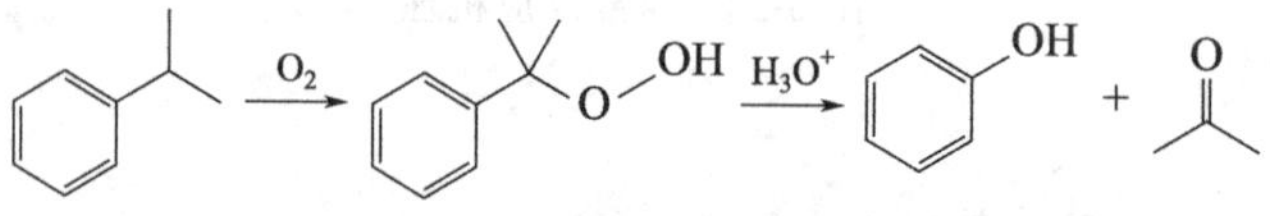

图 6-26 异丙苯氧化重排联产苯酚和丙酮

其中的氧化反应为自由基机理，见图 6-27。

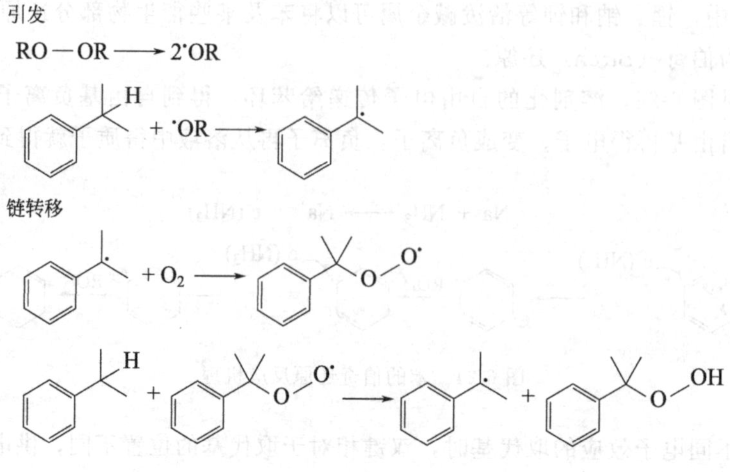

图 6-27 异丙苯氧化为异丙苯过氧化氢的反应机理

重排反应为缺电子氧的重排，见图 6-28，与贝耶尔-维利格重排类似。

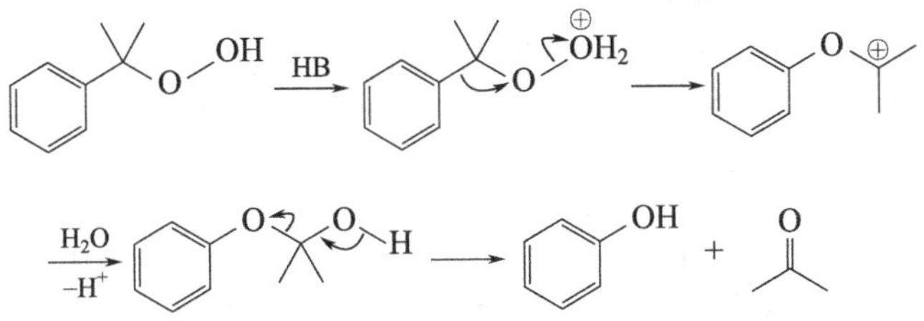

丙酮的苯酚半缩酮

图 6-28　异丙苯过氧化氢酸催化重排的反应机理

6.6.2　联苯

联苯的反应活性与苯类似。其发生亲电取代时，苯基对于苯来说是活化苯环的邻对位定位基，但是因为邻位比较拥挤，所以，联苯的亲电取代经常发生在对位。

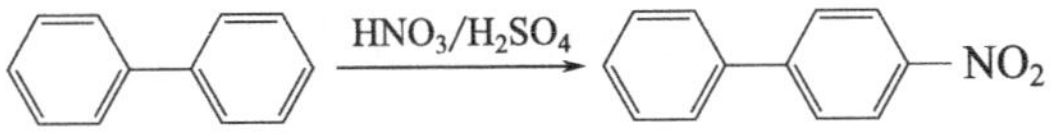

如果一个苯环上有活化基团，取代反应在同环上发生，如果有钝化基团，取代反应在异环上发生。

6.7　萘

两个或两个以上苯环共用两个邻位碳原子的化合物称为稠环芳烃，萘、蒽和菲等都是常见的稠环芳烃，本节主要讨论萘的相关的反应。

萘是一个平面分子，十个碳原子成为两个并联的双环。其键长是长短交替的，即萘的 π 电子云和键长不像苯那样完全平均化，但它的键长与标准的单双键仍有较大的区别，所以萘虽然具有芳香性，但其反应活性比苯高。

6.7.1　亲电取代

作为芳烃，萘可以发生亲电取代反应。其 1-位和 2-位并不等价，一般情况下 1-位的取代速度快。图 6-29 所示为萘在 1-位和 2-位发生亲电取代时所得 σ-络合物的电荷分布。

共振理论认为，1-位取代时，中间体碳正离子的共振结构中有两个保留完整苯环结构的极限式，而 2-位取代时只有一个，这决定了 1-位取代的速度快，1-位也就成了亲电取代的主要位点，所以萘卤化和硝化时都以 1-位产物为主。

萘氯化时可用苯作溶剂，碘作催化剂。碘的催化作用有可能是通过其与氯反应生成碘化二氯碘鎓实现的，见图 6-30。

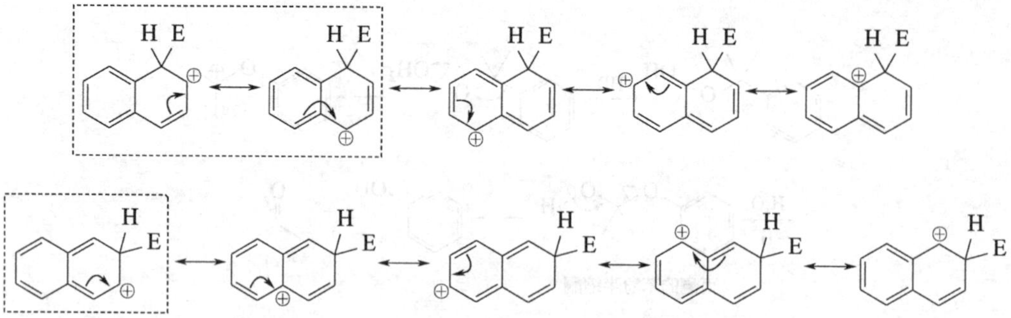

图 6-29　萘亲电取代 σ-络合物的共振结构

$$Cl_2 + I_2 \longrightarrow (ICl_2)^+I^-$$

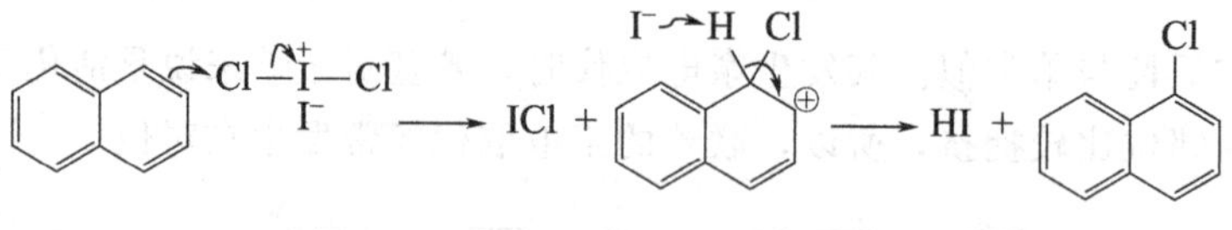

$$ICl + HI \longrightarrow HCl + I_2$$

图 6-30　碘催化萘氯化可能的反应机理

萘的磺化是可逆反应，较低温度下得到 1-萘磺酸，而较高温度下则得 2-萘磺酸，见图 6-31。

磺酸基较卤素和硝基等基团体积大，1-萘磺酸的磺酸基与其 8-位的氢有一定的斥力，所以 1-萘磺酸的稳定性较 2-萘磺酸差。

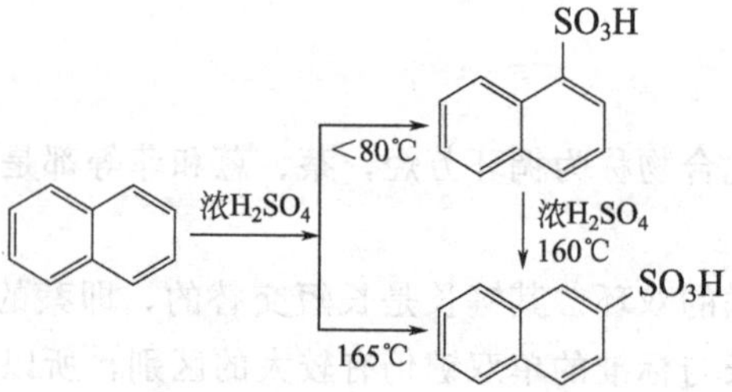

图 6-31　温度对萘磺化的影响

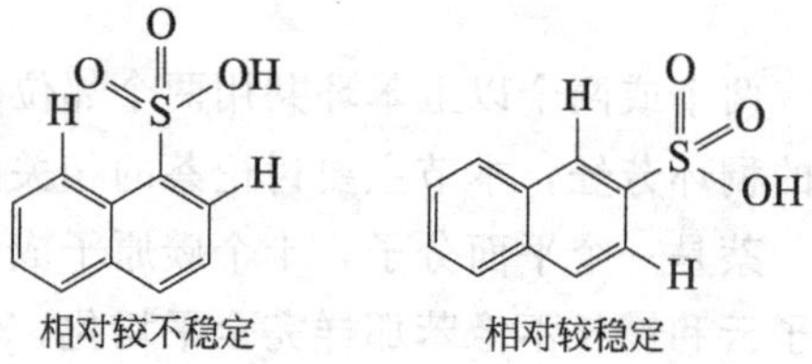

图 6-32　1-萘磺酸和 2-萘磺酸稳定性比较

前文提到萘的 1-位较 2-位活性高，所以低温时首先发生 1-位磺化，当温度升高后，磺酸基转移到较为稳定的 2-位。就是说，1-萘磺酸的生成是受动力学控制的，而 2-萘磺酸的生成是受热力学控制的。

萘的酰化反应既可以在 1-位，也可以在 2-位，反应产物的分布受温度和溶剂的影响较大。如以二硫化碳为溶剂，得到 1-酰化和 2-酰化的混合物，而以硝基甲烷为溶剂，则得到 2-酰化产物。

一取代的萘进行亲电取代反应时，既有取代基也有定位效应，卤素以外的邻对位定位基使萘环活化，因此取代反应主要发生在同环。1-位上有邻对位定位基时，亲电取代在 2-位和 4-位发生，以 4-位为主，因为 4-位既是对位，又是 1-位。2-位上有取代基时，取代反应主要在 1-位发生，因为 1-位也是邻位。例如图 6-33 所示的甲基萘的硝化反应。

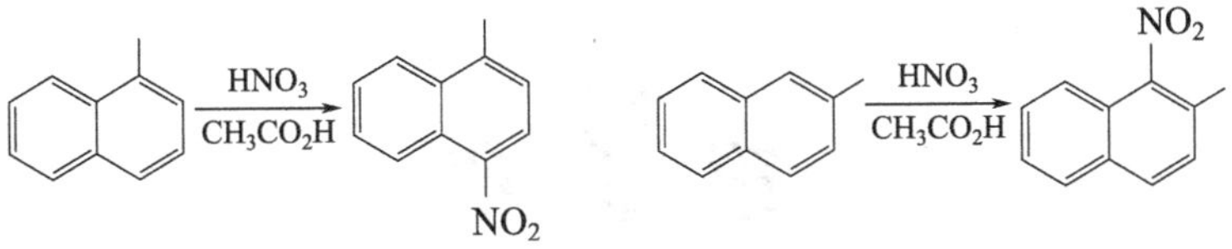

图 6-33　甲基萘的硝化反应

间位定位基使萘环钝化，因此取代反应主要发生在异环的 1（8）-位，见图 6-34。

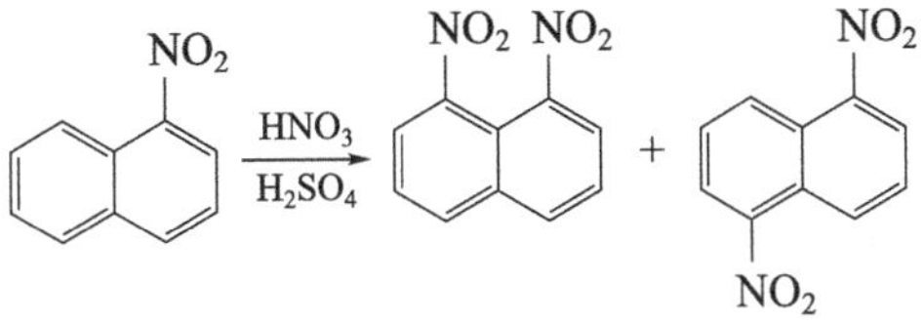

图 6-34　硝基萘的硝化反应

6.7.2　氧化还原

萘能被空气（O_2）氧化为苯酐，能被三氧化铬氧化为萘醌，见图 6-35。

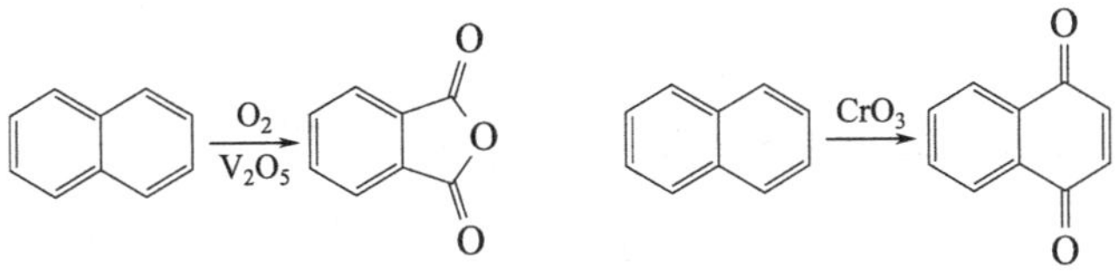

图 6-35　萘的氧化反应

通过伯奇反应，萘可以被金属钠/醇还原为二氢化萘或四氢化萘，见图 6-36。

图 6-36　萘的还原反应

第 7 章

醇

7.1 醇的结构与反应活性

醇羟基的氧原子是 sp^3 杂化的，两个单电子各自占据一个 sp^3 轨道，并分别与碳和氢成 σ 键，其余四个电子成两对，分别占据剩余的两个 sp^3 轨道。醇的反应活性来源于相连的碳氧氢三个原子的相对电负性差异所引起的碳氧键和氧氢键的极化。

醇羟基的氢具酸性，所以醇可与活泼金属或金属氢化物或金属氢氧化物反应生成相应的金属烷氧基盐，这为有机合成提供了一类重要的有机碱，例如甲醇钠、乙醇钠和叔丁醇钾等。

醇羟基氧原子外层有两对未成键电子，其连在烷基碳原子上，氧的电负性大于碳，碳氧键的偶极指向氧，这使得氧上带有部分负电荷。氧原子可与质子酸或路易斯酸结合，也可以进攻多种缺电子中心。

碳原子带有部分正电荷，具亲电性，使其可以被亲核试剂进攻，从而发生醇羟基的取代反应，尤其是羟基被酸性催化剂活化或衍生之后。

此外，醇可以消除为烯烃，氧化为醛或酮。

7.2 醇羟基氢的置换

利用醇的酸性，可以合成醇钠和醇钾等多种有机碱。采用共沸脱水法用氢氧化钠合成醇钠是较为经济的方法，常见的合成醇钠的反应见图 7-1。

$$C_2H_5OH + Na \longrightarrow 1/2H_2 + C_2H_5ONa$$

$$C_2H_5OH + NaH \longrightarrow H_2 + C_2H_5ONa$$

$$C_2H_5OH + NaOH \rightleftharpoons H_2O + C_2H_5ONa$$

图 7-1 醇制醇钠的反应

液相中醇的酸性次序为水＞甲醇＞伯醇＞仲醇＞叔醇，这是因为其相应的共轭碱体积越大，溶剂化越难，越不稳定，所对应的酸的酸性也就越弱。气相中的酸性顺序与此相反，说明处于隔离状态的分子中烷基的吸电性大于质子（碳的电负性大于氢）这个性质起了决定作用。

7.3 醇羟基的取代

醇羟基最常见的取代反应是卤代，而光延（Mitsunobu）反应则大大拓展了取代的范围。

7.3.1 卤代

醇可与氢卤酸反应生成相应的卤代烷，氢卤酸的酸性较弱时，可以加强酸，例如硫酸进行催化。

醇也可与酰卤，主要是无机酸的酰卤，如三氯化磷、三溴化磷（磷加溴）、五氯化磷和氯化亚砜等反应生成相应的卤代烷。

(1) 氢卤酸法 用氢卤酸卤化醇是相对经济的方法。有机化学实验教材中通常有正丁醇与溴化钠和浓硫酸反应制备 1-溴正丁烷的反应，就是典型的醇羟基卤素取代的氢卤酸法。

① S_N1 机理和 S_N2 机理 取代的第一步是醇羟基质子化。

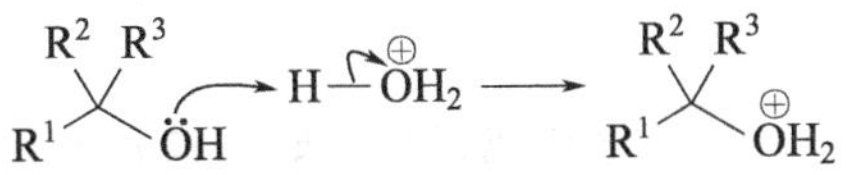

之后，依醇的取代基种类和结构的不同，后续的反应可以是 S_N1，也可以是 S_N2，即能形成稳定碳正离子的底物按 S_N1 机理进行，否则按 S_N2 机理进行。

S_N1 反应，典型的如叔醇或苄醇的氯代，见图 7-2。

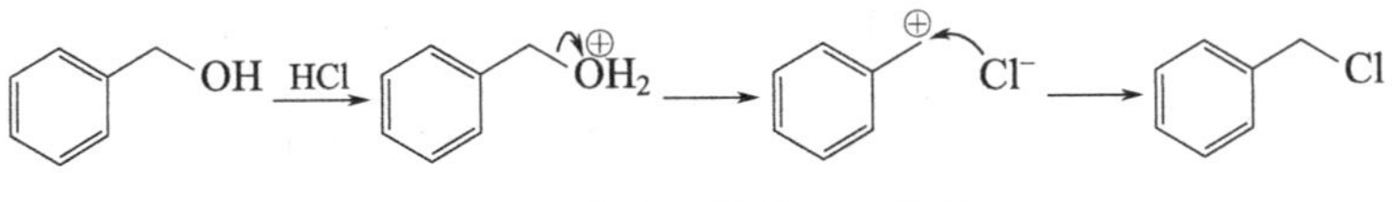

图 7-2 苄醇氯代的 S_N1 机理

S_N2 反应，典型的如正丁醇的溴代。

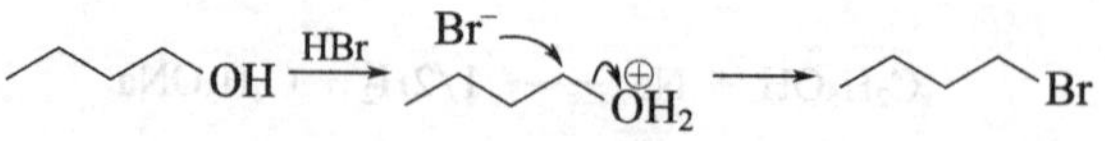

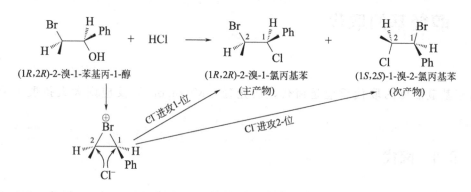

除了用质子酸，路易斯酸也常用，如浓盐酸加氯化锌为卢卡斯（Lucas）试剂，此试剂常用来根据反应速率的不同，来区分短链的伯仲叔醇。

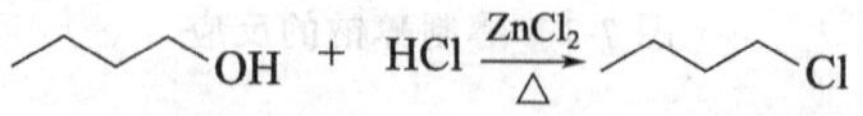

氢卤酸的反应活性顺序为氢碘酸＞氢溴酸＞盐酸，这与其酸性和相应的阴离子的亲核能力一致。醇的反应性顺序为烯丙醇≈苄醇≈叔醇＞仲醇＞伯醇＞甲醇。

② 卤代中的邻基参与　以下（1R,2R）-2-溴-1-苯基丙-1-醇与盐酸反应时，得到两种产物，一种是氯离子直接取代羟基的构型保持的主产物，一种是重排的构型翻转的次要产物。以上反应结果提示此反应过程中发生了邻基参与，见图 7-3。

图 7-3　醇卤代中的邻基参与

醇羟基质子化后，发生了分子内 S_N2 反应，得到三元环的溴鎓盐，之后氯离子从背面进攻，再次发生 S_N2 反应，由于 1-位碳连有苯环，其分担的鎓盐的正电荷较多，更亲电（参考 5.2.3 节紧密离子对机理），所以氯离子进攻 1-位所得构型保持的产物占优。少量氯离子进攻 2-位时，溴原子转移到 1-位碳上，就得到了少量的构型翻转的重排产物。

（2）无机酰卤法　醇与无机酰卤反应生成无机酸酯和卤化氢，酯的生成使得醇氧上连了吸电子基，成为更好的离去基团，生成的卤化氢提供了卤负离子亲核试剂，由此可以发生卤代。

氯代一般直接用三氯化磷、五氯化磷或氯化亚砜，溴代和碘代一般用红磷与溴或碘代替三溴化磷和三碘化磷。

① 醇与三氯化磷或五氯化磷反应　伯醇或仲醇可与三氯化磷或五氯化磷反应生成氯代烷，以正丁醇的氯代为例，三氯化磷为氯化试剂的反应机理见图 7-4。

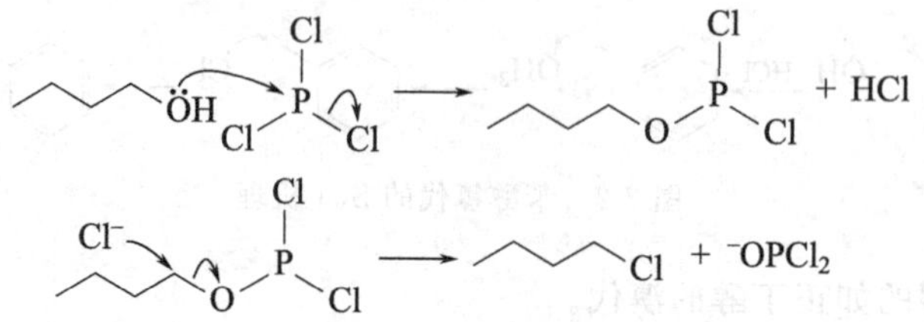

图 7-4　醇与三氯化磷反应机理

第一步正丁醇与三氯化磷反应生成二氯亚磷酸正丁酯，醇氧上连接的基团从质子变成了二氯亚磷酰基，后者比前者吸电子能力强，这使得与氧连接的碳更加亲电，更容易被氯离子进攻；另一方面二氯亚磷酰氧基的离去能力也较羟基强。以上两点，决定了无机酰氯法可以氯化那些用盐酸法难以氯化的底物。

五氯化磷作氯化试剂的反应机理见图 7-5。

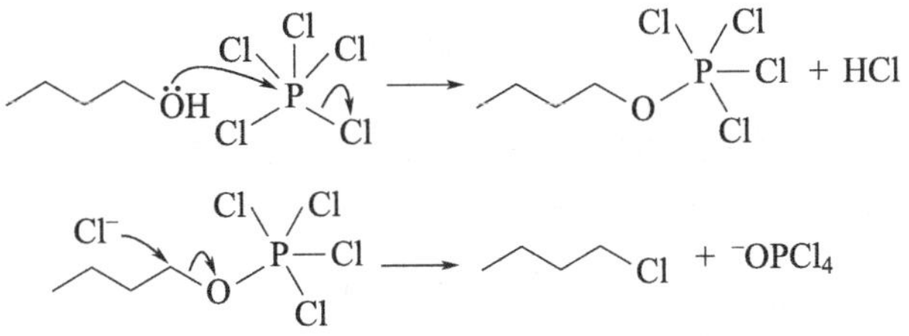

图 7-5　醇与五氯化磷反应机理

本例中，第一步氧置换氯是磷原子上的亲核取代，连有五个氯的磷的亲电性显然更强，第二步氯代为 S_N2 反应，四氯磷酰氧基的离去能力显然比二氯亚磷酰氧基的离去能力强，这两点就解释了五氯化磷是更强的氯化试剂的原因。

对于仲醇或 β-位带有支链的伯醇，卤离子置换这步不排除以 S_N1 机理进行，为避免重排，反应宜低温下实施。

② 醇与氯化亚砜反应　醇可与氯化亚砜反应生成氯代亚硫酸酯，醇羟基因此转化为更好的离去基团，为后续的取代反应提供了有利条件。

伯醇或仲醇在含有叔胺（三乙胺或吡啶等）的溶剂中以此方法氯代，一般为 S_N2 机理，得到构型翻转的产物，见图 7-6。

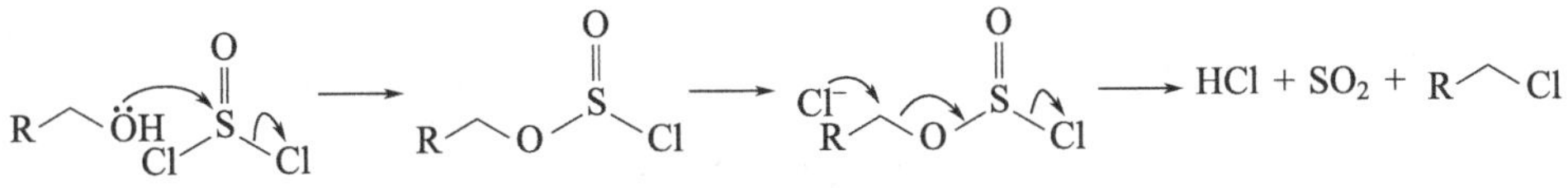

图 7-6　氯化亚砜氯代的 S_N2 机理

叔胺可以捕获生成氯化氢的质子，释放出"自由的"氯离子，使其有机会从背面进攻。

如果在弱极性的溶剂如乙醚中进行，反应以离子对机理进行，得到构型保持的产物，见图 7-7。

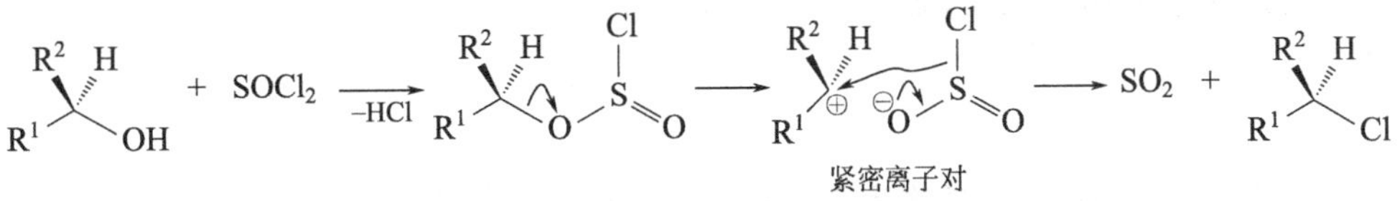

紧密离子对

图 7-7　氯化亚砜氯代的离子对机理

7.3.2　光延反应

在三苯基膦和偶氮二甲酸二乙酯（DEAD）的共同作用下，醇可与羧酸、酚、氨、硫代乙酸和氰乙酸乙酯的烯醇负离子等亲核试剂反应生成相应的醇羟基取代产物，底物醇的构型发生翻转，为光延反应，见图 7-8。此反应条件温和，用于仲醇的取代很少发生消除。

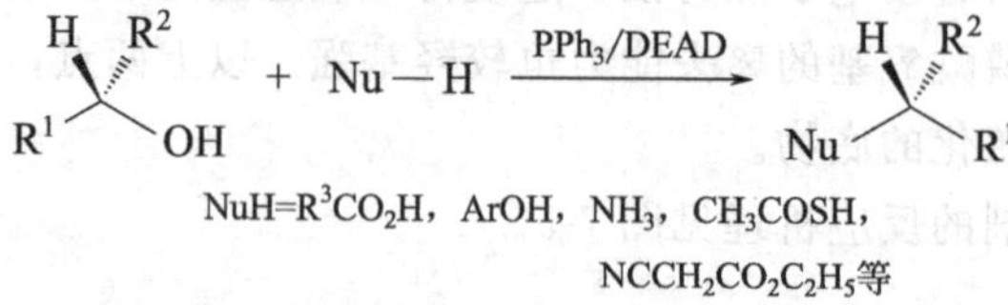
PPh3/DEAD
NuH=R3CO2H，ArOH，NH3，CH3COSH，
NCCH2CO2C2H5等

图 7-8　光延反应通式

以醇与羧酸反应生成酯为例，酯分子中烷氧基的氧来自羧酸而不是来自醇，这与通常的酸催化羧酸与醇直接酯化的反应结果不同。

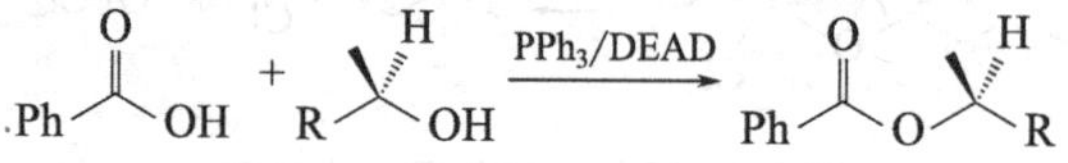
PPh3/DEAD

其反应机理如图 7-9 所示。

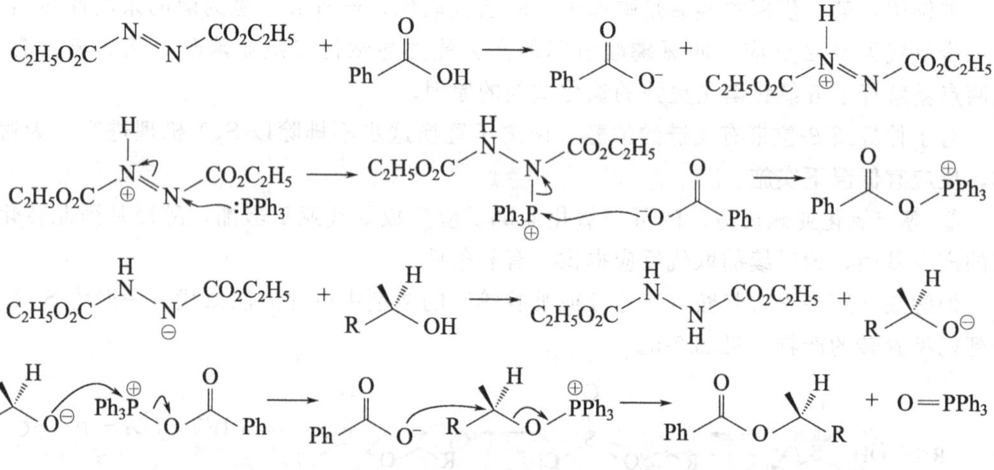

图 7-9　光延反应的机理

经过一系列的中间步骤，醇羟基的质子被吸电子的三苯基膦取代，醇得以活化，之后亲核试剂的负离子进攻醇的碳原子，发生 S_N2 反应，得到了构型翻转的取代产物。

7.4　醇羟基的亲核反应

醇羟基的氧具有亲核性，其作为亲核试剂可以与醇或卤代烷反应生成醚；可与羧酸及其衍生物反应生成酯；可与磺酰氯反应生成磺酸酯；可与醛酮反应生成（半）缩醛酮；可与烯烃加成生成醚；还可以加成到腈上，再水解为酯或氨解为脒，等等。

7.4.1　与醇反应生成醚

伯醇与伯醇反应成醚是按 S_N2 机理进行的，例如酸催化的乙醚的合成。

仲醇与仲醇反应，以及有叔醇参与的成醚反应按 S_N1 机理进行，经过碳正离子中间体。

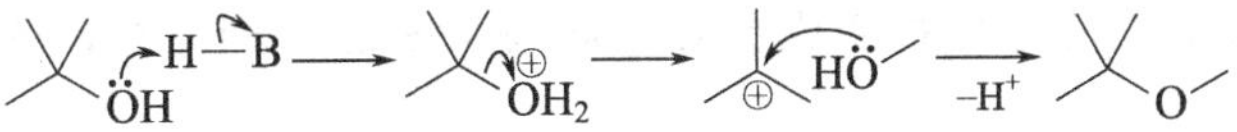

7.4.2 与卤代烷反应生成醚

碱性条件下醇转化为烷氧负离子，可与卤代烷反应成醚，为威廉森（Williamson）醚合成法，常用来合成不对称的醚，是典型的 S_N2 机理，如二甘醇单丁醚的合成。

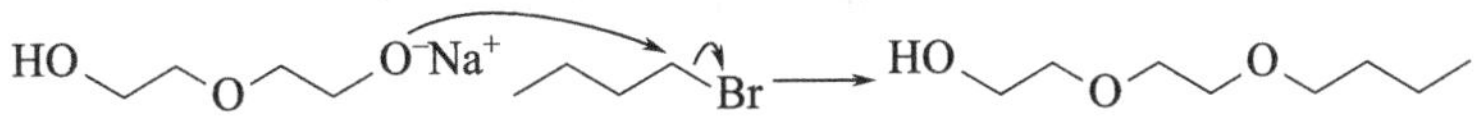

上述反应通常使用伯卤代烷，由于是碱性条件，使用仲卤代烷或叔卤代烷不易排除消除的竞争。醇与叔卤代烷亦可在不加碱的条件下发生卤代烷的溶剂解而生成醚，见 5.2.2 节，为 S_N1 机理。

7.4.3 与含氧无机酸、羧酸及其衍生物反应生成酯

这类反应一般以加成消除机理进行。

(1) 与硝酸反应　醇可与硝酸反应生成硝酸酯，见图 7-10。

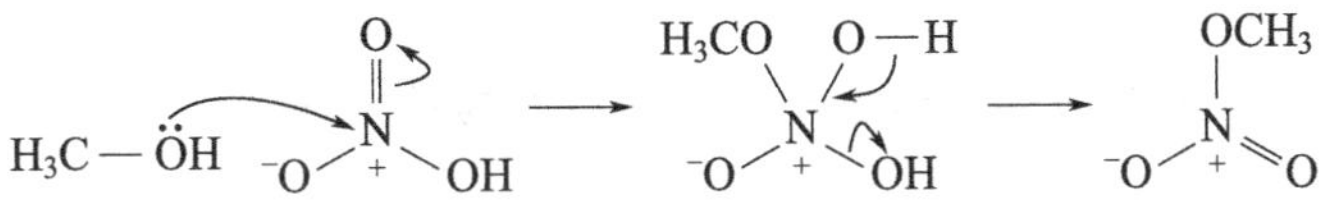

图 7-10　醇与硝酸的反应机理

类似地，醇也可与浓硫酸反应生成硫酸单酯。

(2) 与羧酸酰氯反应　例如正丁醇与乙酰氯反应生成乙酸正丁酯，见图 7-11。

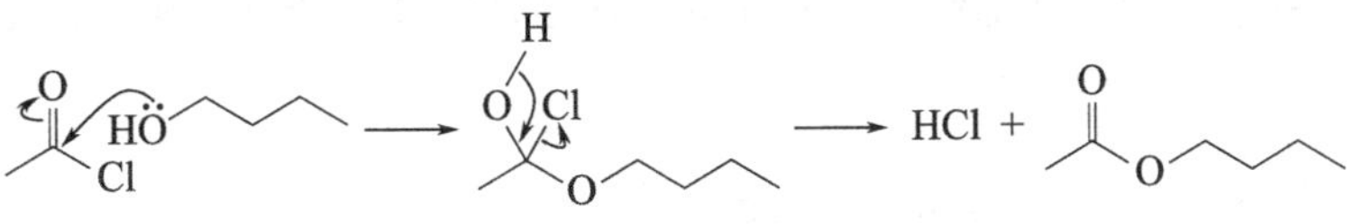

图 7-11　醇与羧酸酰氯的反应机理

(3) 与羧酸酐反应　例如异丁醇与邻苯二甲酸酐反应生成邻苯二甲酸单异丁酯，见图 7-12。

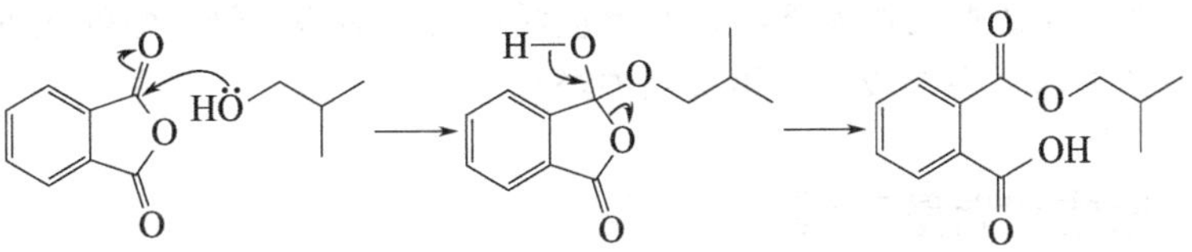

图 7-12　醇与羧酸酐的反应机理

7.4.4　与磺酰氯反应生成磺酸酯

把醇转化为磺酸酯是使醇羟基变成更好的离去基团的一种方法，图 7-13 所示为乙醇与对甲苯磺酰氯的反应。

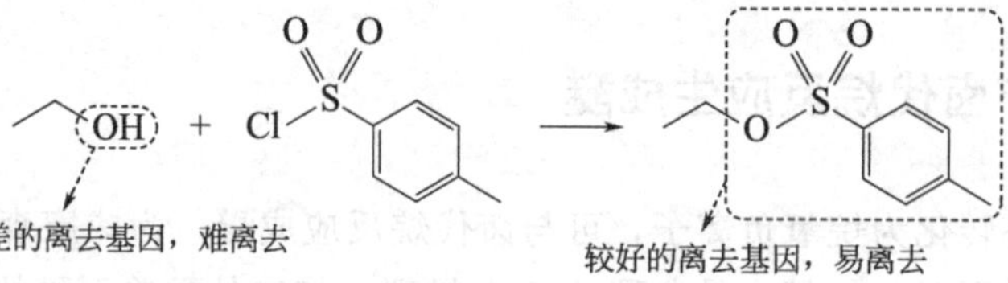

图 7-13　乙醇与对甲苯磺酰氯的反应

7.4.5　加成到醛酮的羰基

醇可与醛酮的羰基发生加成反应，生成半缩醛或半缩酮，半缩醛或半缩酮继续与醇反应可以得到缩醛或缩酮。以甲醇与丙酮的反应为例，见图 7-14，加成所得半缩酮的羟基质子化后脱水得到碳正离子，此碳正离子可被邻位的氧通过共轭效应稳定。

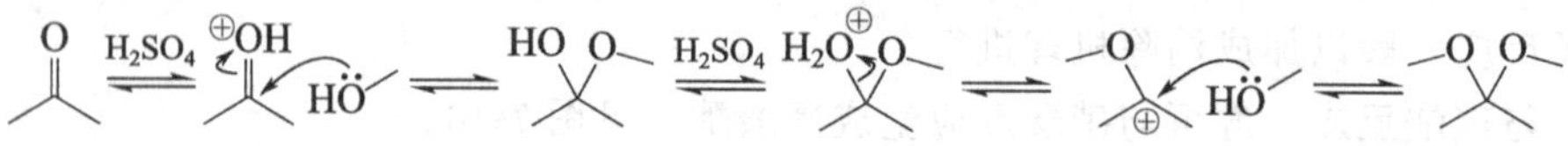

图 7-14　甲醇与丙酮的反应机理

该反应可逆，产物缩醛或缩酮对碱稳定，但可在酸性水溶液中水解。

7.4.6　加成到碳碳双键

酸催化下醇可以加成到多烷基取代的烯烃上得到醚，此为烯烃亲电加成，也是醇作为亲核试剂与碳正离子的反应，见 3.2.5 节。

醇也可在酸催化下加成到烯醚上得到缩醛，这也是烯烃的亲电加成，也是醇作为亲核试剂与碳正离子的反应，见图 7-15。

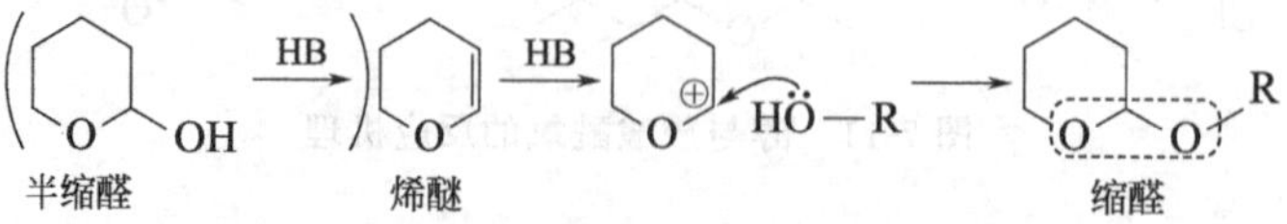

图 7-15　醇与烯醚反应生成缩醛的反应机理

上述烯醚相当于半缩醛的脱水产物，其反应活性与半缩醛等价，酸催化下该烯醚与醇加成，得到不对称的缩醛，在合成上常用来保护羟基。

7.4.7　加成到碳氮三键

此为平纳（Pinner）反应，如图 7-16 所示，酸催化下醇亲核加成到腈上可得到亚胺酯的盐，称为平纳盐，此盐经酸性水解得到酯，碱性氨解得到脒。

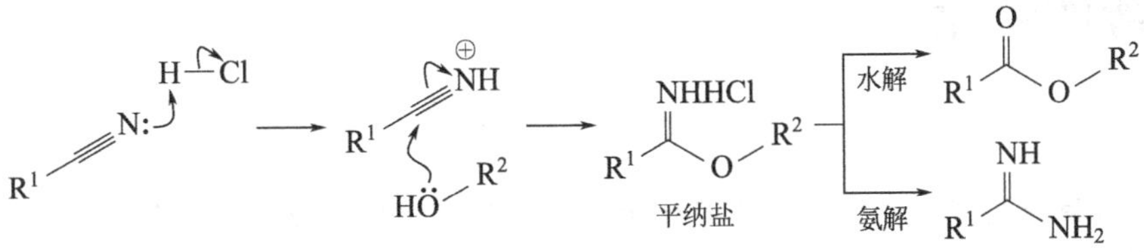

图 7-16　平纳反应

7.5　醇消除为烯烃

醇直接脱水消除为烯烃一般是酸催化的，得到符合扎伊采夫规则的产物。

叔醇可在酸催化下以 E1 机理脱水消除为烯烃。如图 7-17 所示，1-甲基环己-1-醇在酸催化下可消除得到 1-甲基环己烯。

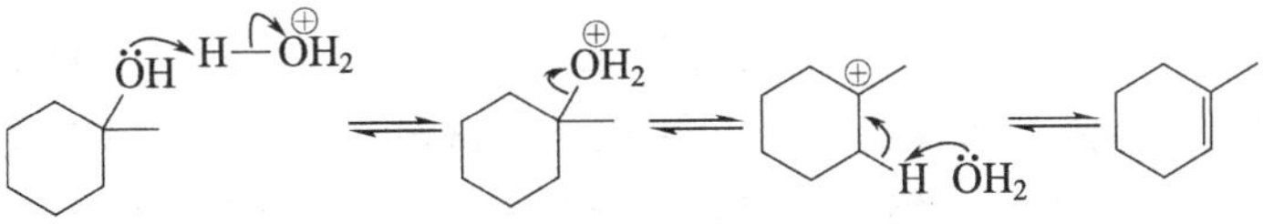

图 7-17　酸催化下 1-甲基环己-1-醇消除为烯

伯醇和仲醇，尤其是伯醇，直接脱水生成的碳正离子不够稳定，所以反应条件较为苛刻，例如乙醇在硫酸催化下，要在 160℃才能以 E1 机理消除为乙烯，见图 7-18。

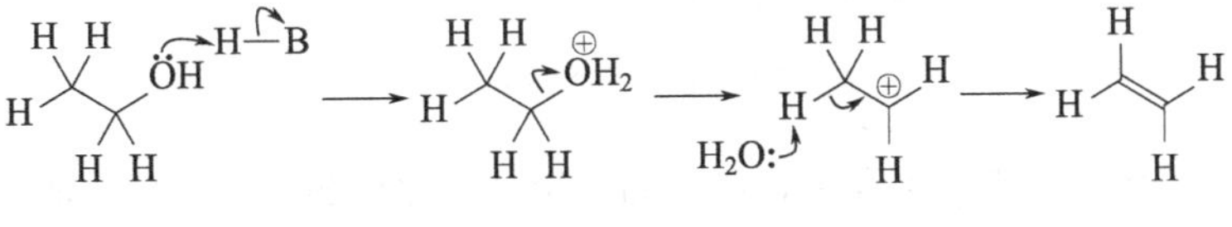

图 7-18　酸催化下乙醇消除为烯

某些不饱和醇和多元醇脱水则优先生成稳定的共轭烯烃。

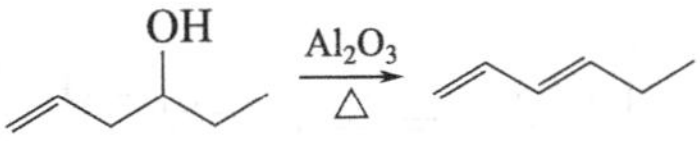

此外，可以把伯醇或仲醇的羟基转化为更好的离去基团（磺酸酯或氯代磷酸酯等），再在碱性条件下以 E2 机理消除为烯烃，可称为衍生物法。图 7-19 所示为环己醇衍生后消除为环己烯的反应。

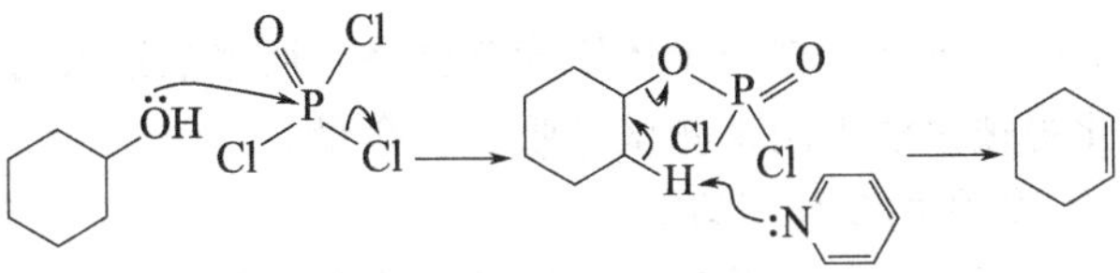

图 7-19　醇衍生后碱性消除为烯

7.6 醇的氧化

伯醇可以氧化为醛，并可进一步氧化为羧酸；仲醇可以氧化为酮，条件剧烈时可以氧化降解，得到羧酸；而叔醇在条件剧烈时会发生消除，继而氧化降解。

醇氧化为醛或酮，在合成上意义较大，也是本节的重点。常见氧化剂主要有高锰酸钾、活性二氧化锰、六价铬化合物和活化的二甲亚砜等。

高锰酸钾氧化能力强，氧化深度不易控制；活性二氧化锰常用于氧化烯丙醇为丙烯醛，这些方法在应用上都有一定的局限。

六价铬化合物和活化的二甲亚砜常常可以选择性地氧化醇为醛或酮，合成上较为常用。

此外，酮/醇铝常用来氧化仲醇为酮，2,2,6,6-四甲基哌啶-1-氧自由基（TEMPO）催化的次氯酸钠法和戴斯-马丁（Dess-Martin）法等氧化方法也都有一定的应用。

7.6.1 六价铬化合物

如图 7-20 所示，常见的基于六价铬化合物的氧化剂有铬酸 $[CrO_3/H_2SO_4/CH_3COCH_3$，琼斯（Jones）试剂]、科林斯-沙瑞特（Collins-Sarett）试剂（$CrO_3/Py_2/CH_2Cl_2$）、铬酸二吡啶盐（H_2CrO_4/Py_2，PDC）和氯代铬酸吡啶盐 [$HOCrO_2Cl/Py$，科里（Corey）试剂，PCC]。

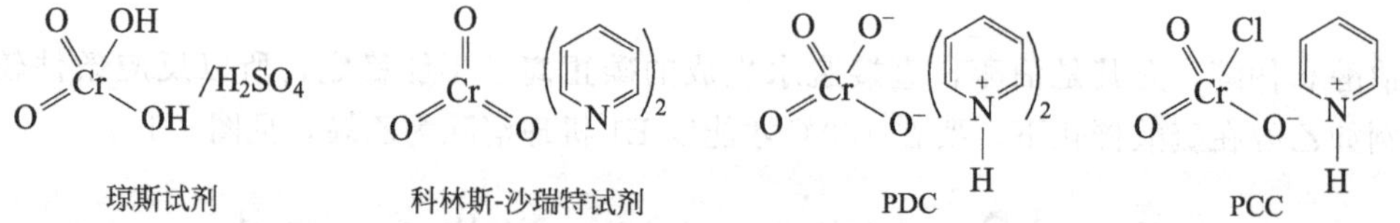

图 7-20　常见的六价铬氧化剂

琼斯试剂含硫酸，由于有水存在，所以如果用来氧化伯醇为醛，生成的醛可以水合，进而发生深度氧化而得到羧酸。其他方法一般在无水条件下进行，通常不发生深度氧化。图 7-21 所示为琼斯氧化的反应机理。

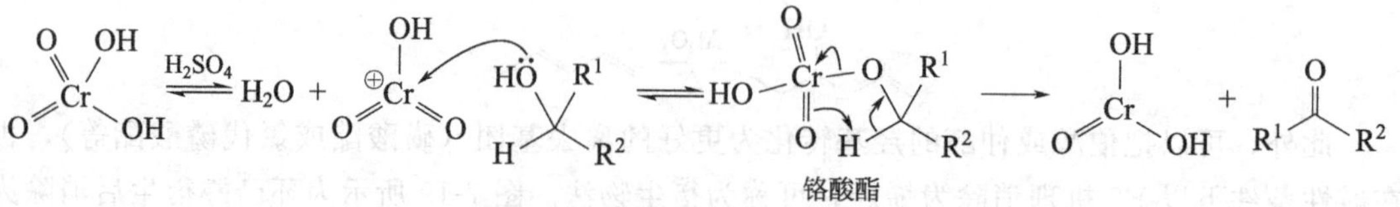

图 7-21　琼斯氧化的反应机理

琼斯氧化中，生成的四价铬可进一步还原为三价铬，而铬酸溶液为亮橙色，三价铬溶液为绿色，这一颜色变化曾被执法者用来测试呼吸酒精含量。

图 7-22 所示为 PCC 氧化的反应机理。

以上氧化过程可以概括为两步，首先醇与铬酸或铬酸酰氯反应生成铬酸酯，然后经环状

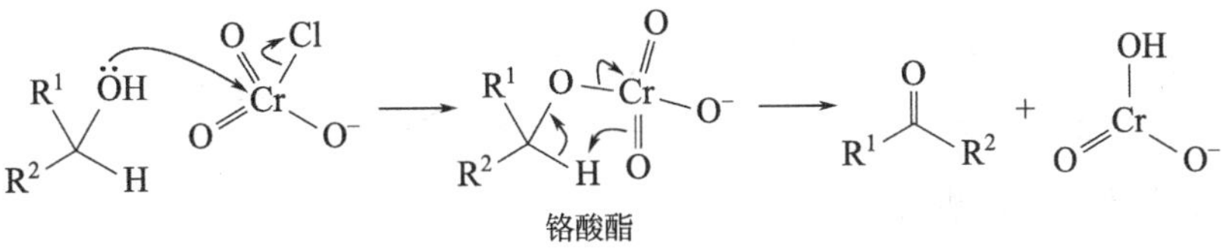

图 7-22 PCC 氧化的反应机理

过渡态消除，得到氧化产物。

7.6.2 活化的二甲亚砜

将二甲亚砜（DMSO）分子中的氧负离子活化后，再与待氧化的醇发生亲核取代得到烷氧锍镓盐，该锍镓盐经碱性消除可得醛或酮。

二甲亚砜常见的氧化剂组合有二环己基碳二亚胺（DMSO-DCC）、乙酸酐［DMSO-$(CH_3CO)_2O$］和草酰氯［DMSO-$(COCl)_2$］等。

（1）DMSO-DCC 法 在二氯乙酸或吡啶三氟乙酸盐等酸的催化下，醇与被 DCC（二环己基碳二亚胺）活化的 DMSO 反应，被氧化为醛或酮，为菲茨纳-莫发特（Pfitzner-Moffatt）氧化。

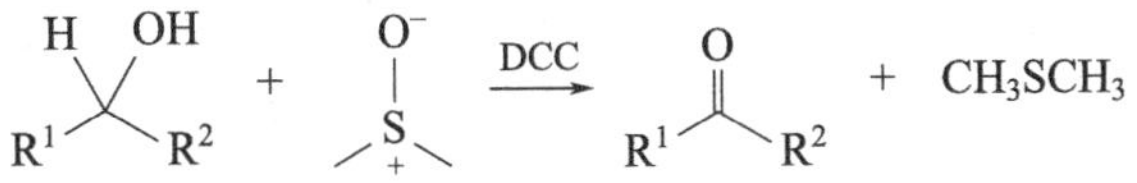

图 7-23 所示为其反应机理。

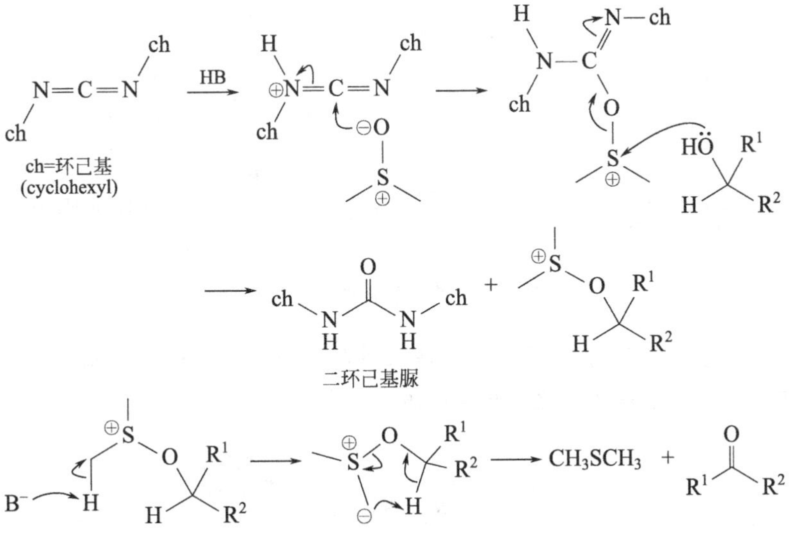

图 7-23 菲茨纳-莫发特氧化的反应机理

（2）DMSO-$(CH_3CO)_2O$ 法 此为奥尔布莱特-高曼（Albright-Goldman）氧化。用乙酸酐代替 DCC，可避免使用 DCC 时二环己基脲不易除去的缺点，也不需要酸催化，缺点是对于位阻小的醇，可发生乙酰化及生成甲硫甲醚的副反应，即普梅雷尔（Pummerer）反应。

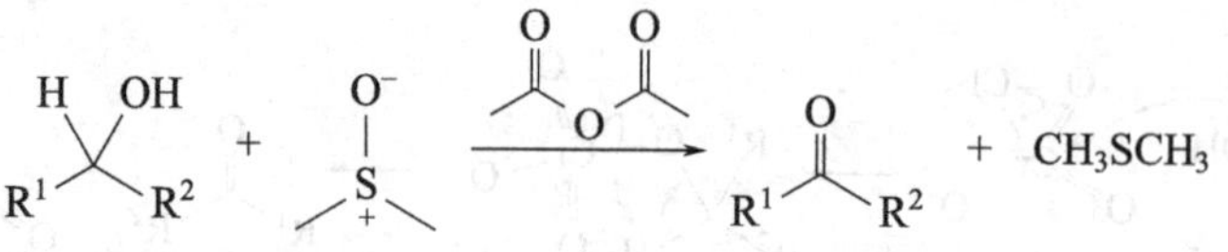

图 7-24 所示为其反应机理。

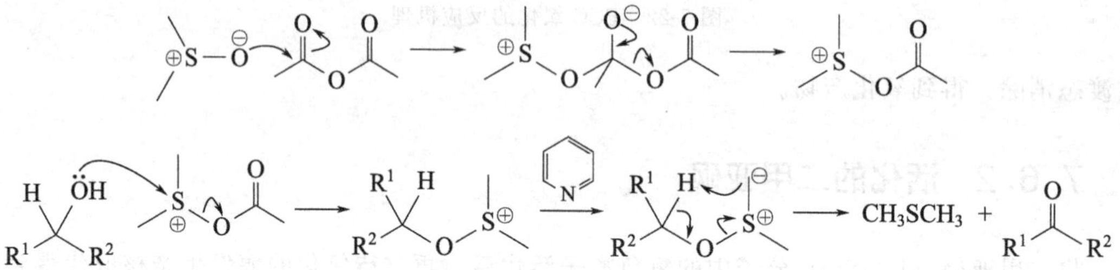

图 7-24 奥尔布莱特-高曼氧化的反应机理

（3）DMSO-(COCl)₂ 法 醇与草酰氯活化的 DMSO 反应，再经三乙胺等碱催化发生消除生成醛或酮，为斯文（Swern）氧化。

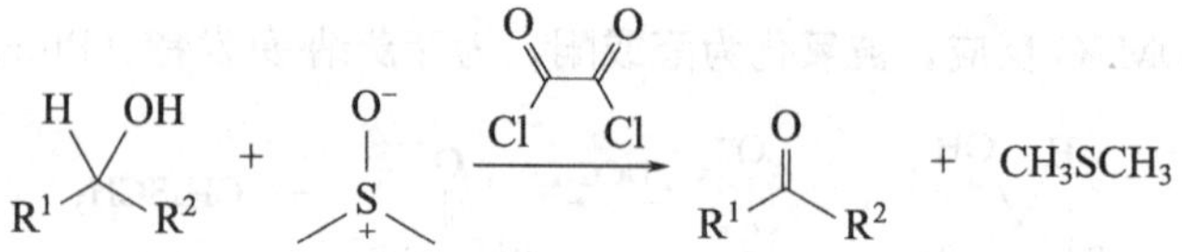

图 7-25 所示为其反应机理。

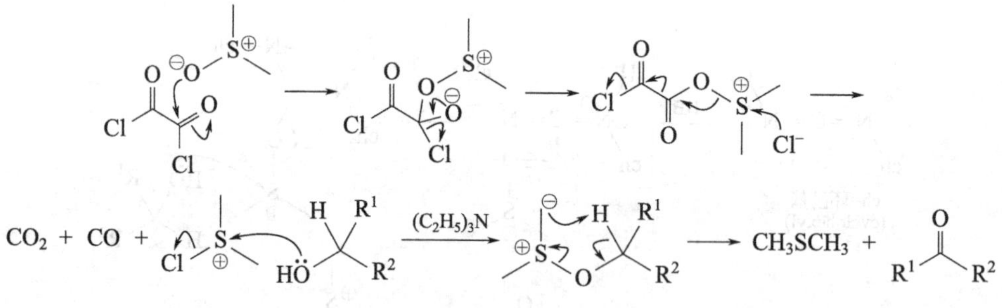

图 7-25 斯文氧化的反应机理

见图 7-26，以上三个反应的第一步都是二甲亚砜与一个化合物反应，将其原来的氧负离子转化为更容易离去的基团，之后再与醇发生取代。

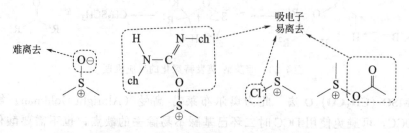

图 7-26 二甲亚砜氧化中离去基团的转化

第二步，见图 7-27，在锍正离子吸电子诱导效应的作用下，原二甲亚砜的甲基氢的酸性增强，可被碱脱去，之后发生分子内消除就得到氧化产物。

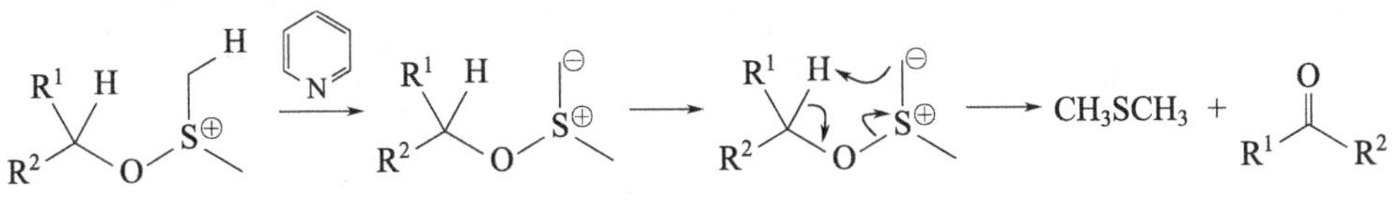

图 7-27　二甲亚砜氧化过程的分子内消除

与二甲亚砜氧化类似，二甲硫醚/N-氯代丁二酰亚胺（DMS/NCS）也可以氧化醇为醛或酮，为科里-金（Corey-Kim）氧化，见图 7-28。

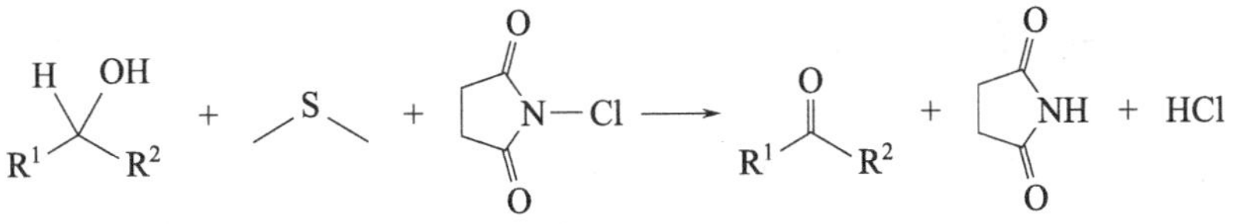

图 7-28　科里-金氧化反应

图 7-29 所示为其反应机理。

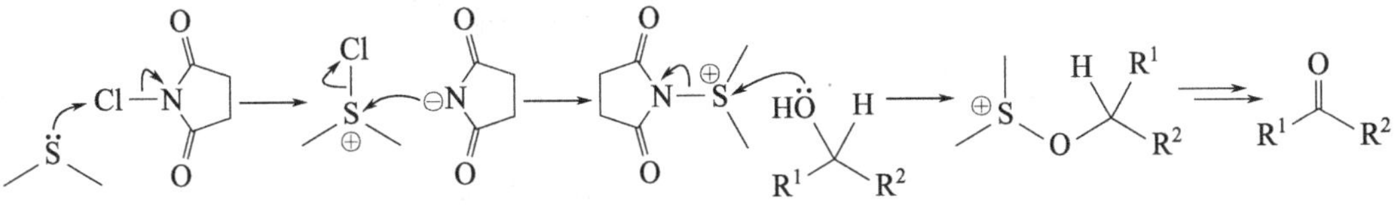

图 7-29　科里-金氧化的反应机理

7.6.3　TEMPO 催化法

TEMPO 可以选择性地催化次氯酸钠氧化醇为醛或酮。此法具有氧化剂廉价易得、操作简单、反应快和条件温和等优点。

其反应过程是次氯酸钠氧化 TEMPO 为相应的氮鎓基阳离子（二烷基亚硝基物），后者氧化醇为醛或酮，TEMPO 的还原产物二烷基羟胺经次氯酸钠氧化再生，见图 7-30。

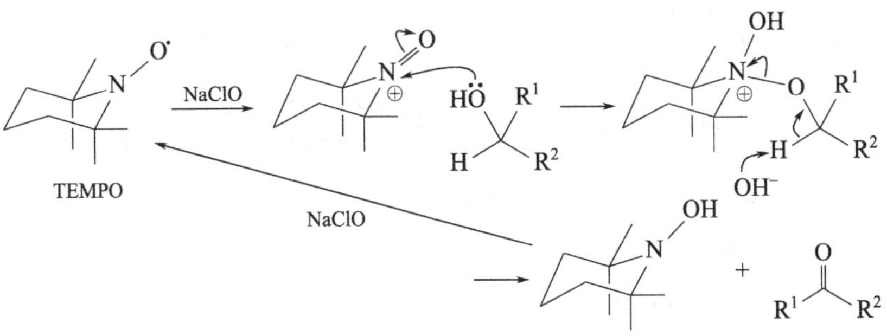

图 7-30　TEMPO 催化次氯酸钠氧化的反应机理

加入溴化钾可以促进反应，图 7-31 所示为其催化循环图。

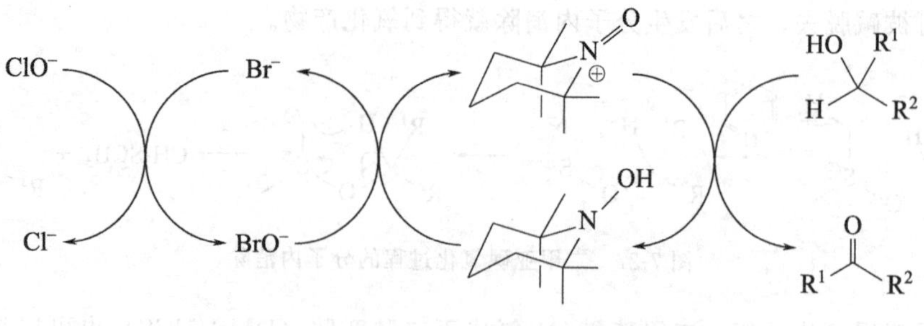

图 7-31 溴化钾对次氯酸钠/TEMPO 氧化的促进作用

7.6.4 戴斯-马丁氧化

戴斯-马丁（Dess-Martin）氧化的氧化剂是过碘烷（periodinane），常用于实验室中氧化伯醇为醛，具有无毒、环境友好和反应条件温和等优点，反应机理见图 7-32。

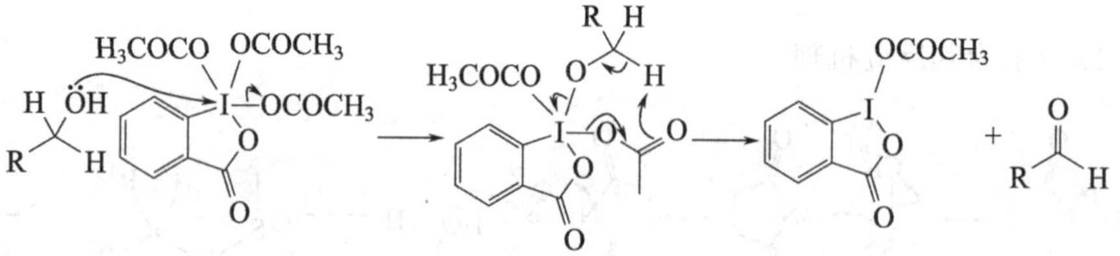

图 7-32 戴斯-马丁氧化的反应机理

7.6.5 欧芬脑尔氧化

欧芬脑尔（Oppenauer）氧化是在醇铝（常用异丙醇铝）催化下，在负氢受体酮（一般为丙酮或环己酮）存在下，氧化仲醇为酮的反应，为梅尔韦因-庞多夫-维利（Meerwein-Ponndorf-Verley）还原的逆反应。该反应只在醇和酮之间转移氢根，不涉及分子的其他部分。如图 7-33 所示，醇 R^1R^2CHOH 被氧化为酮，酮 R^3R^4CO 被还原为醇。

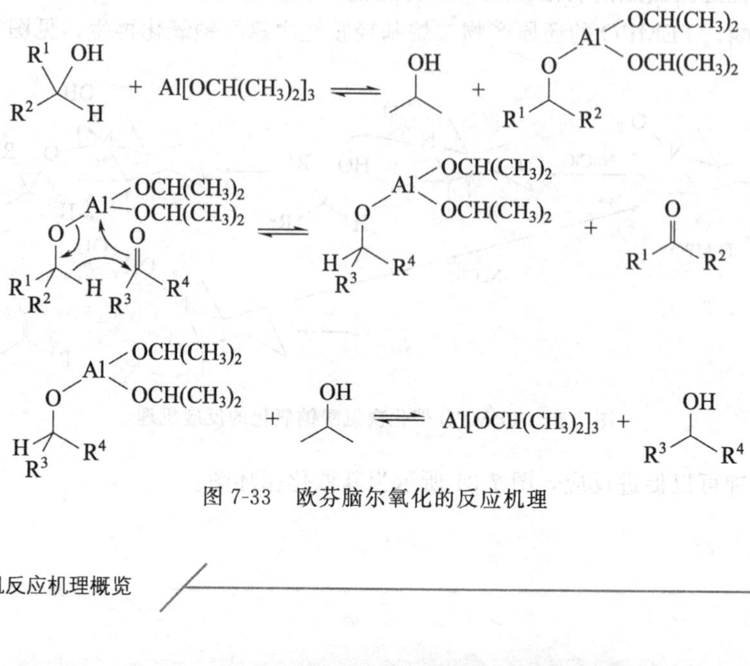

图 7-33 欧芬脑尔氧化的反应机理

7.6.6　氧化的实现

从结构上看，醇氧化为醛或酮需要脱掉两个氢，及两个（或一对）电子，如何实现的呢？

上述六价铬化合物氧化、活化的二甲亚砜氧化、TEMPO 催化次氯酸钠氧化和戴斯-马丁氧化虽然氧化剂不同，但是氧化过程可以概括为以下两个主要步骤，第一步是醇羟基的氧用一对电子与氧化性原子成键，并脱掉一个质子，成键的那对电子完全是醇的氧原子提供的；第二步是消除，氧化性的原子带着完全由氧原子提供的那对电子离去，即从醇羟基的氧上夺去一对电子，同时醇羟基所在碳原子上的氢在碱（也可以是氧化剂分子上的碱性部分）的作用下离去，即醇分子又失去一个质子，而该质子用来与碳成键的那对电子则转移到碳氧之间成双键，醇羟基就转化为了羰基，氧化就完成了。

所以一般情况下，醇氧化为醛酮的过程是氧化剂从氧原子上夺走一对电子，同时醇失去两个质子。

7.7　邻二醇

邻二醇结构中有相邻的连在碳原子上的两个羟基，具有醇的一般反应活性，比如可以氧化为醛等，其更具特征的反应是氧化断裂和重排。

7.7.1　氧化断裂

邻二醇可由多种氧化剂氧化断裂为两个羰基化合物（或二羰基化合物），这些氧化剂包括高碘酸钠、四氧化锇和四乙酸铅等。

(1) 高碘酸钠氧化　邻二醇与高碘酸钠反应生成环内酯，环内酯消除为氧化产物，见图 7-34。

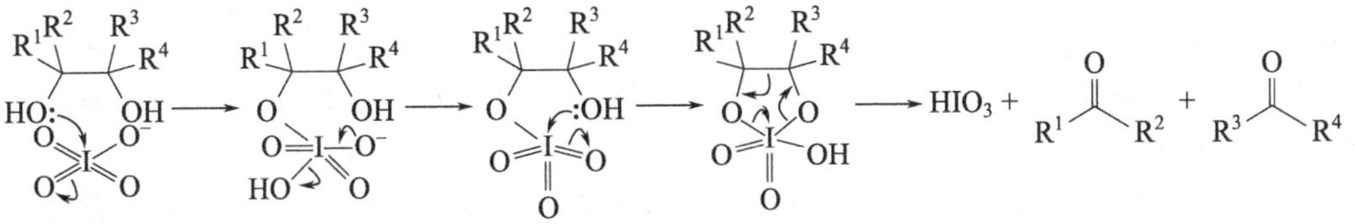

图 7-34　高碘酸钠氧化断裂邻二醇

(2) 四氧化锇氧化　与高碘酸钠氧化类似，邻二醇与四氧化锇反应生成环内酯，环内酯消除为氧化产物，见图 7-35。

顺式二醇的反应速率大于反式二醇的反应速率，支持了上述环内酯中间体机理。

(3) 四乙酸铅氧化　四乙酸铅也可以按上述环内酯机理氧化顺式邻二醇。此外，四乙酸铅还能在碱性条件下氧化反式邻二醇，例如反式环戊-1,2-二醇可在碱性条件下被四乙酸铅

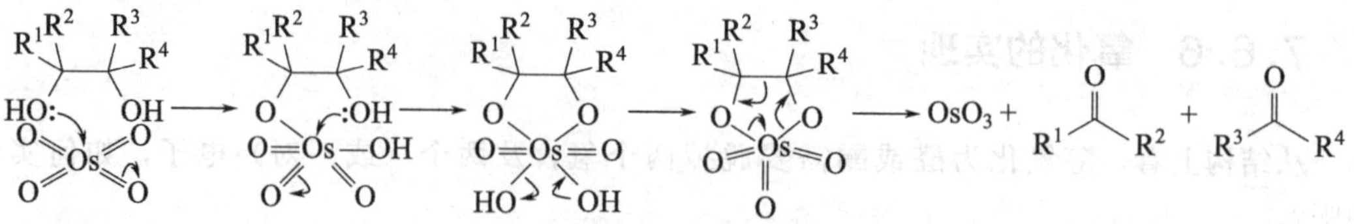

图 7-35　四氧化锇氧化断裂邻二醇

氧化为戊二醛，见图 7-36。

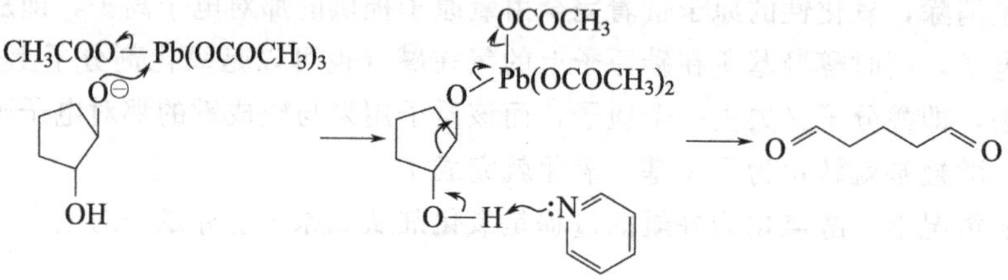

图 7-36　四乙酸铅碱性条件下氧化断裂反式邻二醇

7.7.2　酸催化重排

(1) 频哪醇重排　四甲基乙二醇称为频哪醇，定义推广后可泛指多取代的邻二醇。频哪醇在酸催化下可重排为醛或酮，称为频哪醇重排。反应主要包括碳正离子的形成和重排两步，见图 7-37。

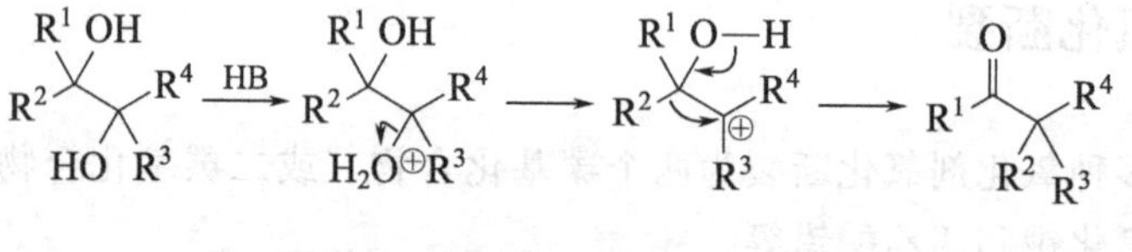

图 7-37　频哪醇重排的反应机理

对于不对称取代的邻二醇，尽管反应条件（酸、溶剂和反应温度等）对其重排的选择性有影响，但反应结果通常情况下取决于以下两个因素：一是在哪里形成碳正离子，二是哪个基团迁移。前者一般与碳正离子的稳定性有关，后者一般与迁移基团的迁移能力有关。

碳正离子稳定性的一般原则在这里适用；迁移基团的迁移先后顺序一般为芳基＞叔烷基＞仲烷基＞伯烷基＞氢根。

优先在两个苯基共同的苄位形成碳正离子及苯基优先迁移决定了以下反应的选择性。

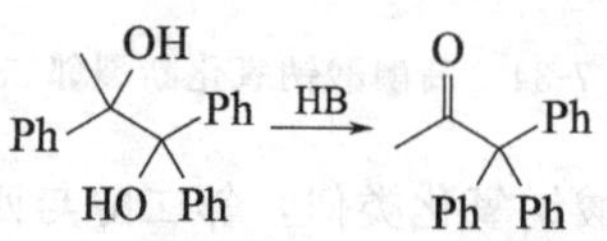

苯基优先于甲基迁移与苯基的邻基参与有关，见图 7-38。

此反应可理解为苯环上分子内的烷基化（烷基交换）反应，即芳香族亲电取代反应，亲电试剂是碳正离子，可以推断，如果苯基在其邻或对位有供电子基，其迁移能力还要提高，见图 7-39。

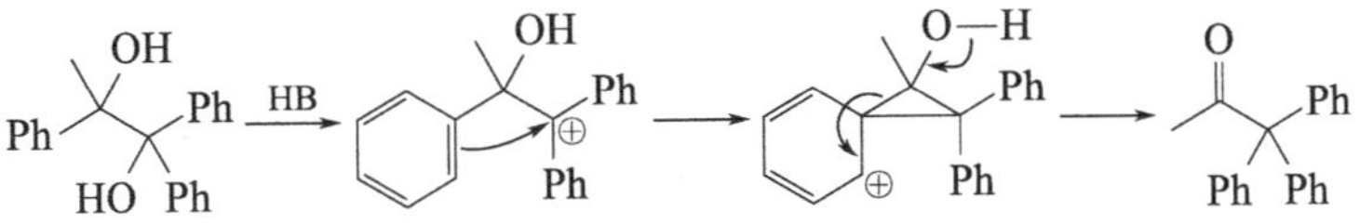

图 7-38　频哪醇重排中的苯基参与

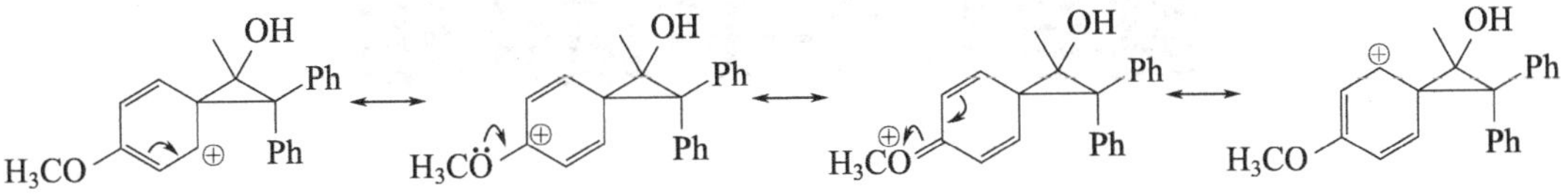

图 7-39　对甲氧基促进苯基迁移

（2）准频哪醇重排　有些化合物分子中只有一个羟基，但是能在一定条件下在羟基的邻位形成碳正离子，或在与羟基相邻的碳上连有离去基团，也可以发生与频哪醇重排类似的重排反应，可称为准频哪醇重排。

这些化合物包括 β-氨基醇、β-碘代醇、烯丙醇和环氧化物等。例如 2-氨基-1,1-二苯基乙醇可在亚硝酸中重排为 2-苯基苯丙酮，氨基重氮化、重氮盐脱氮就在羟基邻位得到了碳正离子，进而发生后续重排，图 7-40 所示为其反应机理。

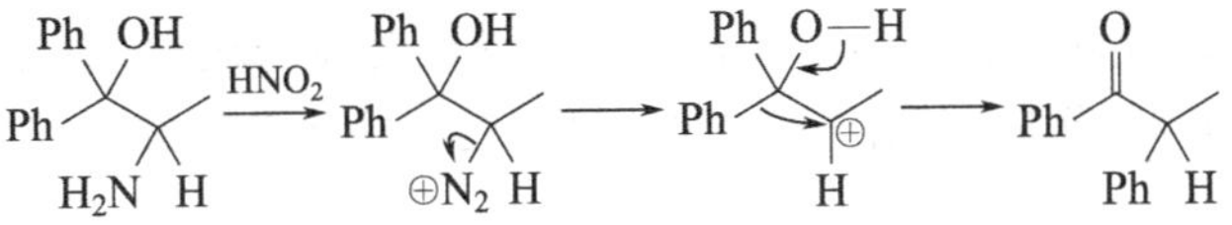

图 7-40　邻羟基重氮盐的重排反应

一些结构中含有对酸敏感基团的邻二醇化合物，可以在碱性条件下衍生为磺酸酯，再在碱性条件下重排，是邻二醇酸性重排的替代方法。

例如缩酮的存在不允许使用酸性催化剂，所以科里（Corey）在合成长叶烯（longifolene）时采用过如下的碱性重排。

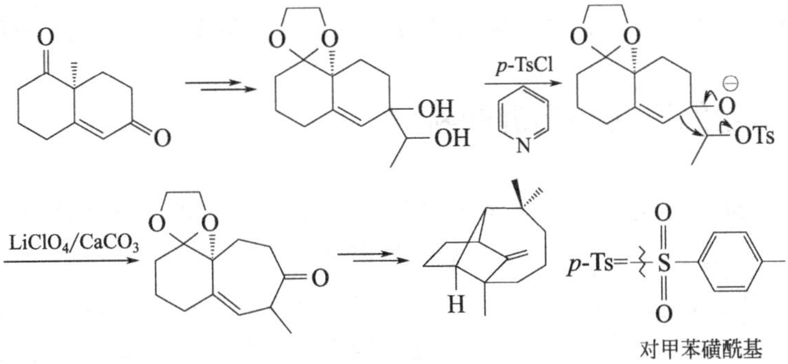

第 **8** 章

醚与1,2-环氧化物

8.1 醚

8.1.1 醚的结构与反应活性

醚分子中含碳-氧-碳键,分子的极性较低,化学性质较为稳定,对卤素、稀酸和碱都是稳定的,所以有些醚可以作反应的溶剂,如乙醚、四氢呋喃和甲基叔丁基醚等。

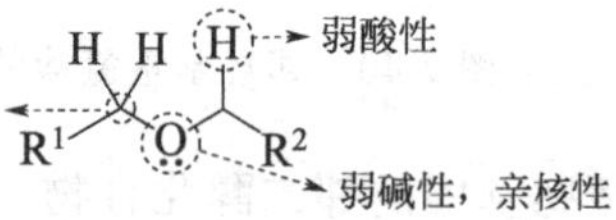

但碳氧键的极性决定了其氧原子富电子,有弱碱性,可以与酸结合形成锌盐,并由此引发醚键断裂;氧原子邻位碳上的氢有弱酸性,在强碱存在下可以脱去,进而发生维蒂希(Wittig)重排;醚的结构也决定了其容易在其氧原子邻位的碳上形成自由基,进而发生自动氧化而生成过氧化物;此外,芳基烯丙基醚可以发生克莱森(Claisen)重排。

8.1.2 锌盐的形成与醚键的断裂

(1) 锌盐的形成 醚氧原子的孤电子对与质子或路易斯酸的金属原子共享就形成了锌盐,见图 8-1。

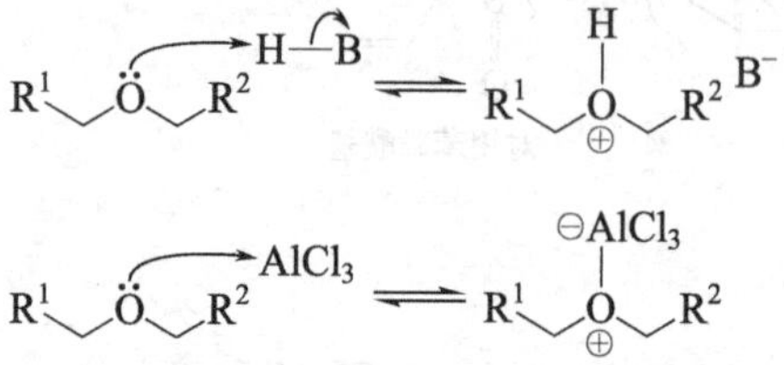

图 8-1 醚与酸反应生成锌盐

锌盐的形成,使氧原子带了正电荷,增加了碳氧键的极性,这赋予了烷氧基更强的离去能力,成为醚键断裂的动力。

(2) 醚键的断裂 可致烷基醚键断裂的质子酸有氢碘酸和氢溴酸,而盐酸通常不能。

反应可按 S_N2 机理进行,也可按 S_N1 机理进行,主要取决于底物是否能够生成稳定的碳正离子。

图 8-2 所示氢碘酸断裂乙基异丙基醚为 S_N2 机理，异丙基的空间障碍使得碘离子更容易进攻乙基碳，从而得到异丙醇和碘乙烷。

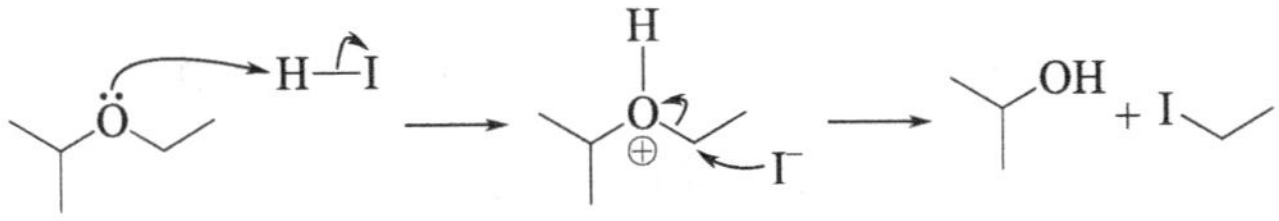

图 8-2　氢碘酸断裂乙基异丙基醚

对于 S_N1 机理，反应的选择性则由生成稳定碳正离子的倾向决定，例如甲基叔丁基醚与氢溴酸的反应，见图 8-3。

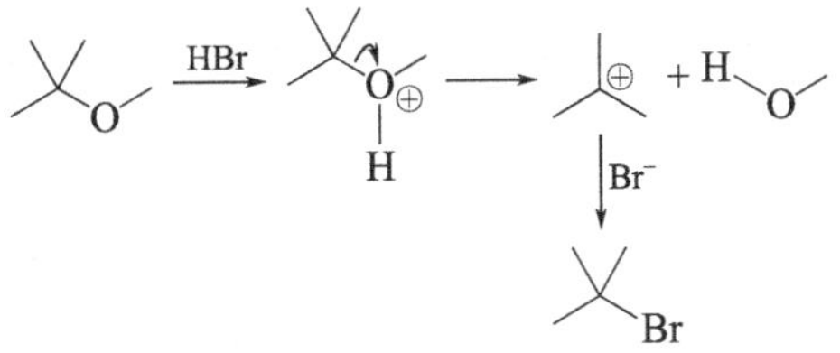

烷基醚断裂的产物是卤代烷和醇，如果氢卤酸过量，不排除醇进一步卤代的可能。

由于芳环的吸电子作用，酚的烷基醚的醚键极化程度更高，较易断裂。以下示例中的 3,4-二甲氧基苯乙腈可用吡啶盐酸盐断开，为 S_N2 机理，吡啶的作用是与氯化氢成盐，提高溶液中氯离子浓度和亲核性，如图 8-4 所示。

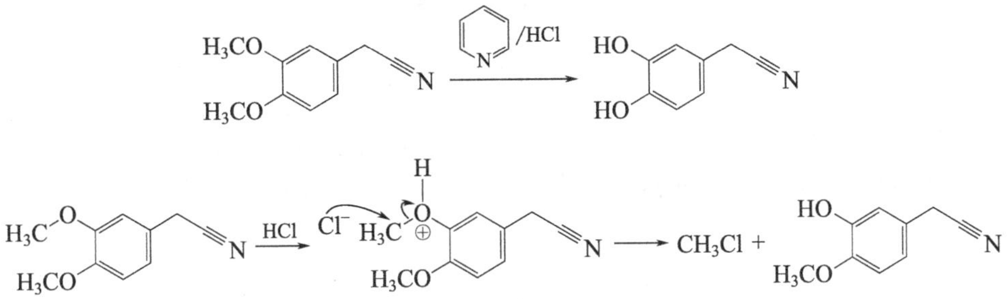

图 8-3　氢溴酸断裂甲基叔丁基醚

图 8-4　吡啶盐酸盐断裂芳甲醚

如果质子酸的共轭碱亲核性很弱，生成碳正离子后，该碳正离子可脱质子生成消除产物烯烃，这是醚键断裂的另一种方式，例如图 8-5 所示的环己基叔丁基醚在三氟乙酸催化下的醚裂解反应。

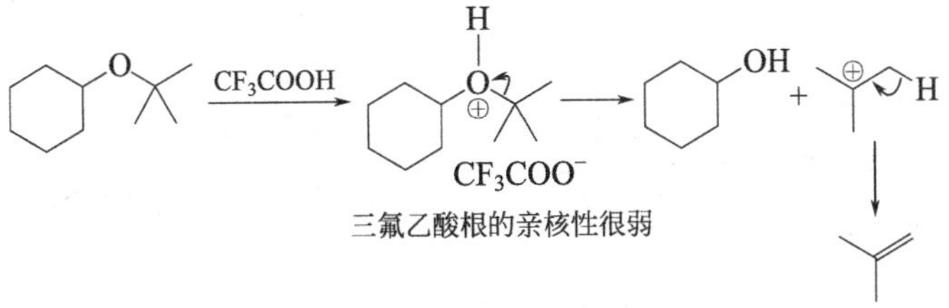

三氟乙酸根的亲核性很弱

图 8-5　醚的消除断裂

二甲醚有个特殊的反应，即与三氧化硫作用导致醚键断裂。二甲醚的氧作为亲核性的原子加成到硫氧双键上，得到锌盐，硫氧双键打开得到的氧负离子分子内亲核进攻二甲醚的甲基得到硫酸二甲酯，这是工业上合成硫酸二甲酯的原理，见图 8-6。

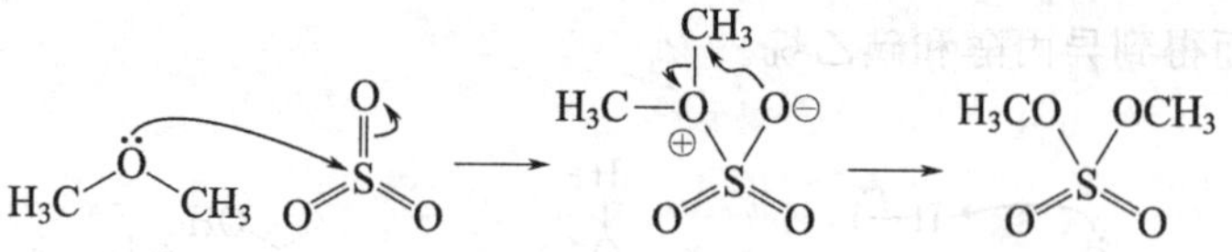

图 8-6　二甲醚与三氧化硫的反应

8.1.3　维蒂希重排

含活泼氢的烷基醚在烷基锂作用下重排为醇，为 [1,2]-维蒂希重排。

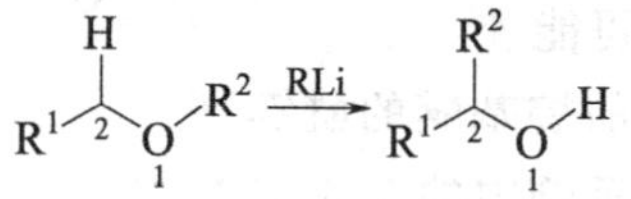

$$\xrightarrow{RLi}$$

负电荷从碳原子转移到电负性更大的氧原子上成为此重排反应的驱动力。此重排为自由基机理，见图 8-7。

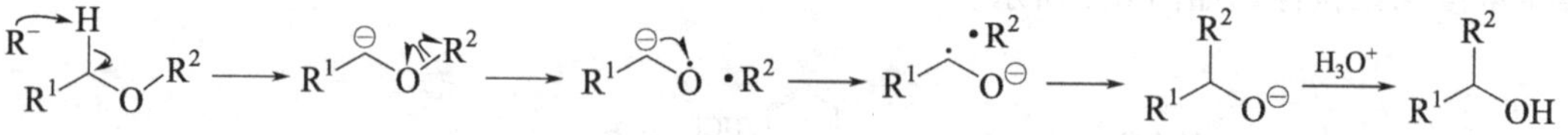

图 8-7　维蒂希重排的反应机理

含活泼氢的烷基烯丙基醚在强碱作用下重排为高烯丙基醇（homoallylic alcohols）的反应，称为 [2,3]-维蒂希重排，亦称为斯蒂尔-维蒂希（Still-Wittig）重排，见图 8-8。

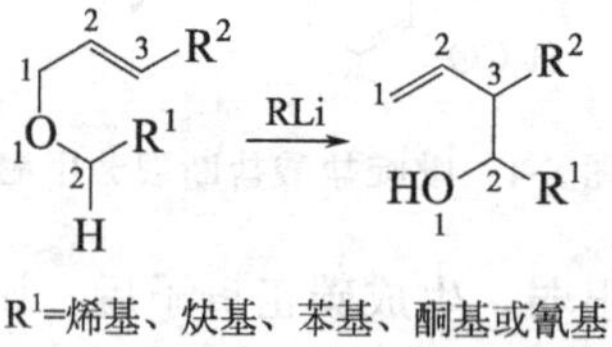

$$\xrightarrow{RLi}$$

R^1=烯基、炔基、苯基、酮基或氰基

图 8-8　斯蒂尔-维蒂希重排反应

图 8-9 表达了此周环反应的机理。

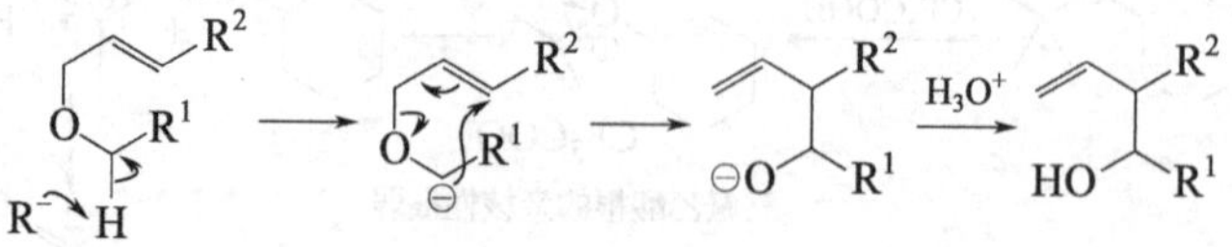

图 8-9　斯蒂尔-维蒂希重排的反应机理

8.1.4　克莱森重排

加热烯丙基乙烯基醚或烯丙基芳基醚可致重排，生成相应的 γ,δ-不饱和醛（酮）或烯

丙基酚，此反应称为克莱森重排，亦为周环反应，图 8-10 所示为苯基烯丙基醚重排为烯丙酚的反应机理。

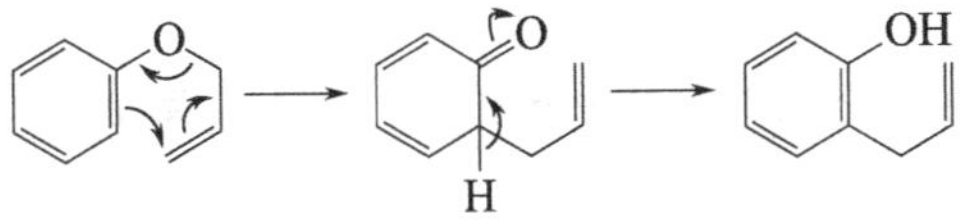

图 8-10　克莱森重排的反应机理

8.1.5　醚的自动氧化

醚容易以自由基机理与分子氧反应，在与氧原子相邻的碳氢键上形成过氧化物，这个位点的自由基较稳定，例如二异丙醚的自动氧化，见图 8-11。

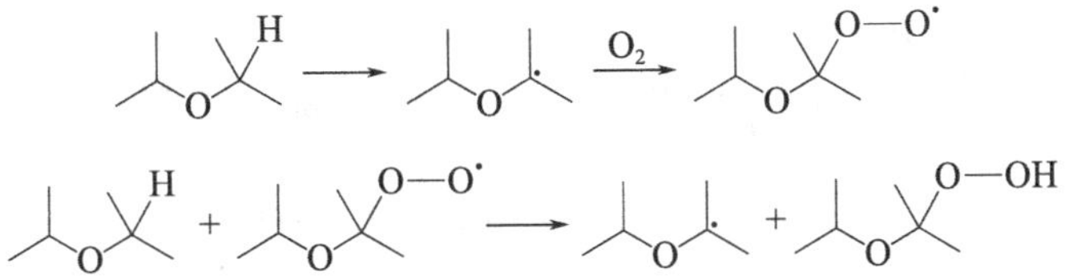

图 8-11　醚的自动氧化反应

8.2　1,2-环氧化物

8.2.1　1,2-环氧化物的反应活性

1,2-环氧化物（以下简称环氧化物）为三元环状醚，其环张力较大，这决定了环氧化物较开链的醚或其他环醚有更高的反应活性。

环氧化物能与多种亲核试剂反应而得到开环加成产物，这类反应可以在碱性介质中进行，也可被酸催化。

此外，环氧化物可在酸催化下重排为醛或酮，也可与三苯基膦反应生成烯烃。

8.2.2　环氧开环

(1) 碱性条件　碱性条件下，亲核试剂可以是有机金属化合物、烯醇负离子、氢氧根、烷氧（酚氧）基负离子、羧酸根、氨（胺）及金属复氢化合物等。

一般为 S_N2 反应，亲核试剂优先进攻空间位阻小的碳原子。以环氧丙烷碱性条件下与苯酚的反应为例，见图 8-12。

图 8-13 所示环氧化物被氢化铝锂还原也是以 S_N2 机理进行的。

(2) 酸性条件　酸性条件下，亲核试剂可以是水、醇（酚）、卤离子、氢氰酸根和羧酸

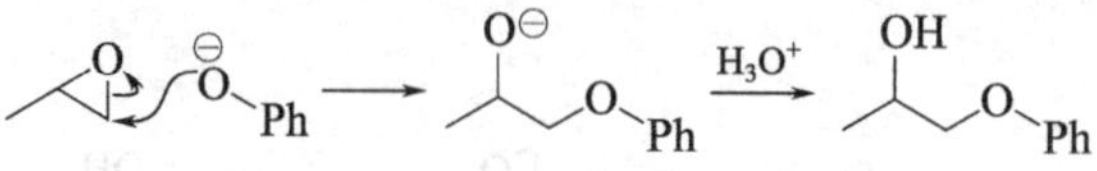

图 8-12　碱性条件下的环氧开环反应

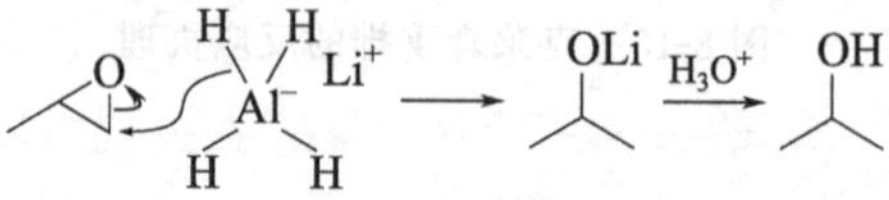

图 8-13　氢化铝锂还原环氧化物为醇

根等。反应的第一步是环氧化物的氧质子化,第二步是亲核试剂进攻高位阻的碳,同时环氧环打开得到加成产物,见图 8-14。

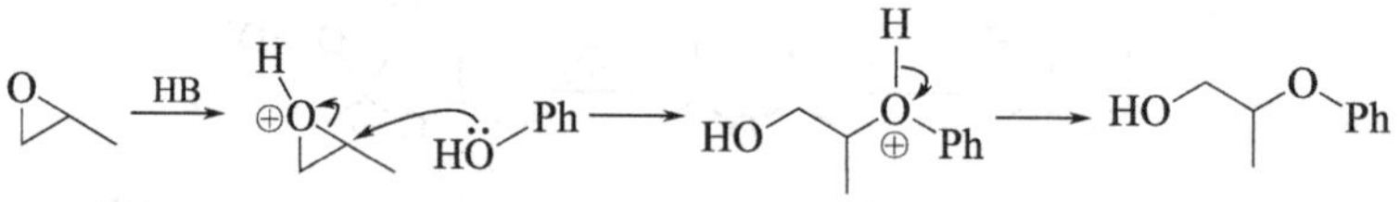

图 8-14　酸性条件下的环氧开环反应

反应以紧密离子对机理进行,见 5.2.3 节。

8.2.3　环氧化物重排

酸催化下环氧化物可重排为醛或酮,此反应可视为频哪醇重排的变例。例如 1,1-二苯基环氧乙烷在三氟化硼催化下可重排为 2,2-二苯基乙醛。

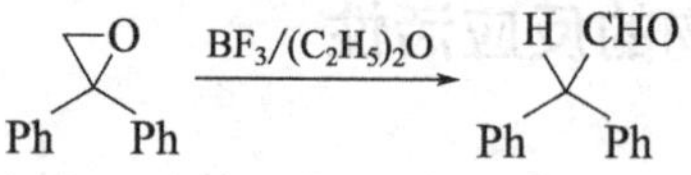

图 8-15 所示为其反应机理。

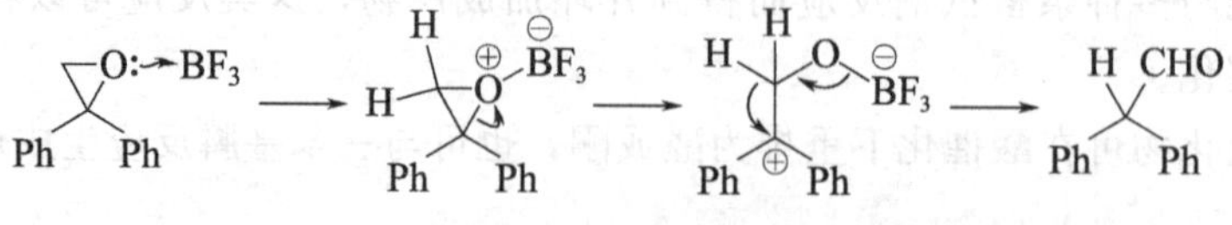

与 1,1-二苯基乙二醇酸催化下
脱水形成的碳正离子相同

图 8-15　1,1-二苯基环氧乙烷重排为 2,2-二苯基乙醛

酸催化可致频哪醇重排,频哪醇又可视为环氧化物的水解产物,所以环氧化物发生类似频哪醇重排的反应是容易理解的。

机理图碳正离子中间体实际上与 1,1-二苯基乙二醇在酸催化下脱水形成的碳正离子完全相同,所以环氧开环这步就相当于邻二醇脱水形成碳正离子的过程,最终的重排产物 2,2-二苯基乙醛也与 1,1-二苯基乙二醇发生频哪醇重排的产物相同。

8.2.4 与三苯基膦反应生成烯烃

环氧化物与三苯基膦可发生维蒂希型反应，生成烯烃，这也说明环氧化物在反应活性上具有一定的醛的特征。例如 1-甲基-2-苯基环氧乙烷与三苯基膦反应可以生成丙烯基苯，见图 8-16。

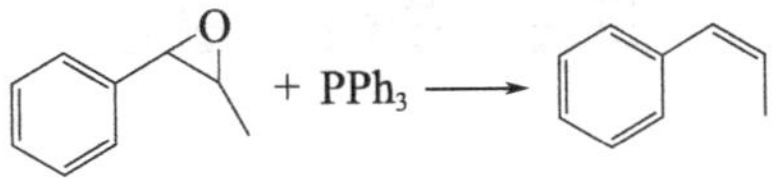

O
+ PPh3

图 8-16　环氧化物与三苯基膦反应生成烯

以下为反应机理。

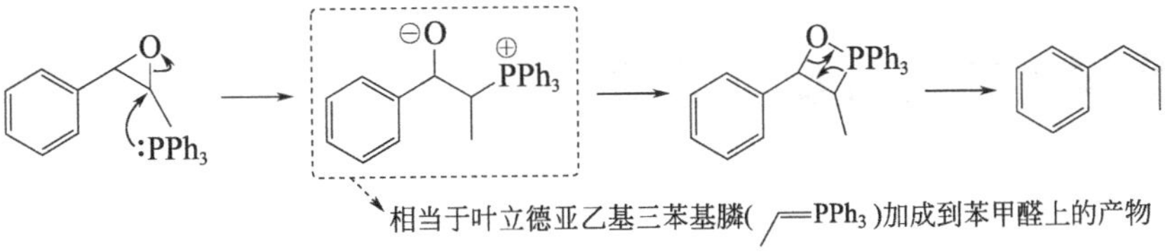

O
:PPh3
⊖O
⊕
PPh3
O
PPh3
相当于叶立德亚乙基三苯基膦(═PPh3)加成到苯甲醛上的产物

第 9 章
醛 和 酮

9.1 醛酮的结构与反应活性

醛和酮含羰基，其羰基碳原子为 sp^2 杂化，碳氧双键极化度较高，碳元素和氧元素电负性的差异决定了其碳上带有部分正电荷，成为亲电试剂，可与多种亲核试剂反应；氧上带有部分负电荷，可与质子酸或路易斯酸结合。

此外，羰基的吸电子作用增加了其 α-氢的酸性，使其容易转到羰基氧上而互变为烯醇式，并在碱性条件下生成烯醇负离子。

醛和酮的氧化态处在中间，可被氧化和还原。

$$R^1 - C(=O) - R^2(H)$$

O：→ 弱碱性，可被质子化
δ^+，亲电性，可被多种亲核试剂进攻
H →→ 酸性，可被碱脱去

9.2 羰基上的亲核加成反应

羰基碳具有亲电性，可被多种亲核试剂进攻而发生羰基加成反应，但醛和酮的羰基碳上没有可离去的基团，所以加成后不能发生羧酸衍生物那样的取代反应，即反应后羰基不能保留。

9.2.1 与碳亲核试剂反应

碳亲核试剂可以是各类带有负电荷或部分负电荷的活性物种，例如碳负离子，包括氰根、炔阴离子、有机锂试剂、格利雅试剂、磷叶立德或硫叶立德等，也可以是烯醇负离子。这类加成反应的特征是亲核性的碳进攻羰基碳，形成碳碳单键。碳氧双键的 π 键打开，

转化为碳氧单键。加成产物经后处理可得到醇，醇有时也可消除为烯。

（1）氰根与酮加成 水溶液中氰化钠与丙酮加成可得氰醇，此反应曾被用于合成甲基丙烯酸。

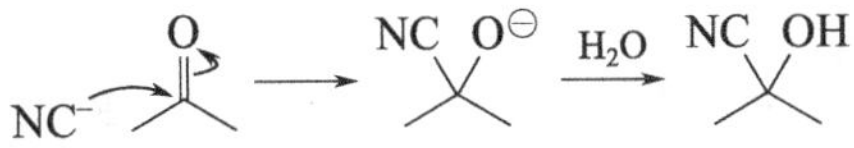

（2）氰根与苯甲醛加成 借助氰根的催化，苯甲醛发生双分子缩合，生成安息香的反应称为安息香缩合。见图9-1，此反应的第一步是氰根亲核加成到醛羰基上，加成产物经质子转移，将本来亲电的羰基碳变成了亲核性的碳，这种反应极性的转化称为极性反转（umpolung 或 polarity reverse），在有机合成中有重要应用。

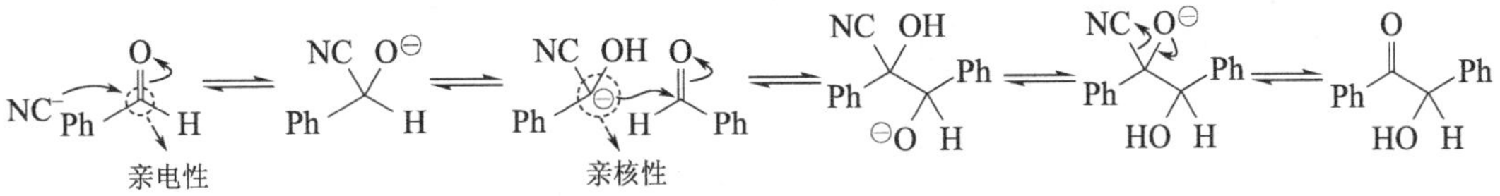

图 9-1　安息香缩合的反应机理

（3）格利雅试剂与醛或酮反应 格利雅试剂是碳负离子的代表，与醛或酮反应得到醇，图9-2所示为乙基溴化镁与异丁醛的反应。

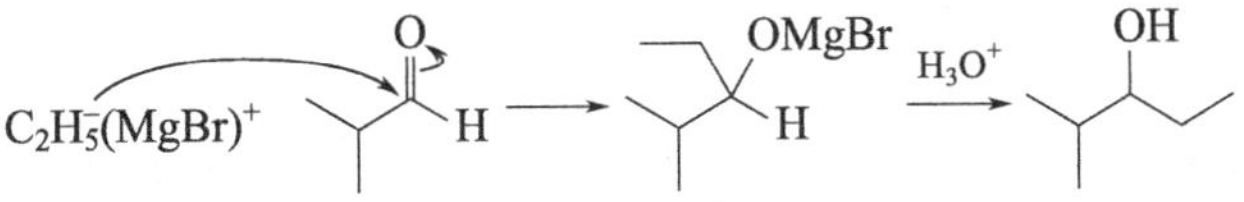

图 9-2　格利雅试剂与醛加成的反应机理

（4）α-溴代酯的有机锌化合物与醛或酮反应 α-溴代酯的有机锌化合物反应活性低，不与其本身的酯反应，但可与醛或酮加成，此为瑞福马斯基（Reformatsky）反应，例如溴乙酸乙酯的有机锌化合物与环己酮反应可得 2-(1-羟基环己基) 乙酸乙酯，见图9-3。

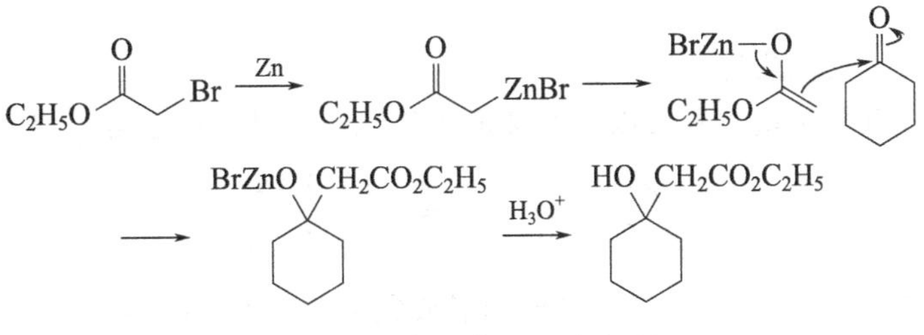

图 9-3　瑞福马斯基反应机理

（5）磷叶立德与醛或酮反应 磷叶立德与醛或酮反应生成烯烃，为维蒂希（Wittig）反应。如图9-4所示，季鏻盐碱性条件下脱去质子得到磷叶立德，为亲核性的碳，其加成到羰基碳上，之后鏻正与氧负结合，得到四元环中间体，经分子内消除得到三苯基氧膦和烯烃。

（6）硫叶立德与醛或酮反应 硫叶立德与醛或酮反应可生成环氧化物，此为科里-柴可夫斯基（Corey-Chaykovsky）反应。如图9-5所示，三甲基碘化亚砜甲基的氢有酸性，与氢化钠反应脱质子得到硫叶立德，加成到羰基上后，氧负离子分子内取代二甲亚砜基后，得到环氧化物。例如三甲基碘化亚砜与二苯甲酮在氢化钠存在下反应可得1,1-二苯基环氧乙烷。

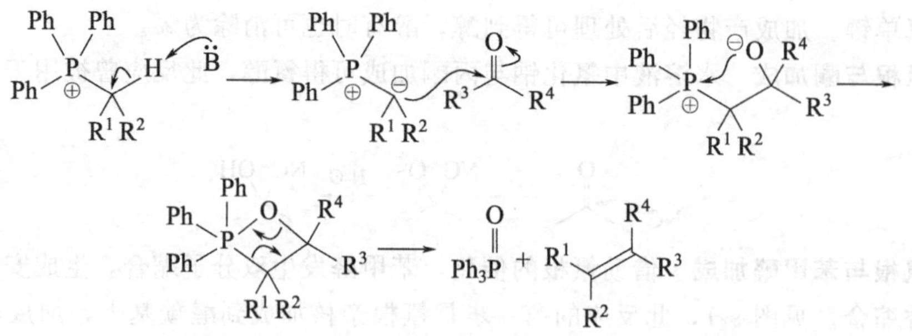

图 9-4 维蒂希反应机理

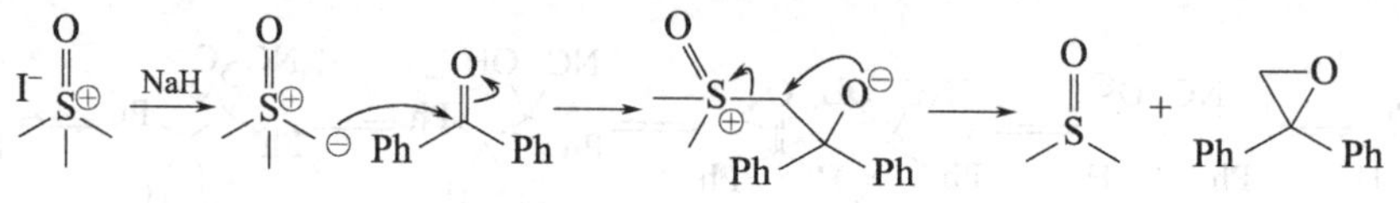

图 9-5 科里-柴可夫斯基反应机理

(7) α-卤代酯的烯醇负离子与醛或酮反应 α-卤代酯的烯醇负离子与醛或酮反应生成 α,β-环氧羧酸酯,此为达参(Darzens)缩合反应。如图 9-6 所示,α-卤素的吸电子诱导效应增加了 α-氢的酸性,使 α-卤代酯更容易形成烯醇负离子,之后负离子加成到羰基上,再发生分子内 S_N2 反应得到环氧羧酸酯。

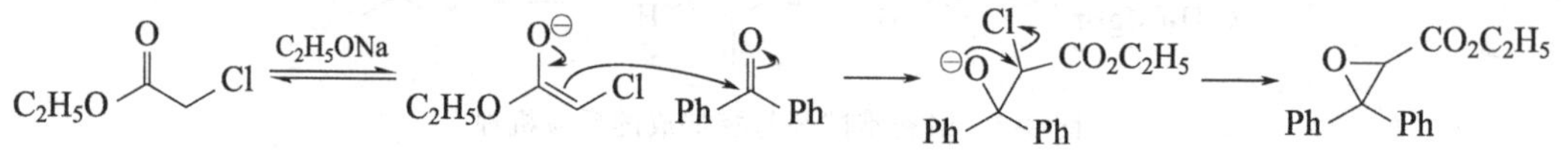

图 9-6 达参缩合反应机理

9.2.2 与氧亲核试剂反应

氧亲核试剂可以是水或醇。

(1) 醛水合 低分子量的醛可以与水加成为偕二醇,是醛的水合反应。

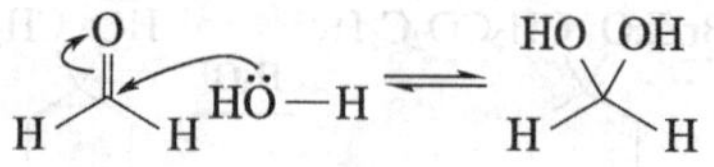

(2) 生成缩醛(酮) 醇羟基的氧加成到醛或酮羰基碳上,得半缩醛(酮),后者酸催化脱水得碳正离子,再与醇结合,得缩醛(酮)。反应机理见 7.4.5 节。

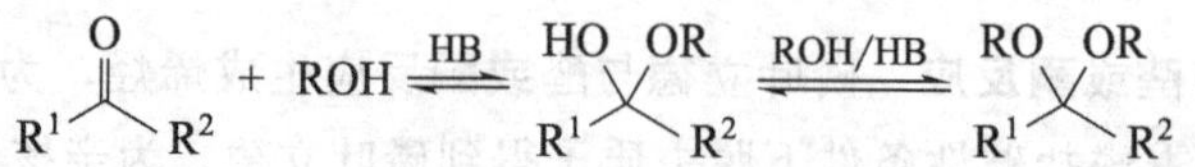

(3) 烯醚、半缩醛与缩醛保护醇羟基的反应 半缩醛脱水可得到烯醚,因此烯醚和半缩醛在合成上是等价的。与半缩醛一样,烯醚也可在酸催化下与醇反应生成缩醛,合成上常利用烯醚的这个性质保护醇羟基,反应机理见 7.4.6 节。

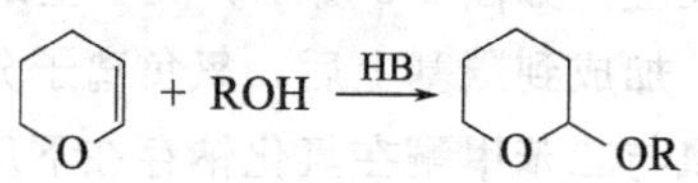

9.2.3 与氮亲核试剂反应

氮亲核试剂可以是胺、羟胺和肼等。第一步反应是氮加成到羰基碳上，得到醇胺，继之以消除，对应的产物分别是亚胺（或烯胺）、肟和腙。这类反应可被酸催化，可逆。

(1) 与胺反应生成亚胺　氨或伯胺加成后，脱水时氮原子上有氢可供消除，产物为亚胺，见图 9-7。

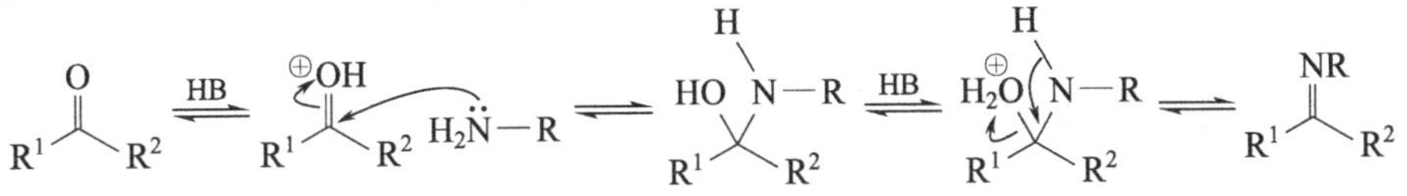

图 9-7　醛酮与氨或伯胺反应生成亚胺

(2) 与胺反应生成烯胺　仲胺加成后，其氮原子上没有可消除的氢，此时羰基邻位碳上如果有可消除的氢，则可脱水生成烯胺，见图 9-8。

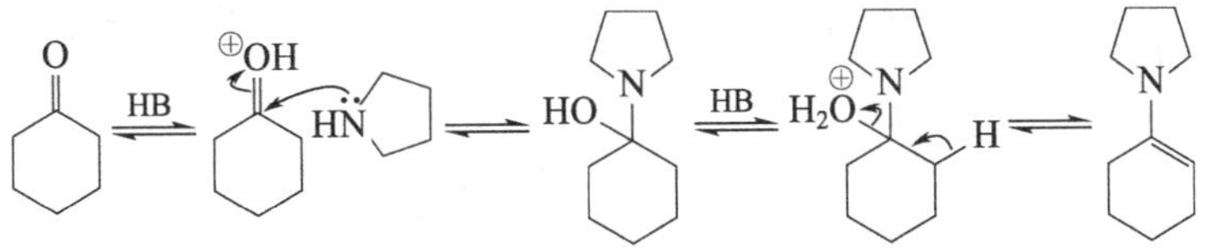

图 9-8　醛酮与仲胺反应生成烯胺

如果上述氮原子和羰基邻位碳上都没有可消除的氢，也可以消除得到亚胺盐，见图 9-9。

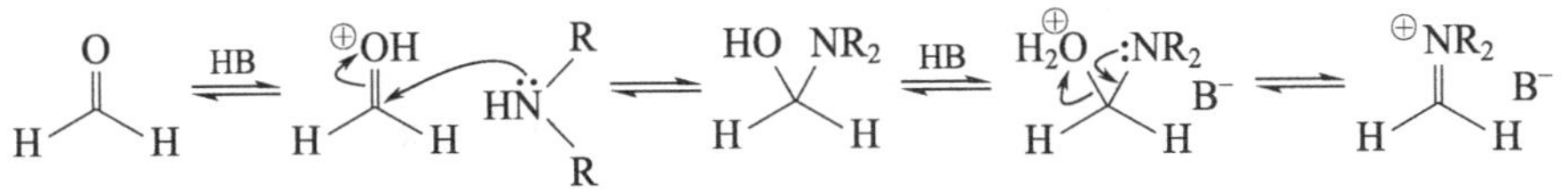

图 9-9　生成亚胺盐的反应机理

(3) 与羟胺反应生成肟　肟又可细分为醛肟和酮肟。

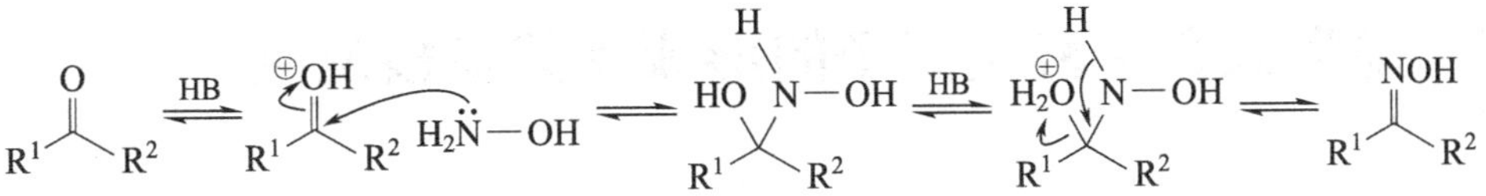

酮肟可在酸催化下重排为酰胺，为贝克曼（Beckmann）重排，处在羟基反位的基团优先迁移，见图 9-10。

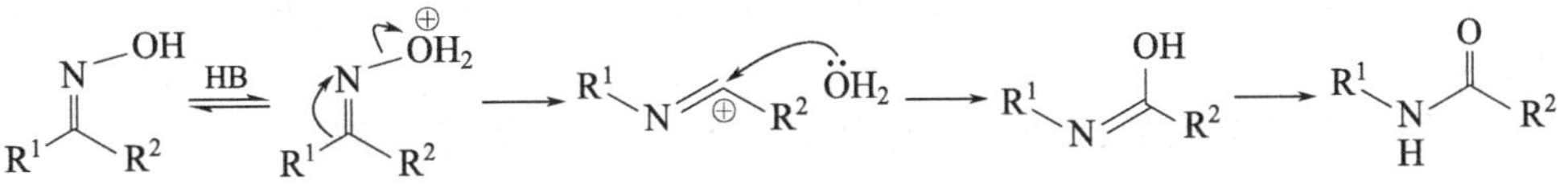

图 9-10　贝克曼重排的反应机理

(4) 与肼反应生成腙　生成腙的反应可用来提纯某些醛。

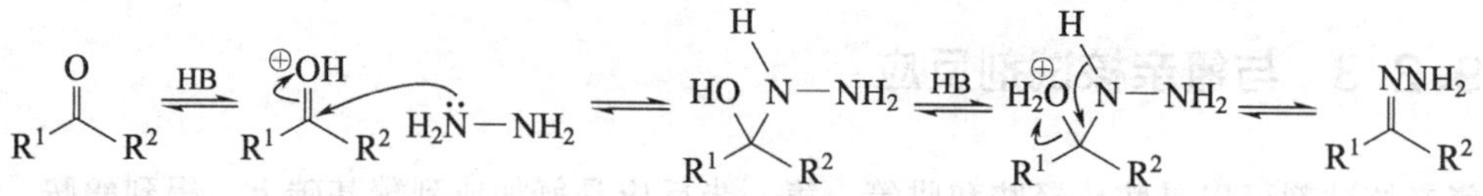

醛酮与氮亲核试剂的反应以加成消除机理进行，第一步就是亲核试剂加成到羰基碳上，形成不稳定的同碳醇胺，该醇胺容易发生消除脱水反应，如果消除的氢来自氮原子，则产物为亚胺、肟或腙；如果消除的氢来自羰基邻位的碳原子，则产物为烯胺。

叔胺与醛酮加成所得产物不稳定，又不能消除为更稳定的产物，所以一般很难反应。

9.2.4　与硫亲核试剂反应

（1）与亚硫酸氢钠反应　醛和一些位阻小的甲基酮可与亚硫酸氢钠发生加成反应得到羟甲基磺酸钠，图 9-11 所示为亚硫酸氢钠与醛加成的反应机理。

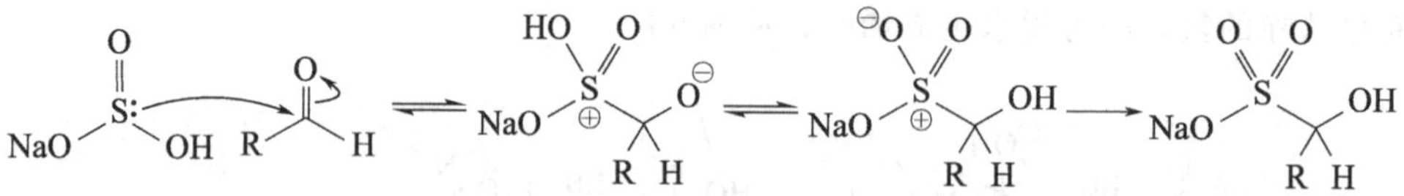

图 9-11　亚硫酸氢钠与醛加成的反应机理

硫贡献了自己的一对电子与碳共享，反应的结果是硫被氧化了。

（2）与乙二硫醇反应生成缩硫醛（酮）　与氧醇类似，硫醇也可与醛或酮在路易斯酸催化下反应生成缩醛或缩酮，此反应机理与醛（酮）和氧醇反应生成缩氧醛（酮）的机理相同。

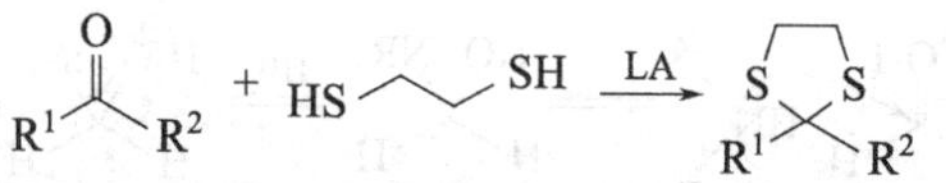

底物为醛时，所生成的缩醛碳上的氢可被强碱（如烷基锂）夺取而生成碳负离子，该碳负离子可作为亲核试剂进一步反应，这是极性反转的又一实例。

9.3　烯醇式和烯醇负离子的形成及其亲核反应

9.3.1　烯醇式和烯醇负离子形成

醛酮在通常条件下主要是以酮式结构存在的，但在一定条件下也可转化为烯醇式或烯醇负离子。

（1）烯醇式的形成　酸可以催化醛酮从酮式结构转化为烯醇式结构。

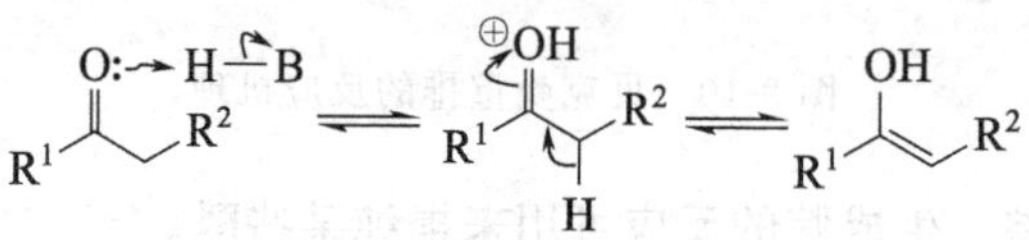

（2）烯醇负离子的形成　醛酮在碱作用下脱去 α-氢，可获得烯醇负离子，见图 9-12。

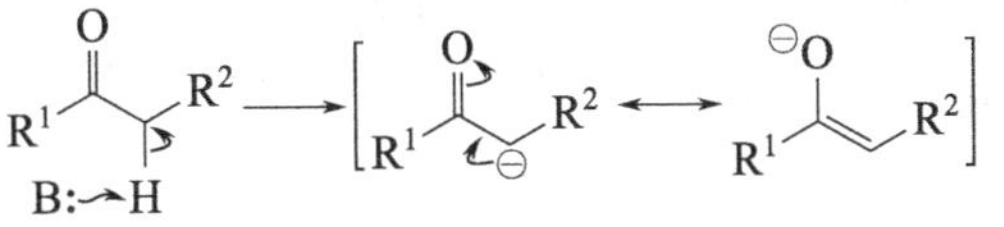

图 9-12　碱性条件下烯醇负离子的形成

9.3.2　烯醇式和烯醇负离子的反应

醛酮的烯醇式，尤其是烯醇负离子，是富电子的碳亲核试剂，可以发生多种亲核反应。

（1）与醛酮加成　此为羟醛缩合（aldol condensation），一分子醛或酮，在酸或碱的作用下，形成烯醇式或烯醇负离子，再亲核加成到另一分子醛或酮的羰基碳上，生成 β-羟基醛或酮的反应称为羟醛缩合，是含活泼氢的醛或酮的典型反应。图 9-13 所示为乙醛在氢氧化钠存在下生成 β-羟基丁醛的反应。

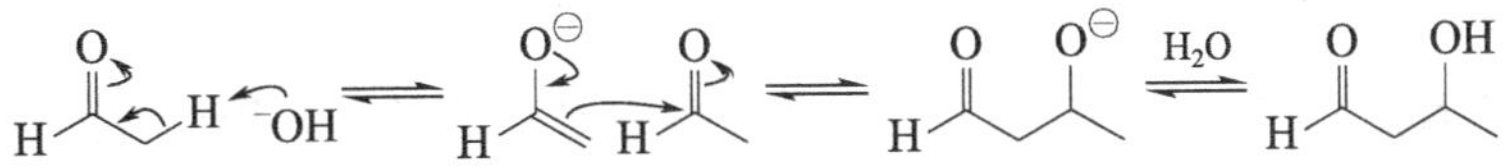

图 9-13　羟醛缩合的反应机理

β-羟基醛受热可以脱水为 α,β-不饱和醛，为 E1cB 机理，见 5.4.3 节。

（2）与羧酸衍生物反应　碱性条件下醛酮与酯反应可得 β-二酮化合物，俗称为酮酯缩合，例如 2-丁酮与丙酸乙酯反应可得 3,5-庚二酮，反应机理见图 9-14。

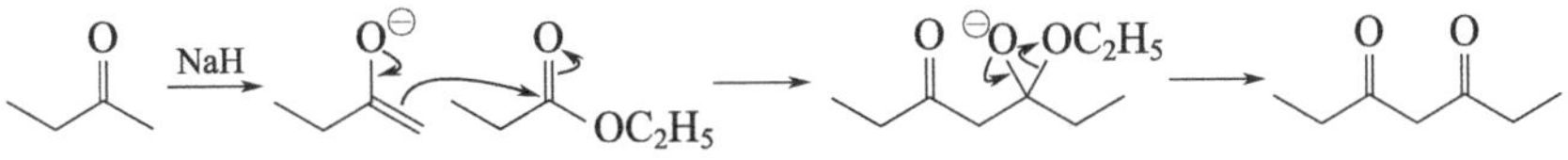

图 9-14　酮酯缩合的反应机理

（3）与亚胺反应　甲醛（也可以扩展到其他醛和酮）和氨（也可以扩展到胺）反应生成亚胺，含活泼亚甲基的酮与此亚胺进行的胺甲基化称为曼尼希反应。酚和酚醚往往也能发生类似反应，因为这些都是天然的烯醇式化合物。

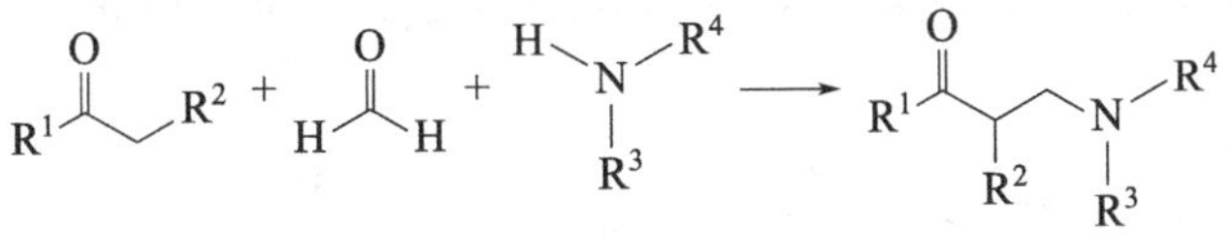

该反应可被酸催化，也可被碱催化，图 9-15 所示为酸催化的反应机理。

（4）与卤代烷反应　烯醇负离子可与卤代烷发生烷基化反应。但是用碱处理醛酮常常发生羟醛缩合而降低烷基化反应的选择性。因此，醛酮的烷基化一般通过斯托克（Stoke）烯胺反应进行，见本节"（6）烯胺与卤代烷反应"。

但有一个特例，就是法沃尔斯基（Favorskii）重排，即 α-卤代酮在碱催化下形成烯醇负离子，发生分子内的烷基化后，继续在碱的作用下发生重排，生成含有相同碳数的羧酸

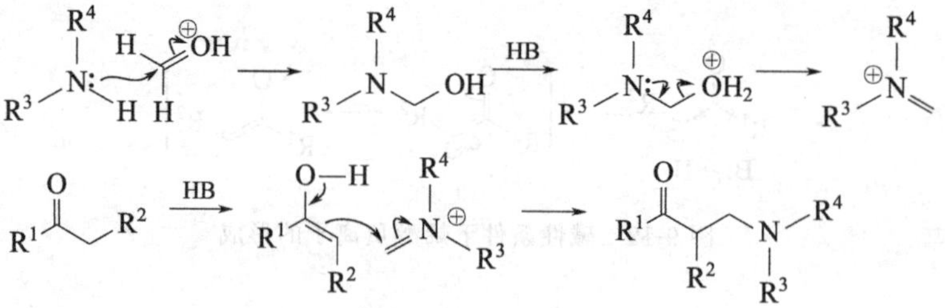

图 9-15　酸催化曼尼希反应机理

（氢氧化钠催化）或羧酸酯（醇钠催化），见图 9-16。

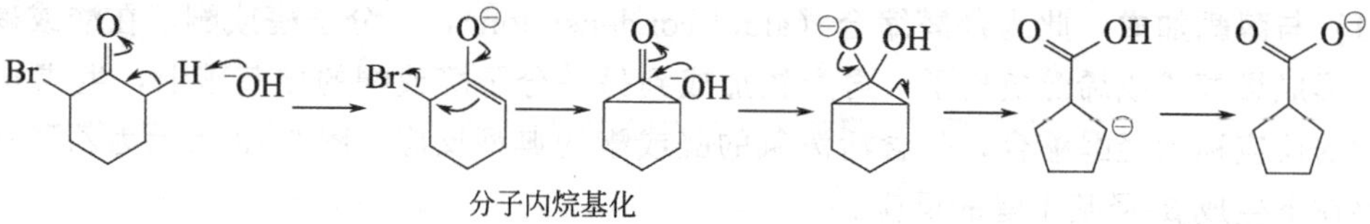

分子内烷基化

图 9-16　法沃尔斯基重排的反应机理

（5）与卤素反应　醛直接与卤素反应常常得到氧化产物羧酸，因此醛的卤化一般需要先将醛转化为缩醛，再卤化，之后再脱保护得到 α-卤代醛。

酮的 α-卤化反应既可被酸催化，也可被碱催化。以下为酸催化的反应机理。由于有卤化氢生成，所以这类反应可以自催化，见图 9-17。

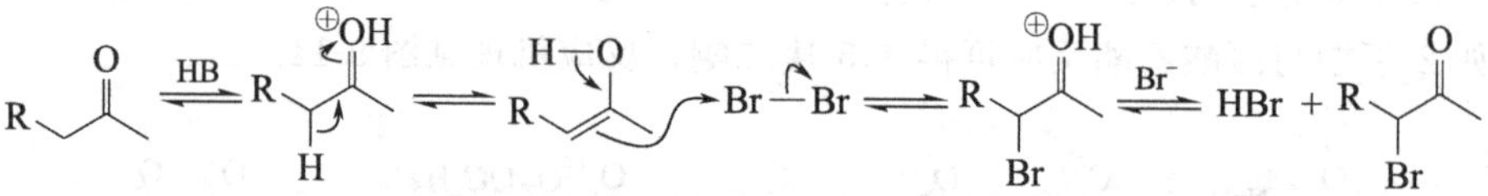

图 9-17　酸催化酮的 α-溴化反应机理

以下为碱催化的反应机理。

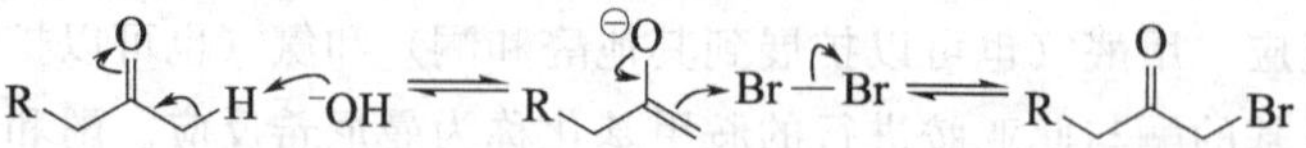

对于不对称的酮，其卤化存在选择性和反应深度问题。如果是烷基取代的不对称酮，酸催化时，卤素优先取代取代基较多氢较少的 α-碳上的氢，碱催化则相反，见图 9-18。

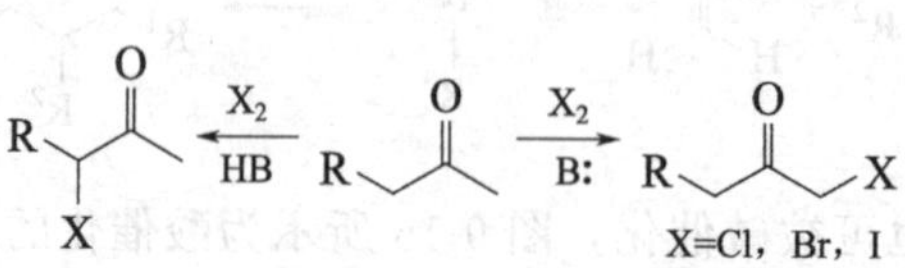

X=Cl，Br，I

图 9-18　酸碱催化对酮卤代区域选择性的影响

烯醇式结构的稳定性决定了卤化反应的选择性。酸催化时，优先生成更稳定的多取代烯醇化物，是热力学控制的；碱催化时，氢原子数目多的 α-碳上的氢（该氢酸性大，反应速度快）优先被夺取，是动力学控制的。

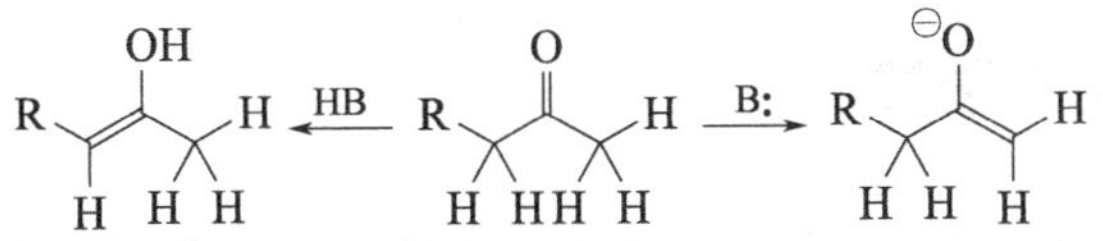

如果是卤素取代的不对称酮，由于卤素的吸电子作用，使得与卤素相连的 α-碳上的氢的酸性更强，也就更容易被卤素取代。如图 9-19 所示，甲基酮在碱性条件下与足量的溴反应，甲基上的三个氢都能被溴取代，因此制备单取代的卤代酮一般不用碱性条件。

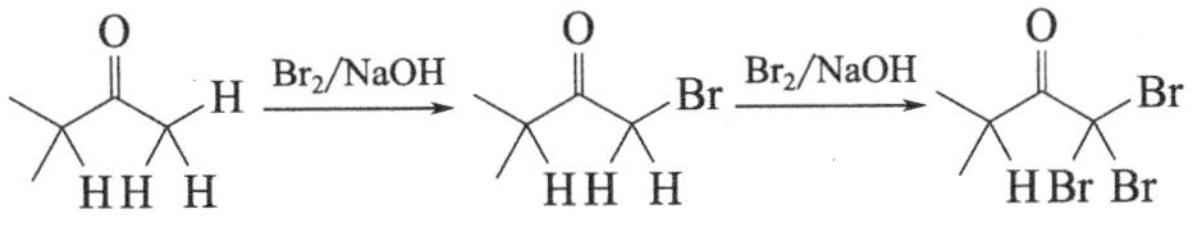

图 9-19　碱性卤化的反应深度

三卤甲基酮可与碱反应，生成羧酸盐和卤仿，称为卤仿反应，见图 9-20。

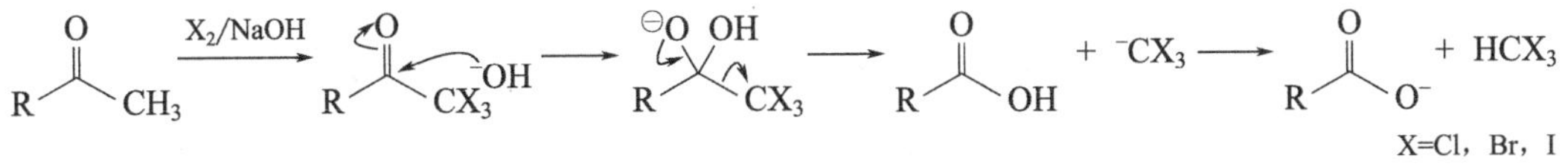

图 9-20　卤仿反应机理

乙醇也能发生碘仿反应，这是由于乙醇可被碘氧化为乙醛，并发生碘代，继而在碱性条件下生成甲酸盐和碘仿。

（6）烯胺与卤代烷反应　烯胺为烯醇式的合成等价物。将醛酮与仲胺反应转化为烯胺，烯胺再与卤代烷或酰卤反应，经水解得到羰基的 α-碳烷化或 α-碳酰化产物，为斯托克烯胺反应，见图 9-21。

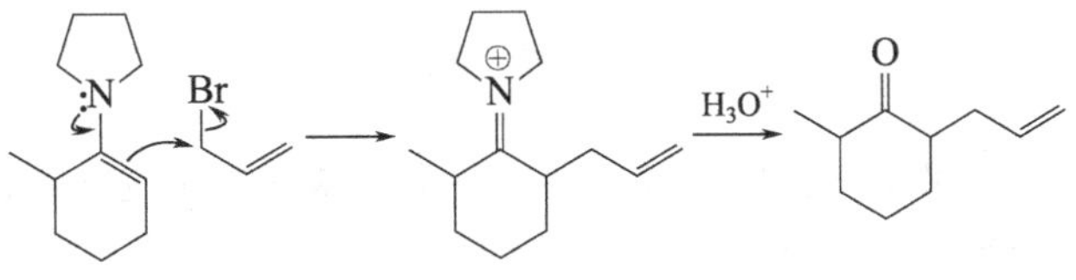

图 9-21　斯托克烯胺反应机理

斯托克烯胺反应可以解决醛酮直接烷基化（或酰化）的选择性和反应深度问题。

9.4　醛和酮的氧化

醛容易氧化为酸，甚至室温下即可发生自动氧化。化学氧化剂常见的有热硝酸、高锰酸钾（碱性介质）和重铬酸（或三氧化铬加硫酸）等，其中以重铬酸最常用。

酮可由过氧羧酸氧化重排为酯。此外，酮在剧烈条件下可氧化断裂，这类反应在合成上意义不大。

9.4.1 醛氧化为羧酸

(1) 自动氧化 乙醛和苯甲醛等久置会被氧化成相应的羧酸。该氧化可分为两步，第一步按自由基机理进行，醛被氧化成过氧酸，之后过氧酸按与酮的贝耶尔-维利格氧化类似的机理氧化醛为羧酸，而过氧酸本身被还原为羧酸。

图 9-22 所示为醛氧化为过氧酸的反应机理。

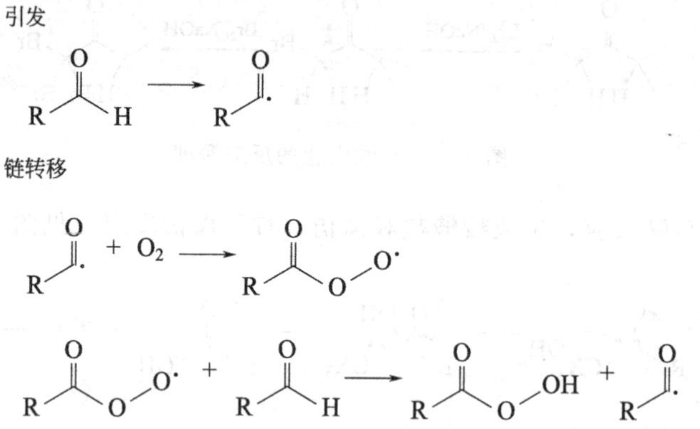

图 9-22　醛氧化为过氧酸

图 9-23 为过氧酸氧化醛为羧酸的反应机理。

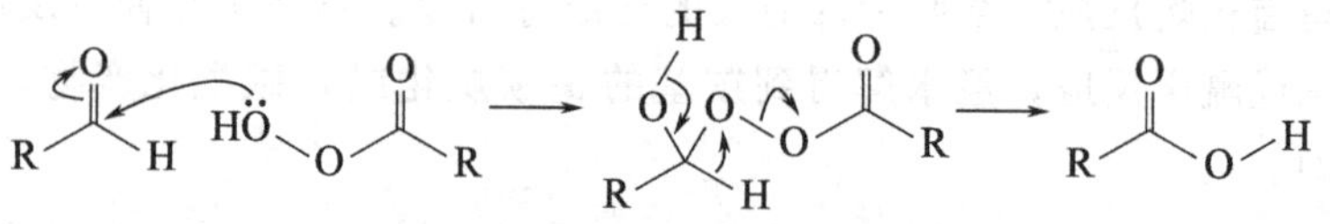

图 9-23　过氧酸氧化醛为羧酸

(2) 重铬酸氧化 醛可水合为偕二醇，之后一个羟基被氧化成羰基，就生成了羧酸，机理可见 7.6.1 节，醇的重铬酸氧化。

(3) 亚氯酸氧化 在弱酸性（pH 值 3～5）的含水体系中，亚氯酸可氧化醛为羧酸。称为林格伦（Lindgren）氧化或皮尼克（Pinnick）氧化。为减少生成的次氯酸带来的副反应，可加入 2-甲基丁-2-烯作"清除剂"，见图 9-24。

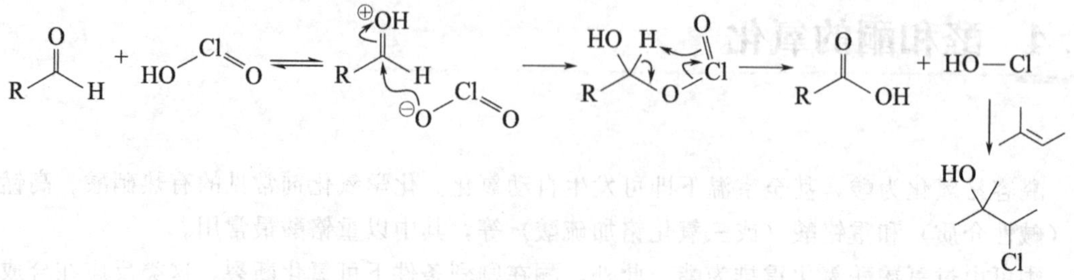

图 9-24　林格伦氧化反应机理

（4）双氧水氧化芳醛为酚　此反应在碱性条件下进行，为达金（Dakin）氧化。如对羟基苯甲醛与双氧水在氢氧化钠水溶液中反应生成对苯二酚和甲酸钠，其反应机理与贝耶尔-维利格氧化相似，见图9-25。

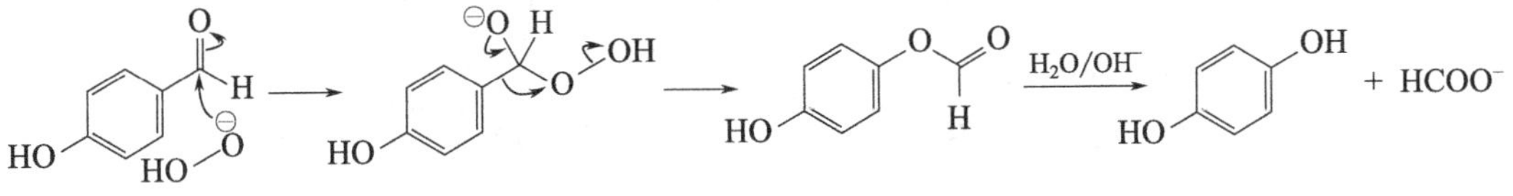

图 9-25　达金氧化反应机理

9.4.2　酮的贝耶尔-维利格氧化

酮一般不易被氧化为羧酸，但用过氧羧酸（过氧乙酸、过氧三氟乙酸、过氧苯甲酸或间氯过氧苯甲酸等）处理可氧化重排为酯，称为贝耶尔-维利格氧化，见图9-26。

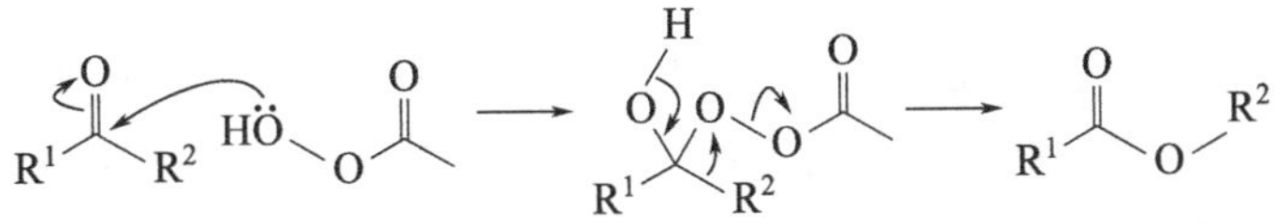

图 9-26　贝耶尔-维利格氧化反应机理

常见基团的迁移顺序为叔烷基＞仲烷基（环烷基）＞苄基＞苯基＞伯烷基＞甲基，这与反应机理吻合，即基团迁移到缺电子的氧上，亲核能力强的基团优先。

9.5　醛和酮的还原

依反应条件的不同，醛酮可被还原为醇及脱羰基产物。

9.5.1　还原为醇

醛酮在铂、钯和镍等金属催化下，能被加氢还原为相应的醇，称为氢解。氢解之外的方法一般称为化学还原，金属复氢化合物、乙硼烷等是常用的还原剂。

（1）金属复氢化合物还原　常用的还原剂是硼氢化钠和氢化铝锂。硼氢化钠还原一般在碱性的醇（比如甲醇）溶剂中进行，见图9-27。

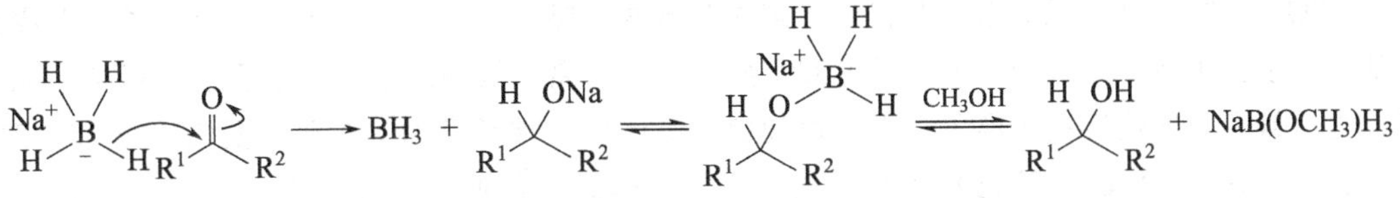

图 9-27　硼氢化钠还原醛酮的反应机理

氢化铝锂还原，一分子氢化铝锂可以还原四分子醛酮，见图 9-28。

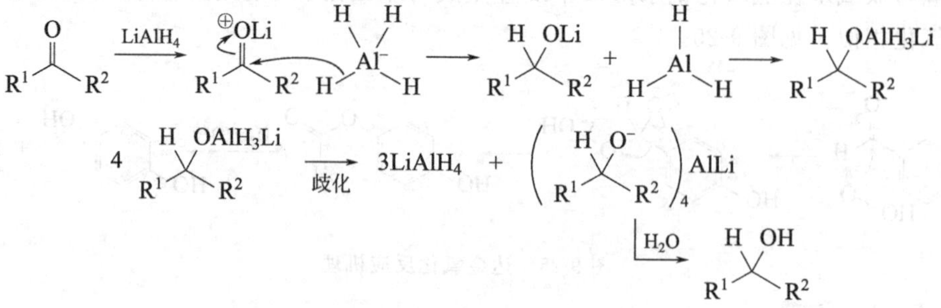

图 9-28　氢化铝锂还原醛酮的反应机理

(2) 乙硼烷还原　硼烷加成到醛酮的羰基上得到硼酸酯，之后水解可得到醇。

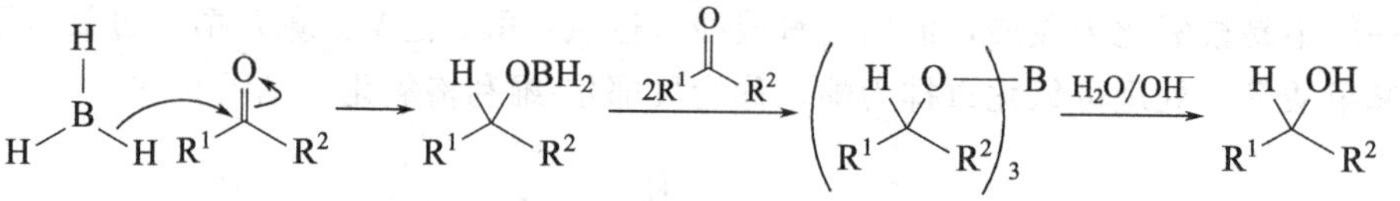

以上金属复氢化物和硼烷都含有带负电荷的氢根，为亲核试剂，氢根加成到羰基碳上得醇的氧负离子，该负离子在后续的水解过程中获得一个质子，羰基就还原为醇。

(3) 米尔温-庞多夫-韦尔莱还原　在异丙醇铝的辅助下，醇可将醛或酮还原为相应的醇，为米尔温-庞多夫-韦尔莱（Meerwein-Ponndorf-Verley）还原，是欧芬脑尔氧化的逆反应。以下为异丙醇还原醛酮的过程，异丙醇被氧化成丙酮，见图 9-29。

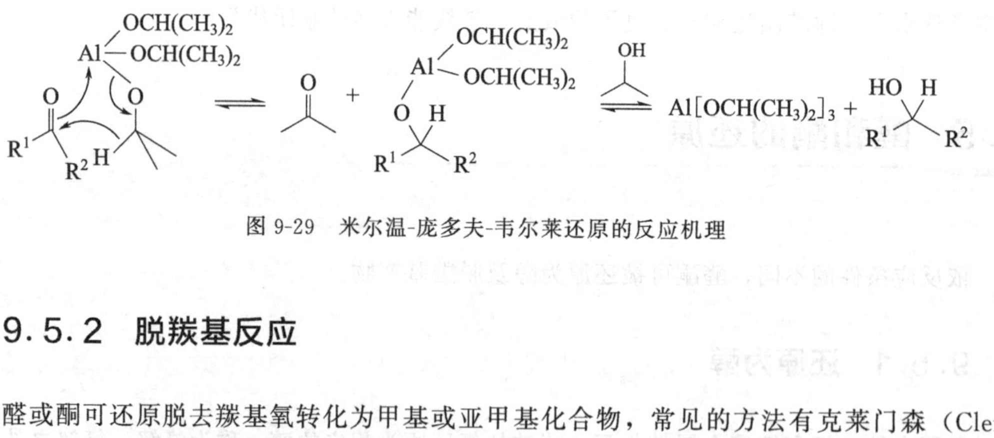

图 9-29　米尔温-庞多夫-韦尔莱还原的反应机理

9.5.2　脱羰基反应

醛或酮可还原脱去羰基氧转化为甲基或亚甲基化合物，常见的方法有克莱门森（Clemmensen）还原和沃尔夫-凯惜纳-黄鸣龙（Wolf-Kishner-Huang）还原。也可以将醛或酮转化为缩硫醛（酮），再用吸附了氢气的活性镍还原。

(1) 克莱门森还原　醛或酮在浓盐酸存在下，由锌汞齐还原为甲基或亚甲基化合物，为克莱门森还原。其反应机理尚不能完全阐明，但一般认为是自由基机理或锌碳烯（zinc-carbenoid）机理。图 9-30 所示为自由基机理，碳氧双键的 π 键均裂，从锌原子得一个电子，形成自由基负离子，再得一个电子，形成碳氧双负离子，碳负离子从溶液中得一个质子，羰基还原为醇。之后氯离子取代羟基负离子，得到氯代烷，氯代烷又被锌还原为烷烃，见 5.8.2 节（2）。

(2) 沃尔夫-凯惜纳-黄鸣龙还原　见图 9-31，醛或酮与肼反应生成腙，后者在强碱作用下加热脱氮，生成甲基或亚甲基化合物，为沃尔夫-凯惜纳-黄鸣龙还原。强碱从肼的氮原子

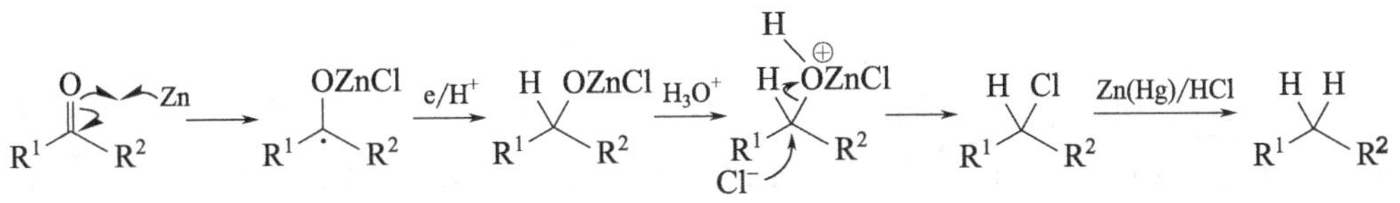

图 9-30 克莱门森还原的反应机理

上夺取质子，经互变异构转化为碳负离子，碳负离子从溶液中取得质子，再碱性消除掉氮气，又得到一个碳负离子，再从溶液中取得质子就完成了脱氮还原。

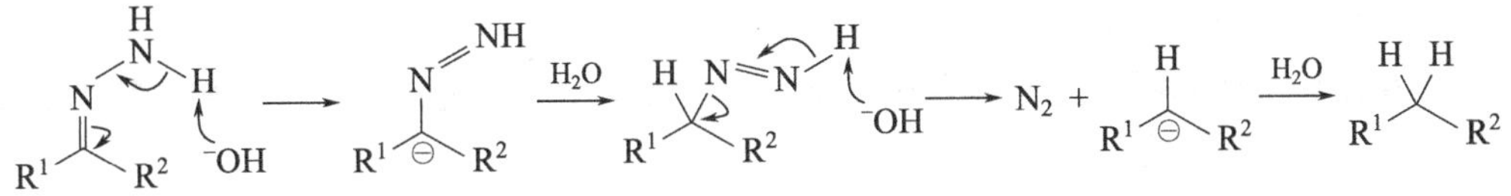

图 9-31 沃尔夫-凯惜纳-黄鸣龙还原的反应机理

9.5.3 活泼金属单分子及双分子还原

在质子溶剂（一般为醇）中，醛或酮可由活泼金属（钠、铝或镁等）单分子还原为相应的醇，反应按自由基机理进行，与克莱门森还原类似，也是从金属得电子，从溶剂中获取质子的过程，见图 9-32。

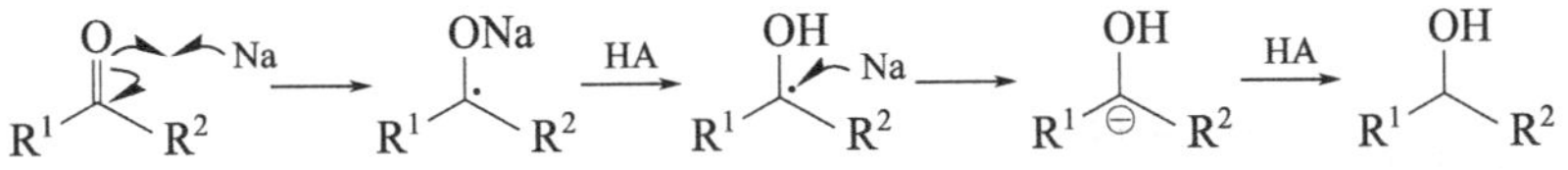

图 9-32 醛酮单分子还原为醇

在非质子溶剂中，没有质子可供捕获，所以在还原到碳自由基阶段就发生了双分子偶联，水解后得到频哪醇。例如丙酮可在金属镁的作用下，还原为 2,3-二甲基丁-2,3-二醇，见图 9-33。

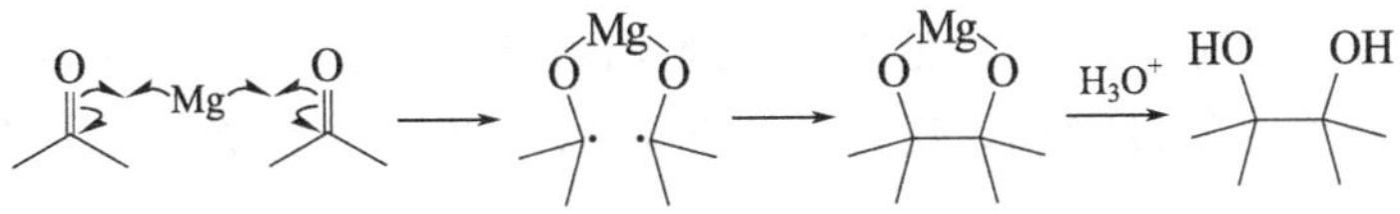

图 9-33 醛酮双分子还原为频哪醇

9.6 醛的氧化还原歧化

不含 α-氢的醛在强碱作用下可发生歧化反应，一分子被氧化为酸，另一分子被还原为醇，称为康尼扎罗（Cannizzaro）歧化反应。例如图 9-34 所示的苯甲醛在氢氧化钠存在下歧化为苯甲酸和苯甲醇的反应。

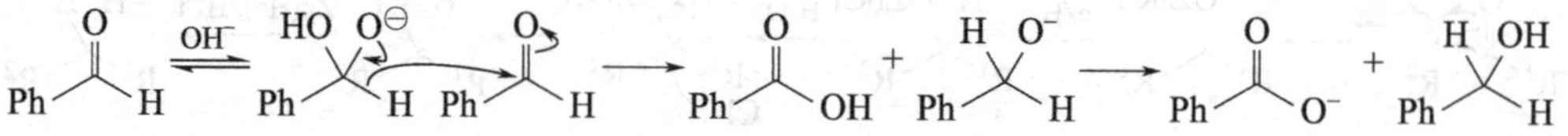

图 9-34 康尼扎罗歧化反应机理

上述重排的第一步是氢氧根加成到醛羰基上，再消除生成碳氧双键时，氢根转移到另一分子苯甲醛的羰基碳上，完成还原。

氢氧根进攻的结果是生成羧酸，如果是烷氧基负离子进攻，则产物为酯，这类反应可以认为是康尼扎罗反应的变例。

例如在以异丁醛和甲醛为原料合成新戊二醇的过程中会分离得到副产物羟基特戊酸新戊二醇单酯（1115 酯），见图 9-35。

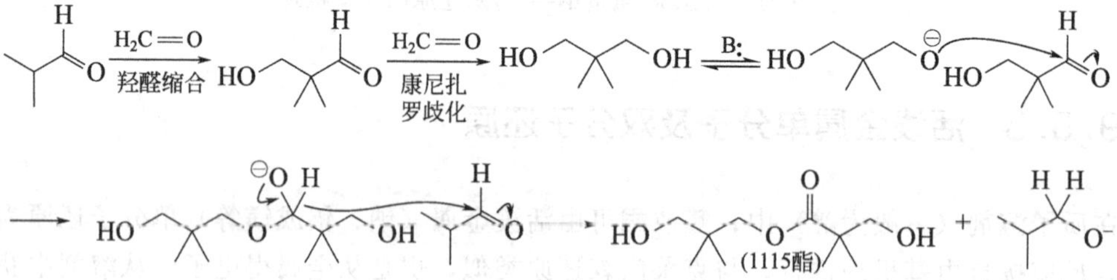

图 9-35 醇钠参与的康尼扎罗歧化反应

9.7 二苯乙醇酸重排

二苯乙二酮在浓氢氧化钠水溶液中加热重排为二苯乙醇酸的反应称为二苯乙醇酸重排（benzilic acid rearrangement）。

重排后，一个羰基被氧化为羧基，另一个羰基被还原为羟基，这与康尼扎罗歧化反应类似，反应机理也类似，不同之处在于二苯乙醇酸重排是分子内苯基负离子转移，而康尼扎罗歧化是分子间氢根转移，所以二苯乙醇酸重排可以视为分子内的康尼扎罗歧化反应，见图 9-36。

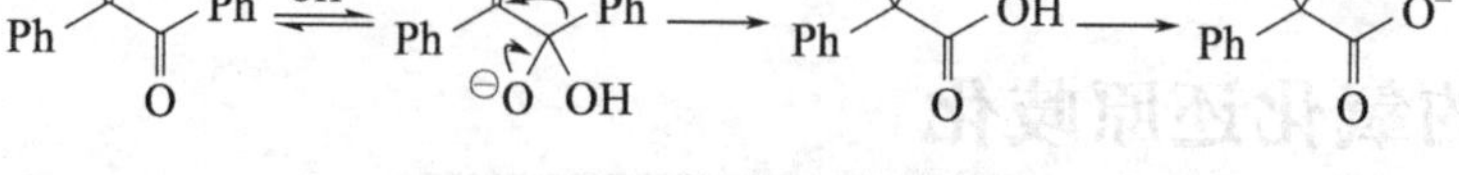

图 9-36 二苯乙醇酸重排反应机理

抗癫痫药苯妥英钠的合成中，见图 9-37，二苯乙酮与尿素在氢氧化钠催化下缩合为苯妥英的反应机理与此类似。

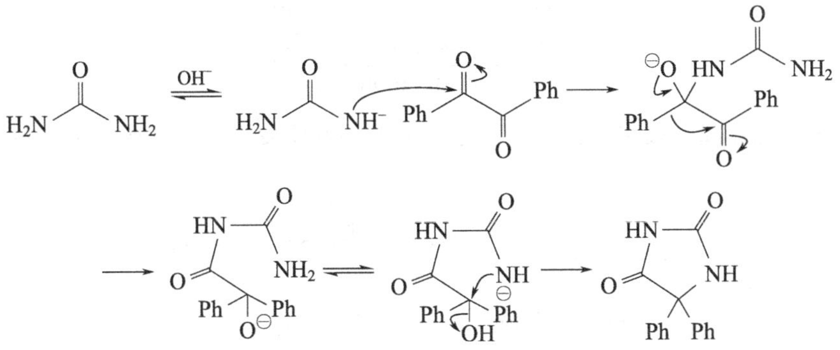

图 9-37　苯妥英的合成反应

9.8　α,β-不饱和醛酮

α,β-不饱和醛酮可以发生亲电加成，比如与卤素或卤化氢加成。另一类特征反应是亲核性的羰基加成，即 1,2-加成或称直接加成，以及亲核性的 1,4-加成或称 1,4-共轭加成。

9.8.1　亲电加成

α,β-不饱和醛酮碳碳键上的电子云密度受羰基的影响有所降低，但仍可发生亲电加成。例如图 9-38 所示的丙烯醛与氯化氢的 1,4-共轭加成。

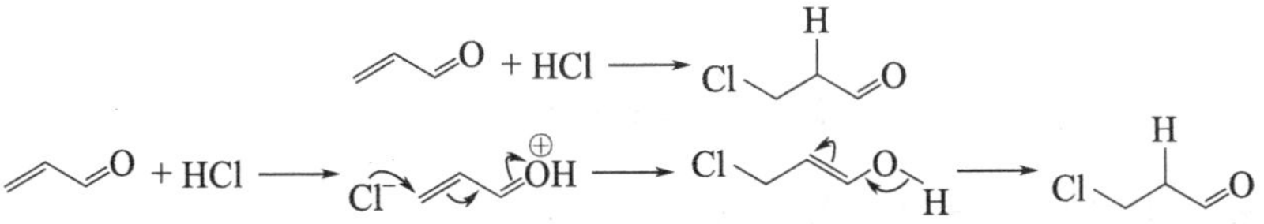

图 9-38　丙烯醛与氯化氢的亲电加成

9.8.2　亲核加成

(1) 1,2-加成　前文（5.7.2 节）提到，α,β-不饱和羰基化合物发生加成反应时，一般是硬碱 1,2-加成，软碱 1,4-共轭加成，图 9-39 所示为硬碱甲基溴化镁与丙烯醛的 1,2-加成反应。

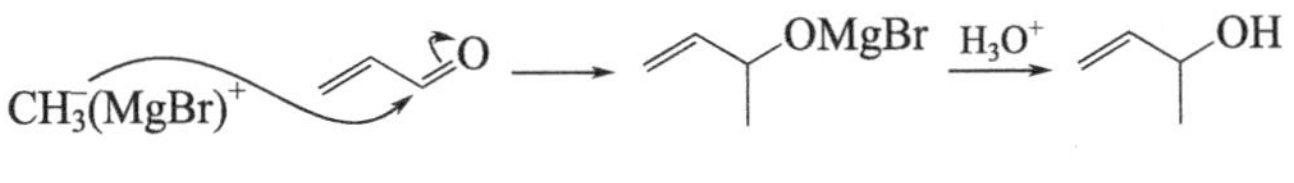

图 9-39　甲基溴化镁与丙烯醛的 1,2-加成

另一个实例是环己烯酮的硼氢化钠还原，氢根也是硬碱，所以只还原羰基，而碳碳双键得以保留。

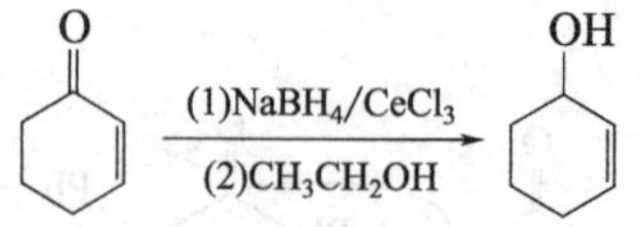

(2) 1,4-共轭加成　胺作为软碱可以与 α,β-不饱和酮发生 1,4-共轭加成，见图 9-40。

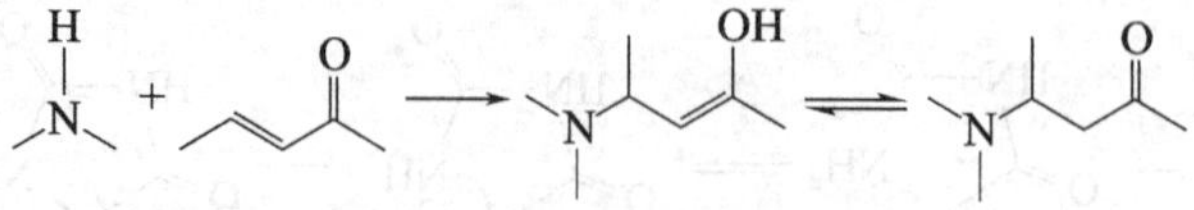

图 9-40　二甲胺与戊-3-烯-2-酮的 1,4-共轭加成

对照 9.8.1 节中丙烯醛与氯化氢加成的实例，为什么同为 1,4-共轭加成，加氯化氢时称为亲电加成，加胺时称为亲核加成？原因就在于加氯化氢时，先与底物结合的是质子，是亲电过程；而加胺时，先与底物结合的是胺的氮原子，是亲核过程。

(3) 迈克尔加成　亲核性的碳，1,4-共轭加成到 α,β-不饱和羰基化合物上，称为迈克尔（Michael）加成。由于硬碱一般发生 1,2-加成，所以能发生 1,4-共轭加成的碳亲核试剂一般都是烯醇负离子这类软碱。

尽管有机化学相关教材中迈克尔加成的定义已将亲核性的杂原子（硫、氮和磷等）和亲核性的氰根等负离子的 1,4-共轭加成排除了，但是文献中多将这类反应也称作迈克尔加成，也有其方便性。

合成多环化合物常用的罗宾逊增环反应（Robinson annulation reaction）就是由迈克尔加成、分子内羟醛缩合和脱水消除三步主要反应组成的，见图 9-41。

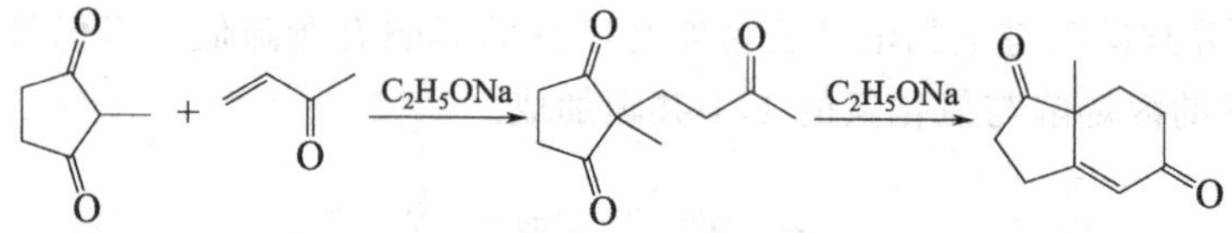

图 9-41　罗宾逊增环反应

其中迈克尔加成的反应机理见图 9-42。

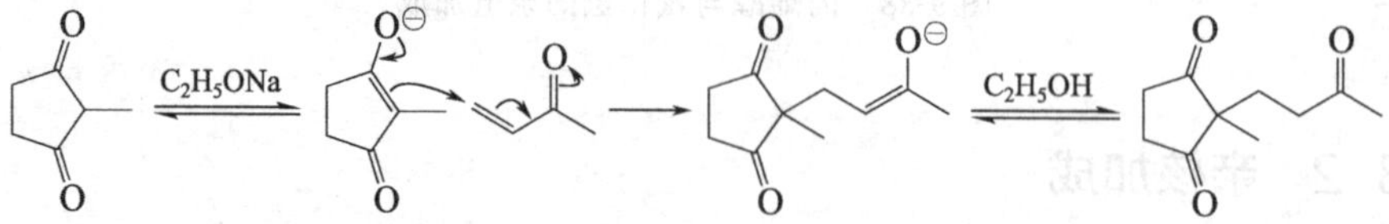

图 9-42　迈克尔加成的反应机理

9.9　其他

9.9.1　醛的聚合

一些醛自身可以发生聚合反应，生成链状或环状化合物，为可逆反应，可被酸催化。如

甲醛水溶液久置可见多聚甲醛白色沉淀。

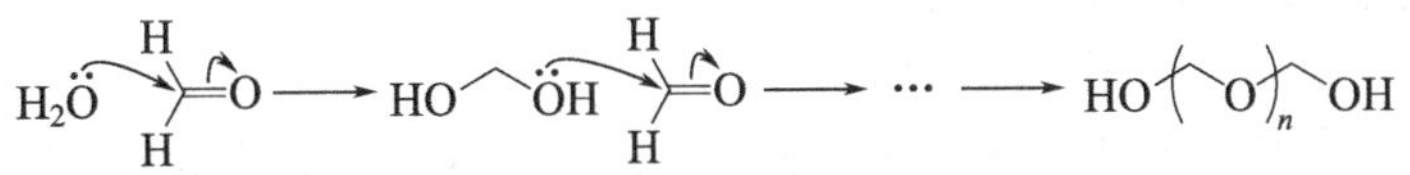

9.9.2 甲醛的胺甲基化反应

前文提到，胺与醛反应可以生成烯胺或亚胺，见9.2.3节，而这些化合物可以被甲酸还原（见11.7节），从而得到胺烷化产物。

而甲醛本身可以不依赖于甲酸，单独完成完整的胺甲基化过程。此反应已在由四甲基哌啶醇合成五甲基哌啶醇的过程中得到工业应用，反应式见图9-43。

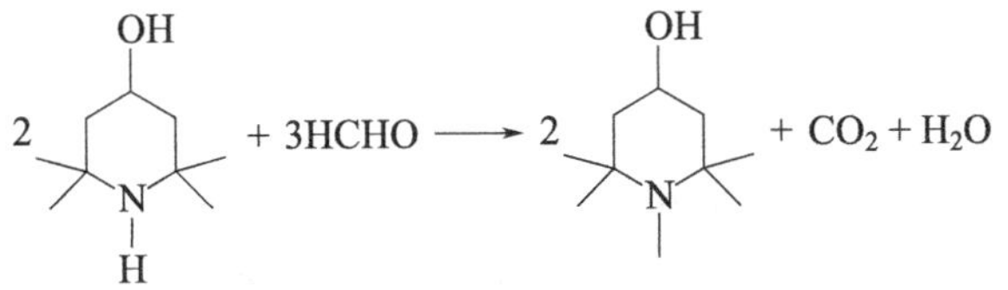

图 9-43　五甲基哌啶醇的甲基化反应

图9-44为笔者推测的反应机理，甲醛与胺加成得到羟甲基产物，消除得到亚胺；同时，羟甲基产物通过与甲醛的再加成获得半缩醛，半缩醛脱去氢根，加成到烯胺上，发生类似甲醛歧化的反应，将亚胺还原，同时半缩醛被氧化为甲酸酯；甲酸酯消除后得到烯胺和甲酸根，甲酸根又将此烯胺还原。

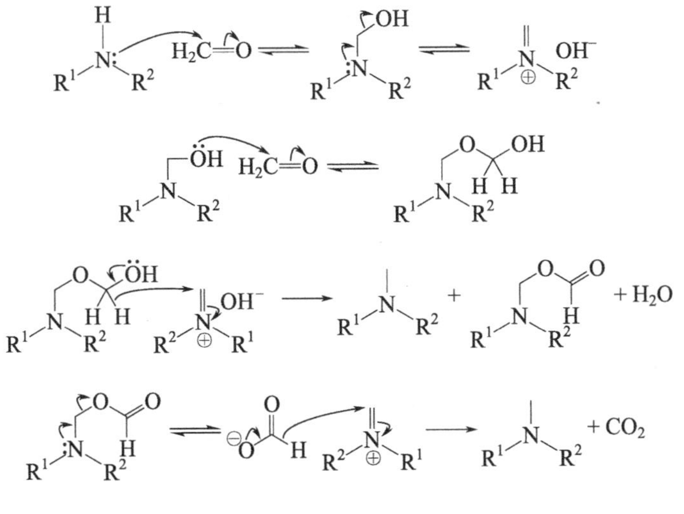

图 9-44　胺的甲醛甲基化反应机理

此反应利用了胺自身的碱性，甲醛的可歧化性和甲酸的还原性，完成了羟甲基化、消除、歧化和还原等一系列反应。

9.9.3 醛酮羰基氧的氯代

醛或酮与五氯化磷反应可以发生羰基氧的氯代，生成偕二氯化合物。该反应有两个可能的途径，其一是体系中含有的少量氯化氢先加成到羰基上，之后再进行羟基氯代，少量氯化氢来源于原料所含有少量（或微量）的水与五氯化磷的反应；其二是醛或酮的羰基氧对五氯化磷进行亲核取代。

图 9-45 所示为氯化氢加成的反应机理，第二步反应为醇与五氯化磷氯代，见 7.3.1 节（2）。生成的氯化氢可以引发下一轮反应，所以只需要少量的水引发。

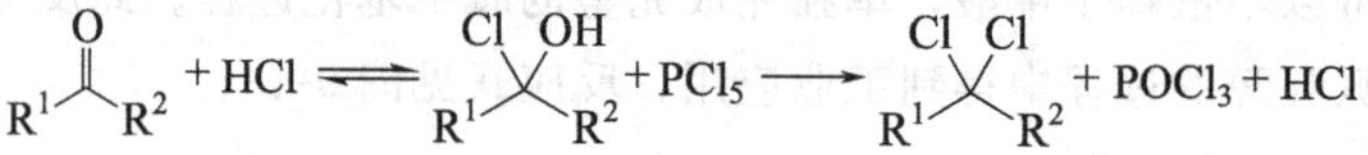

图 9-45　酮羰基氧的氯代反应机理

以下为羰基氧亲核取代的反应机理。

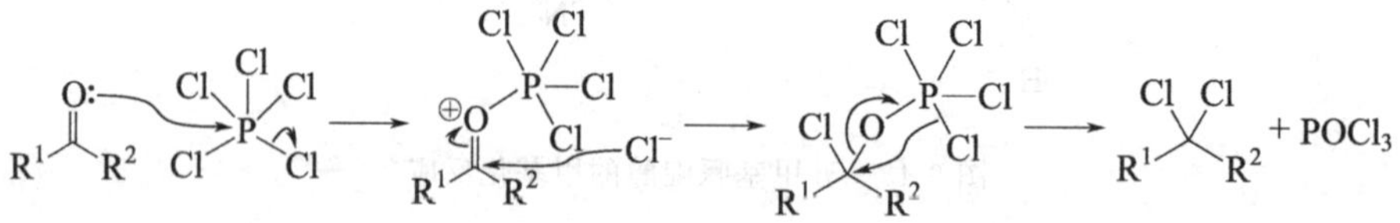

第 **10** 章
酚 和 醌

羟基直接连在芳环上的化合物为酚，最简单的酚是苯酚；含有共轭环已二烯二酮结构的一类化合物称为醌，最简单的醌是苯醌。本章讨论酚和醌的相关反应机理。

10.1 酚

10.1.1 酚的结构与反应活性

与 sp^3 杂化的醇羟基的氧原子不同，酚羟基的氧原子是 sp^2 杂化的，氧上两对孤对电子，一对占据 sp^2 杂化轨道，另一对占据未参与杂化的 p 轨道，p 电子云与芳环的大 π 键电子云发生侧面重叠，形成 p-π 共轭体系。在此体系中，氧的 p 电子云向芳环偏移，由此导致了氢氧之间的电子云进一步向氧原子偏移，从而使氢离子较易离去。简言之，p-π 共轭的结果一是增加了芳环上的电子云密度，二是降低了羟基氧的亲核性，三是提高了羟基的酸性。

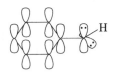

酚的酸性使其容易与碱成盐，所得酚氧负离子作为亲核试剂可与卤代烷和酰氯等反应得到氧烷化和氧酰化产物；酚羟基是活泼的第一类定位基，使得酚容易发生卤化、硝化、磺化和傅-克反应等多种环上亲电取代反应；此外，酚可以氧化为醌。

10.1.2 酚及酚氧负离子的亲核反应

酚羟基的亲核能力较差，将其转化为酚盐，酚氧负离子的亲核能力显著提高。

（1）酚氧负离子与卤代烷反应 酚在碱性溶液中可与卤代烷反应生成芳基烷基醚，一般为 S$_N$2 机理，例如苯酚与溴甲烷在氢氧化钠溶液中反应可生成溴甲醚，此为威廉森醚合成，见图 10-1。其他烷基化试剂，如硫酸二甲酯或磺酸酯等也可发生类似反应。

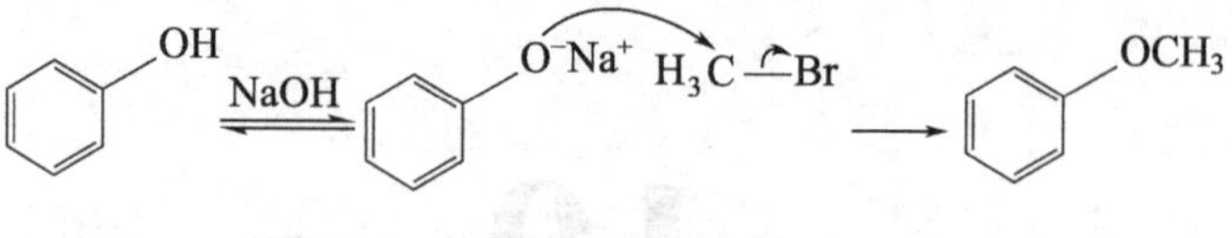

图 10-1 苯酚钠与溴甲烷的 S_N2 反应

(2) 氧酰化及弗里斯重排 酚的氧酰化产物为酚酯。由于酚的亲核活性比醇小，所以酰化剂往往采用酰化能力更强的酰氯或酸酐，实施时加入碱，把酚转化为活性更高的酚氧负离子，见图 10-2。

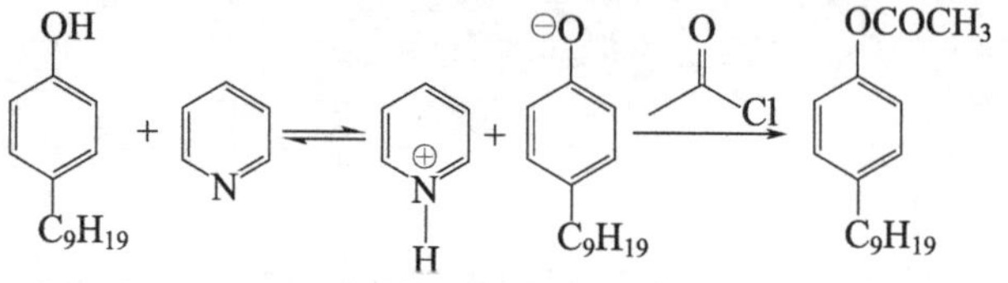

图 10-2 酚的氧酰化反应

酚酯在路易斯酸催化下加热可转化为相应的碳酰化物，为弗里斯（Fries）重排。高温时酰基进羟基的邻位，为热力学控制，低温时酰基进入羟基的对位，为动力学控制。

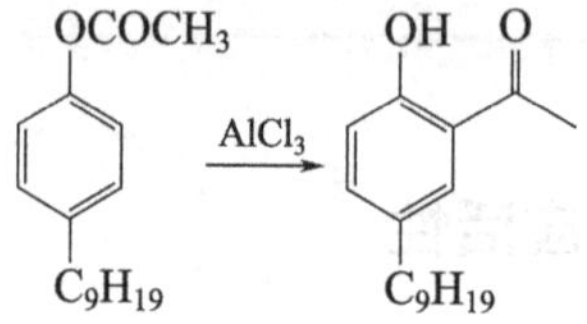

两个不同的酚酯一起加热重排可得四种产物，提示为分子间反应。图 10-3 所示为三氯化铝催化下乙酸苯酚酯重排为 4-羟基苯乙酮的反应机理。

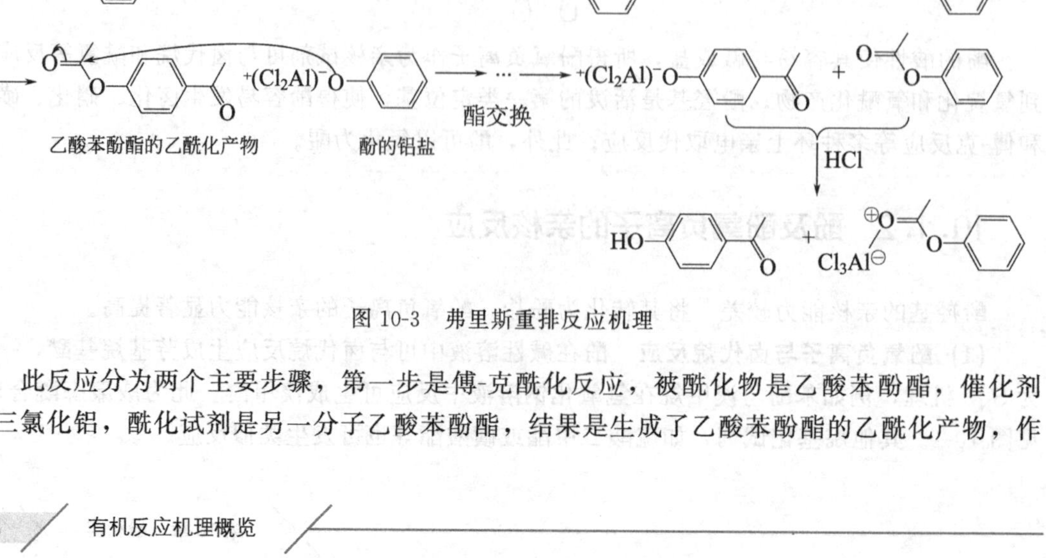

图 10-3 弗里斯重排反应机理

此反应分为两个主要步骤，第一步是傅-克酰化反应，被酰化物是乙酸苯酚酯，催化剂是三氯化铝，酰化试剂是另一分子乙酸苯酚酯，结果是生成了乙酸苯酚酯的乙酰化产物，作为酰化试剂的乙酸苯酚酯的离去基团是酚氧负离子，即苯酚的铝盐；对于第二步，如果像有些教材所述反应机理那样需要水解才能得到目标产物，那么此反应的收率最多只有 50%，这与文献报道不符，所以作者认为第二步反应应该是酯交换，而不是水解，即乙酸苯酚酯的乙酰化产物与苯酚的负离子反应，生成 4-羟基苯乙酮的铝盐和乙酸苯酚酯，4-羟基苯乙酮的铝盐与先前生成的氯化氢结合生成 4-羟基苯乙酮（重排产物）并使催化剂三氯化铝再生，而乙酸苯酚酯则与再生的三氯化铝结合，准备进行下一轮反应。

10.1.3　芳环亲电取代反应

作为芳香化合物，亲电取代也是酚的典型反应，包括卤化、磺化、硝化和傅-克酰化等都能进行，而且因为羟基的供电子作用，这些反应往往更容易。

此小节大部分反应机理可参考 6.2 节内容。

(1) 酸性或中性条件下的亲电取代　酚在酸性或中性条件下可以发生卤化、磺化、硝化和傅-克酰化等反应。

以苯酚为例，在二硫化碳或四氯化碳等非极性溶液中用卤素直接进行氯化或溴化，一般得到一卤代产物。即使是次氯酸或次氯酸叔丁酯这样的弱亲电试剂也可以反应，得到氯化苯酚，见图 10-4。

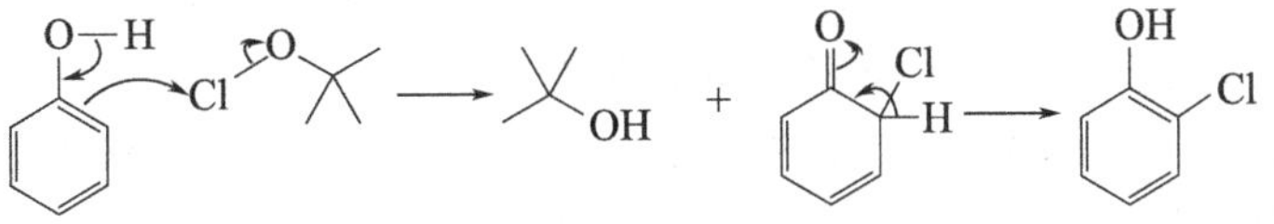

图 10-4　苯酚的次氯酸酯氯化反应

苯酚与浓硫酸的磺化反应可在低温下进行，主要产物是邻苯酚磺酸，温度较高时则以对苯酚磺酸为主，以上一磺酸可进一步磺化为二磺酸。

室温时，稀硝酸即可硝化苯酚，生成邻硝基苯酚和对硝基苯酚的混合物。苯酚用浓硝酸硝化时可得 2,4-二硝基苯酚，但有氧化反应干扰，收率很低。

为减少氧化的副反应，可以用磺酸置换法。例如工业上 2,4,6-三硝基苯酚就是用 4-羟基苯-1,3-二磺酸做原料经硝化合成的，见图 10-5。

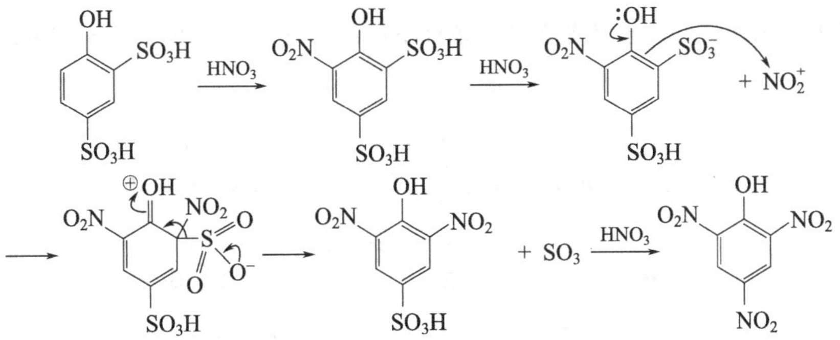

图 10-5　2,4,6-三硝基苯酚的合成反应

亚硝基阳离子的亲电能力较弱，但苯酚在酸性溶液中仍可与亚硝酸发生亚硝化反应，生成

对亚硝基苯酚及少量的邻亚硝基苯酚,这个反应也体现了苯酚发生亲电取代反应的活泼性。

酚也可以发生傅-克酰化反应,见图10-6,苯酚在浓硫酸催化下与苯酐反应,先生成酰化产物,然后酰化产物与另一分子苯酚反应得到羟甲基化产物,后者在酸催化下脱水形成内酯,得到酚酞。羟甲基化的反应机理可参考6.2.2节(4)。

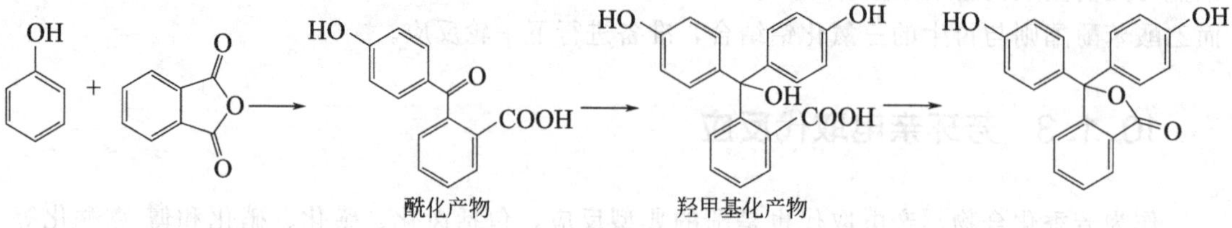

图10-6 苯酚与苯酐反应生成酚酞

(2) 碱性条件下的亲电取代 亲电反应,包括亲电加成和亲电取代,往往是在酸性条件下进行的,这样可以获得活性比较高的亲电试剂,例如烯烃加氢卤酸(质子是亲电试剂)、加次卤酸(带部分正电荷的卤原子是亲电试剂)、常见的芳烃硝化(正电荷的硝基阳离子或部分正电荷的氮是亲电试剂)和傅-克酰化(正电荷的酰基阳离子或部分正电荷的酰基是亲电试剂)等,质子酸或路易斯酸往往能促进这些亲电试剂的形成。

酚是个比较特殊的底物,碱性条件下酚可以转化为酚氧负离子,芳环上的电子云密度得以进一步提高,其亲核能力显著增强,所以,酚有相当一部分亲电取代也是可以在碱性条件下进行的,而且往往进行的更好,其中不乏酚的特征反应。

① **碱性溴代** 卤素是弱钝化苯环的邻对位定位基,所以酸性溶液中一卤代后,二卤代反应会变难。但在碱性溶液中,酚氧负离子更富电子,卤代就变得容易了,而且,一卤代以后,卤代酚的酸性增强,酚氧负离子更容易形成,多卤代也就变得容易了。例如碱性条件下苯酚很容易溴化为三溴苯酚,见图10-7。

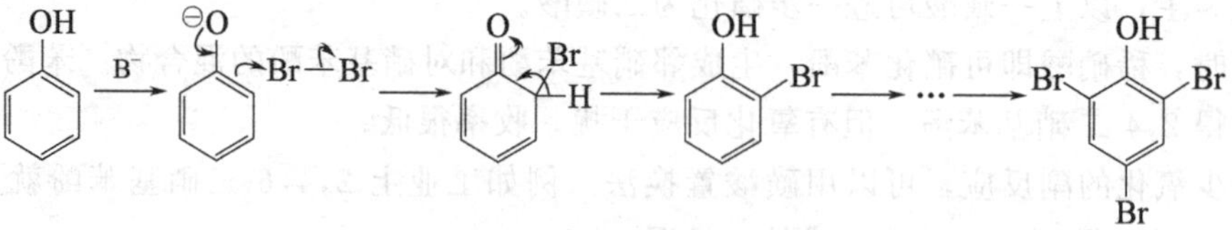

图10-7 苯酚的碱性溴化

得到三溴苯酚之后,甚至还能在碱性条件下继续溴化,得到2,4,4,6-四溴环己二烯酮,见图10-8。

图10-8 2,4,4,6-四溴环己二烯酮的生成

2,4,4,6-四溴环己二烯酮的4-位溴处在吸电子共轭体系的影响之下,带有部分正电荷,可以作为弱的溴化剂,用来溴化活泼的芳烃,如苯胺或酚的衍生物,见图10-9。

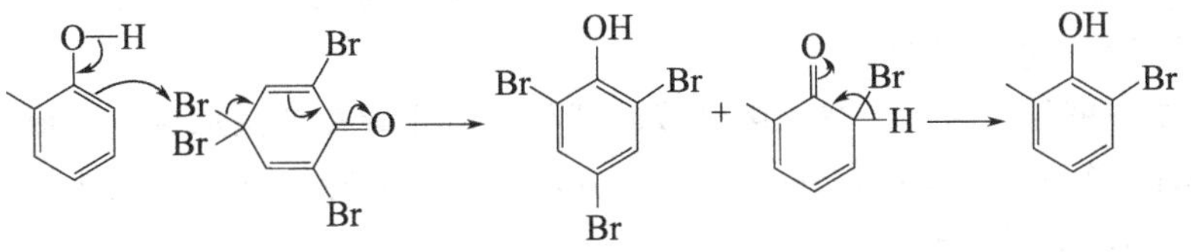

图 10-9　2,4,4,6-四溴环己二烯酮溴化 2-甲酚

② 瑞默-悌曼反应　氢氧化钠水溶液中苯酚转化为酚钠，氯仿通过消除得到二氯碳烯，二氯碳烯亲电进攻苯环，发生亲电取代，经水解得到水杨醛，见图 10-10。这也是酚的特征反应。

$$HCCl_3 + NaOH \longrightarrow :CCl_2 + NaCl + H_2O$$

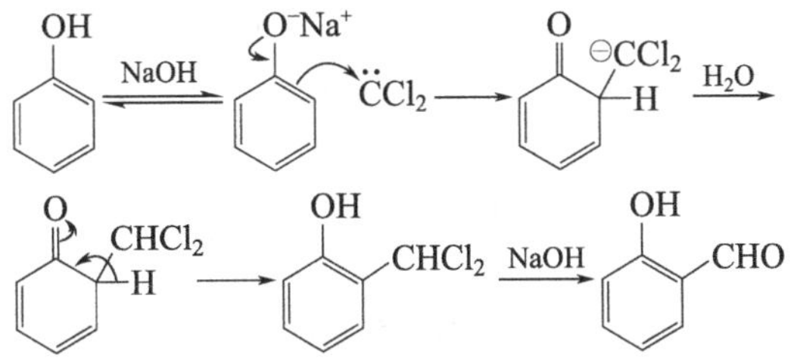

图 10-10　瑞默-悌曼反应机理

③ 甲醛法甲酰化　将烷基酚转化为酚镁盐，再与足量的聚甲醛反应，可以得到羟基苯甲醛，见图 10-11。

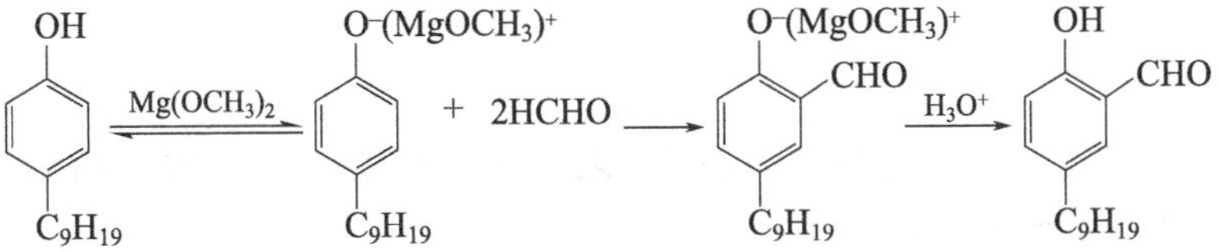

图 10-11　甲醛法甲酰化示例

羧酸衍生物与芳烃进行亲电取代反应的产物是醛或酮，醛或酮与芳烃进行亲电取代反应的产物是羟甲基产物（醇），醇或卤代烷与芳烃进行亲电取代反应的产物是烷基化产物，也就是说，芳烃与碳亲电试剂进行亲电取代的产物较原来的亲电试剂的氧化态降低一级。

此反应中，醛作为亲电试剂的反应结果仍为醛，那么其反应过程中一定发生了氧化还原。

从图 10-12 所示反应机理可以看出，完成羟甲基化以后，在二价镁的作用下发生了类似

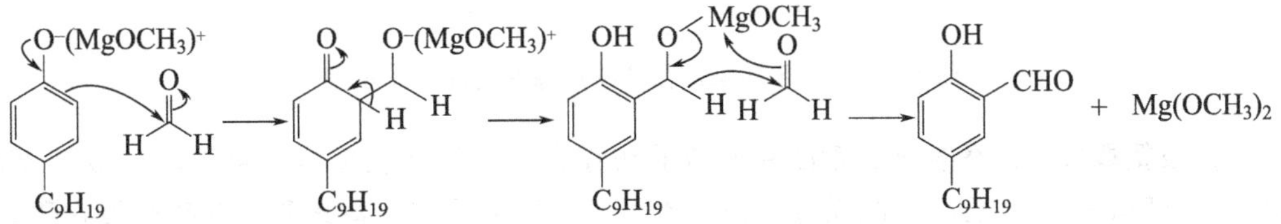

图 10-12　甲醛法甲酰化的反应机理

欧芬脑尔氧化的反应，羟甲基产物被氧化为醛，甲醛被还原为甲醇，通过不断蒸出生成的甲醇，反应即可获得满意的结果。

④ 柯尔伯-施密特反应　干燥的酚钠或酚钾与二氧化碳在加温加压下生成羟基苯甲酸的反应称为柯尔伯-施密特（Kolbe-Schmitt）反应，也是酚的特征反应，此法可以合成水杨酸和 3-羟基萘-2-甲酸等重要产品。

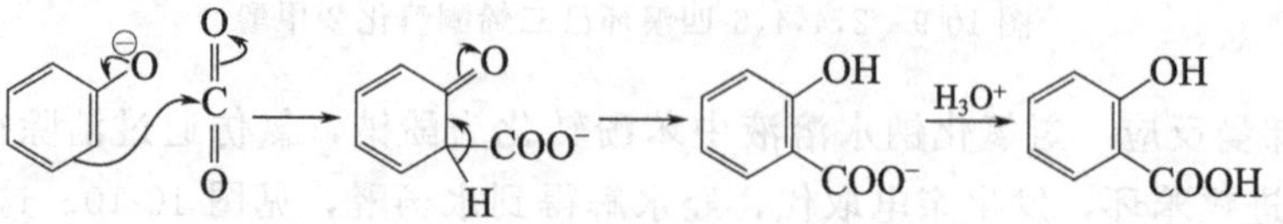

四氯化碳为二氧化碳的合成等价物，碱性条件下与酚反应得到三氯甲基酚，水解后也可以得到羟基苯甲酸，见图 10-13。

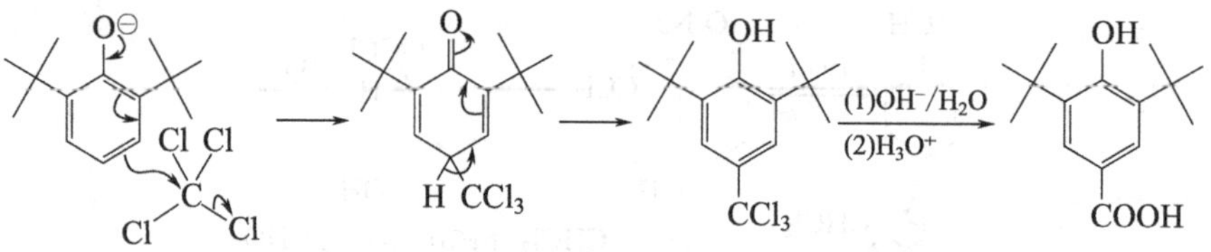

图 10-13　四氯化碳与酚钠反应生成苯甲酸

10.1.4　萘酚羟基的取代

羟基本身的离去能力就比较差，酚羟基氧又与芳环共轭，所以酚羟基就更难以取代。稠环芳烃的反应活性比苯高，其酚羟基也可以在一定条件下被取代。

(1) 被溴取代　溴与三苯基膦反应生成溴化溴代三苯基膦，酚羟基取代溴，生成溴化酚氧基三苯基膦，羟基转化为更好的离去基团，之后以加成消除机理完成芳香族亲核取代（见 6.4.1 节），得到溴代产物，见图 10-14。

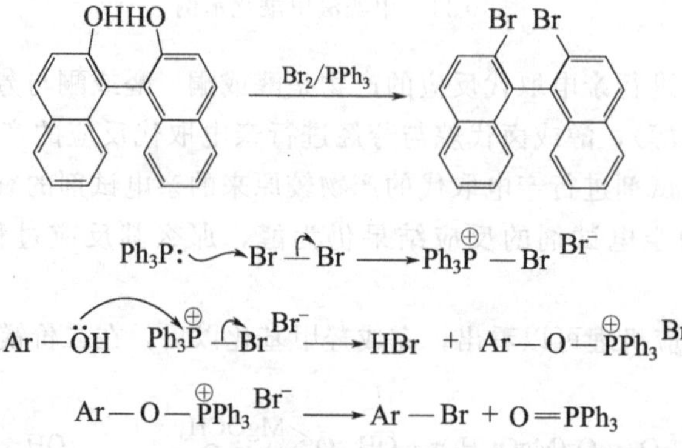

图 10-14　三苯基膦催化萘酚羟基的溴代反应机理

(2) 被氨取代　1-萘酚或 2-萘酚在亚硫酸铵存在下与氨或胺反应，可以转变成 2-萘胺，为布赫尔（Bucherer）反应。此反应可逆，也可以用于由萘胺制备萘酚。亚硫酸铵在酮式结构上的共轭加成，为氨的反应创造了条件，见图 10-15。

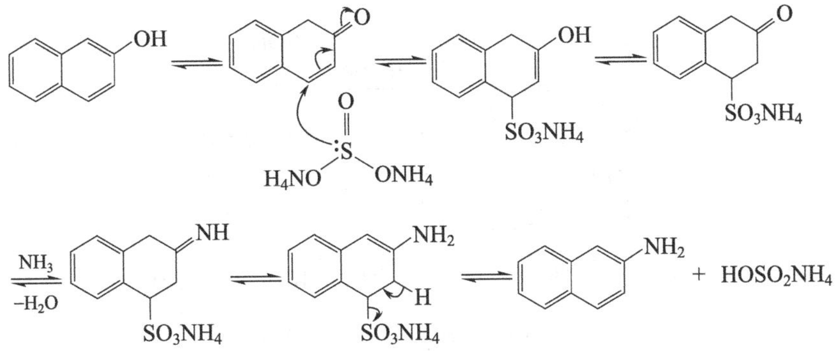

图 10-15　布赫尔反应机理

10.1.5　酚的氧化

常见的酚氧化有酚氧化为二酚和二酚氧化为醌等反应，氧化剂多为双氧水和重铬酸等。以重铬酸氧化为例，酚与重铬酸反应得到酯，水加成得到二酚，二酚再与铬酸反应得到酯，再消除就得到醌，见图 10-16。

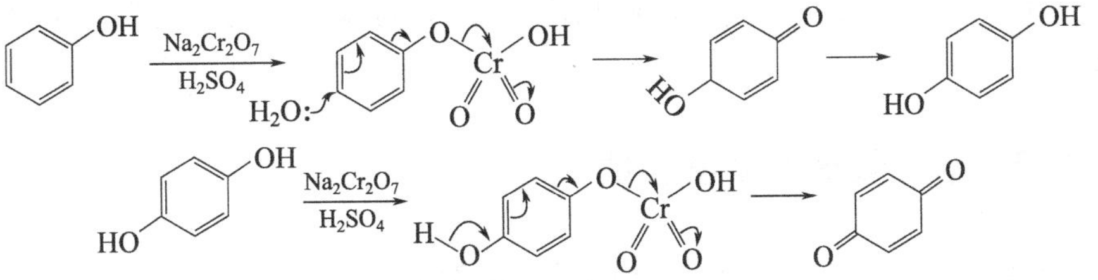

图 10-16　重铬酸氧化苯酚为醌

10.1.6　苯多酚的特征反应

间苯二酚的两个羟基相互处于间位，作为活化苯环的邻对位定位基，其定位效应是叠加加强的。所以间苯二酚可以与弱的亲电试剂反应发生环上取代。典型实例如霍本-赫施（Houben-Hocsh）反应，即氯化锌/盐酸催化下腈对酚的酰化反应，见图 10-17。

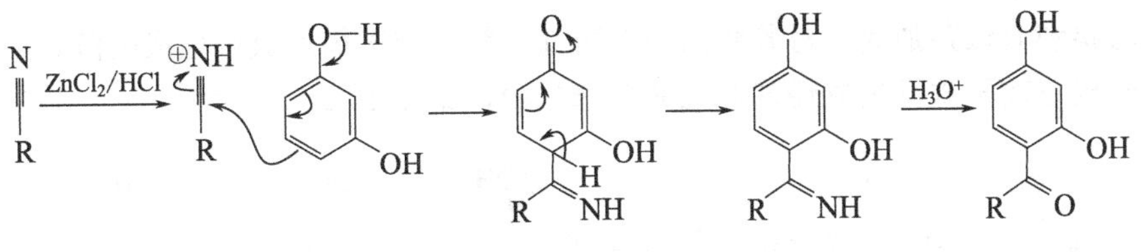

图 10-17　霍本-赫施反应机理

间苯二酚除保留酚羟基的反应外，还能以酮式结构反应，这是间苯二酚的特征反应，例如与羟胺反应生成双肟；与间苯二酚类似，间苯三酚可以与氨反应生成三亚胺，见图 10-18。

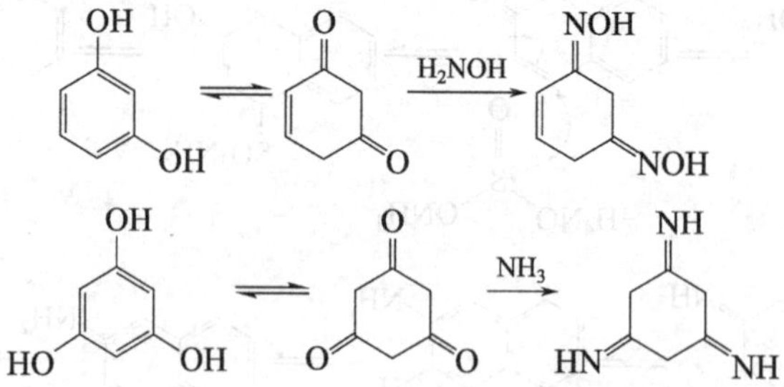

图 10-18　苯多酚的肟化与亚胺化

10.2　醌

10.2.1　醌的结构与反应活性

以最简单的苯醌为例，尽管六元环上所有的碳都是 sp^2 杂化的，但苯醌并不是芳香化合物，其反应活性很高，更接近 α,β-不饱和酮。下面以对苯醌为例讨论醌的主要典型反应（加成和还原）。

10.2.2　苯醌羰基的亲核加成

羰基的加成是 1,2-亲核加成，亲核试剂有胺类和格利雅试剂等。反应机理可参考 9.2 节。

(1) 与羟胺加成　如图 10-19 所示，酸催化下，对苯醌与羟胺反应可依次生成单肟和双肟。

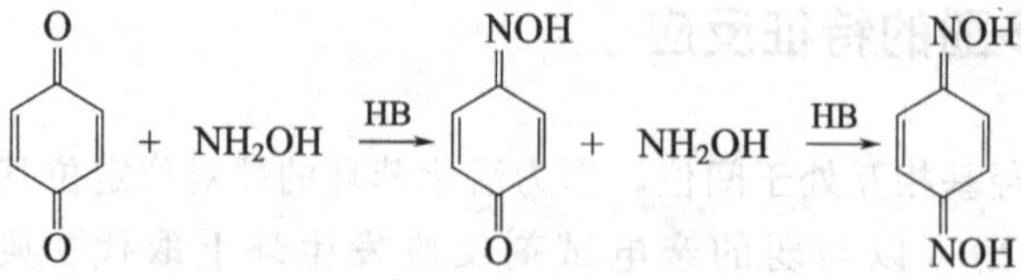

图 10-19　苯醌肟的生成

(2) 与格利雅试剂加成　对苯醌的一个羰基与格利雅试剂加成可生成醌醇，后者可在酸性条件下经碳正离子重排生成烃基取代的对苯二酚，见图 10-20。

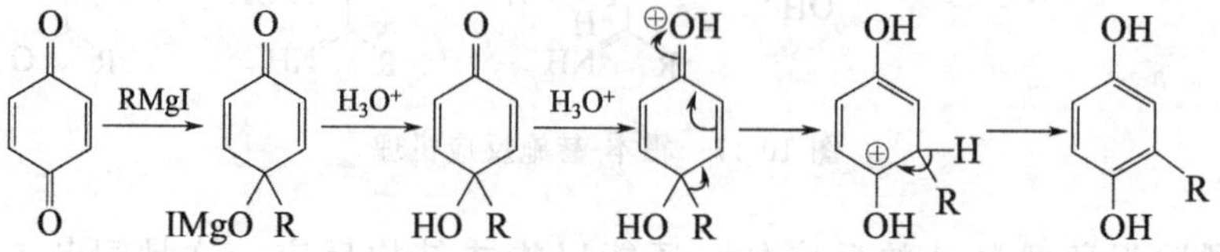

图 10-20　格利雅试剂与苯醌加成及酸催化重排

10.2.3 苯醌的 1,4-亲核加成

苯醌与甲醇和苯胺的加成属于亲核性的 1,4-共轭加成,其中包括一步苯醌对甲醇加成物的氧化,也就是苯醌的还原,见图 10-21。

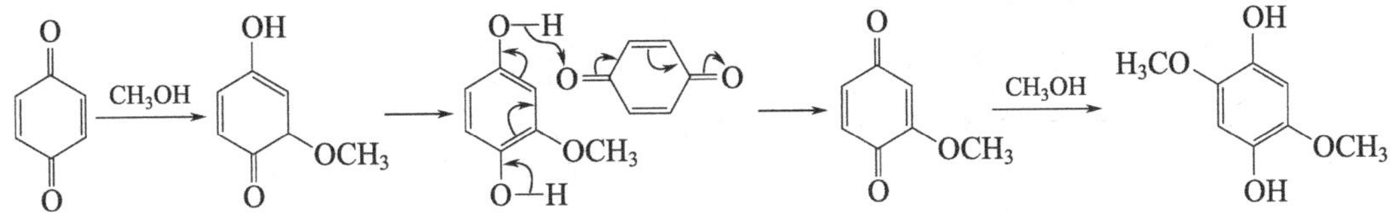

图 10-21 苯醌与甲醇加成

10.2.4 苯醌的 1,4-亲电加成

典型反应是与盐酸或氢氰酸的加成。

对苯醌与盐酸加成后,得到氯代对苯二酚,经高氯酸钾氧化得到氯代对苯醌,重复以上加成-氧化的步骤,可以得到二氯苯醌和四氯苯醌,见图 10-22。

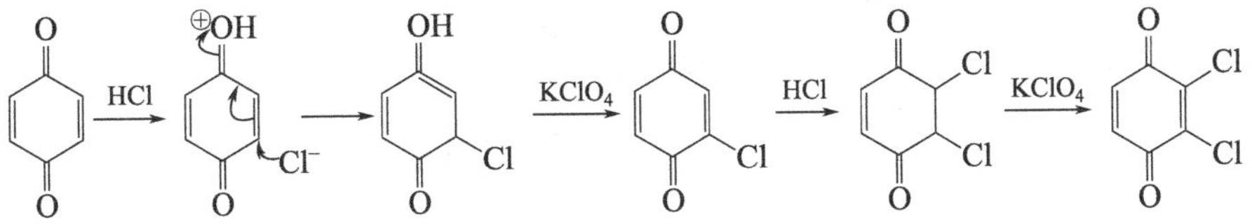

图 10-22 苯醌加成氯化氢

以相同的机理,苯醌与氢氰酸(氢氰酸盐加硫酸)加成,再用苯醌氧化,得到氰基苯醌,重复加成-氧化的步骤可以得到二氰苯醌,再与盐酸反应,通过重复加成-氧化的步骤可制得 2,3-二氯-5,6-二氰-1,4-苯醌(2,3-Dichloro-5,6-Dicyano-1,4-BenzoQuinone,DDQ),见图 10-23。

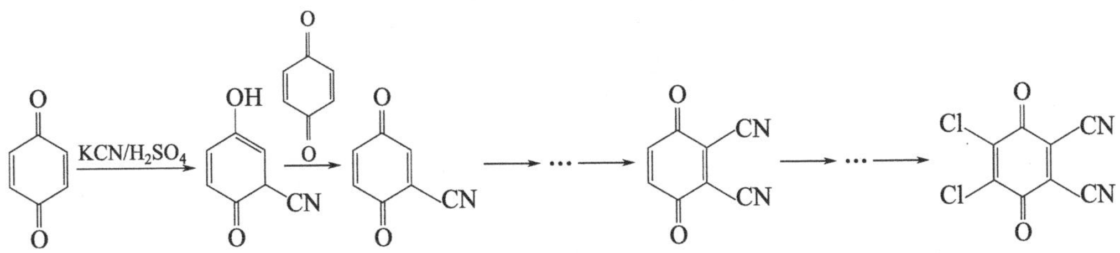

图 10-23 DDQ 的生成

四氯苯醌和 DDQ 都是常用的脱氢试剂,尤其是 DDQ,在脱氢芳构和甾体修饰等反应中有着重要的应用,例如某些 3-羰基-Δ^4-甾体的 1,2-位脱氢就可通过 DDQ 实现,见图 10-24。

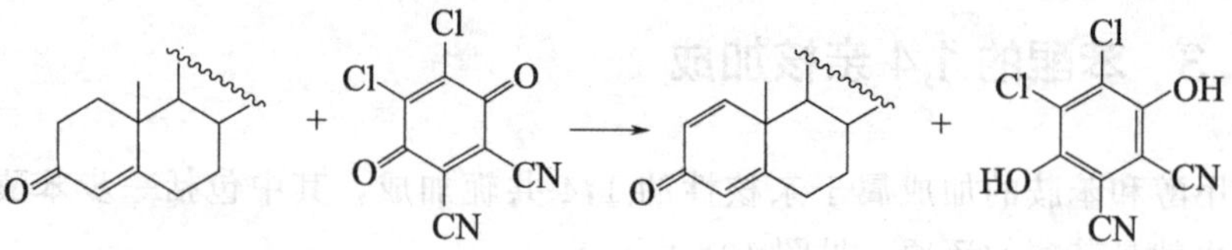

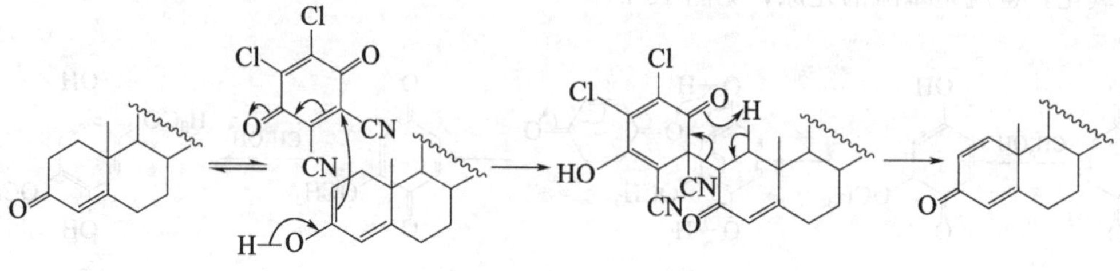

图 10-24　DDQ 甾体脱氢的反应机理

10.2.5　苯醌碳碳双键的亲电加成

例如苯醌与足量的溴在乙酸中可以发生亲电加成，得到四溴环己烷二酮。可以推断，由于羰基的吸电子效应降低了碳碳双键上的电子云密度，苯醌发生亲电加成的反应活性较一般的烷基取代的烯烃低。

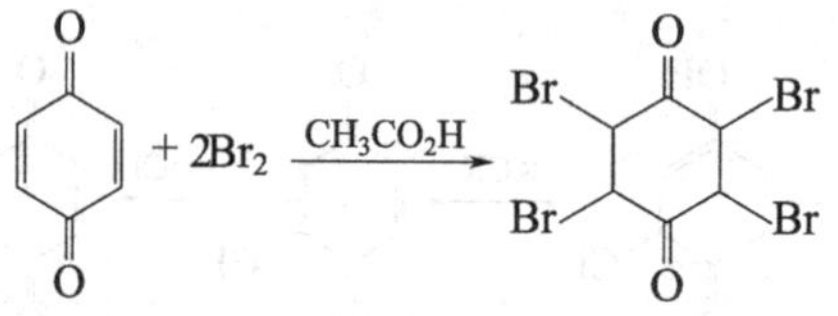

10.2.6　苯醌与双烯体的环加成

作为亲双烯体，苯醌可以与双烯体发生狄尔斯-阿尔德反应，例如苯醌与丁二烯反应可以得到八氢蒽醌。

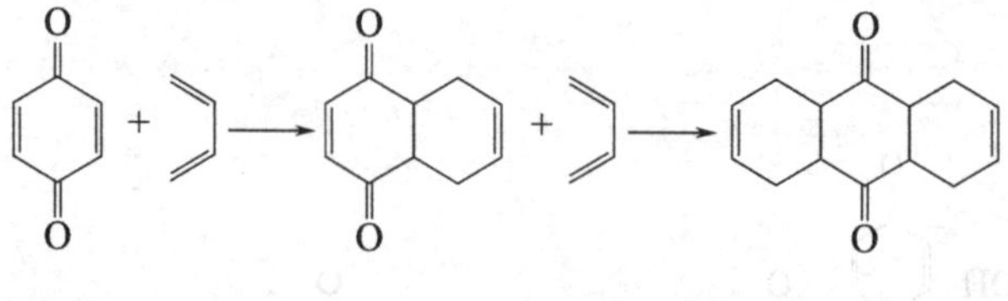

第 11 章

羧　酸

11.1　羧酸的结构与反应活性

羧酸羰基碳原子为 sp^2 杂化，碳碳单键、碳氧双键和碳氧单键共平面。

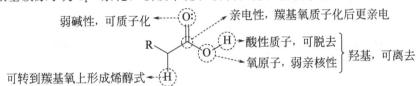

羧酸具酸性；羧酸的羟基尤其是羧酸根有弱的亲核能力；羧酸的羰基氧具有弱碱性，能与质子或路易斯酸结合；羧酸的羰基碳具亲电性，在羰基氧质子化或与路易斯酸结合之后其亲电性增强，可被多种亲核试剂加成，加成后，羟基可以离去，可得到多种羧酸衍生物或还原产物；羰基的 α-氢有弱酸性，使得羰基可以在一定条件下转化为烯醇式，由此发生缩合和 α-卤代等反应；羧酸能发生脱羧反应；此外，甲酸具有还原性。

11.2　羧酸及羧酸根作为亲核试剂的反应

11.2.1　羧酸盐与卤代烷反应生成酯

并不局限于卤代烷，磺酸酯等烷基上带有强的离去基团的化合物大都可以发生这类反应，这是获得酯的方法之一，例如用于合成氢化可的松的中间体"化合物 S"，就是这样合成的。

$$\xrightarrow{CH_3COOK}$$

化合物S

这是个 S_N2 反应，亲电的碳在羰基邻位，离去基团是碘离子，这些因素决定了乙酸根负离子这个弱亲核试剂也能发生反应。

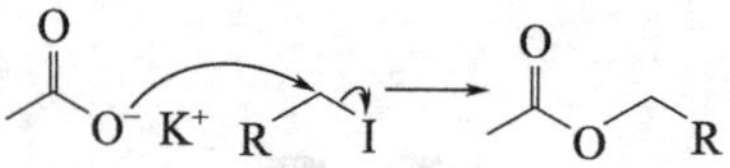

羧酸本身的亲核能力较羧酸根弱，但仍可亲核进攻，有机化学相关教材中经常出现的小分子羧酸（如乙酸）中卤代烷的溶剂解，就是这类反应。

叔卤代烷参与的羧酸中的溶剂解常常按 S_N1 机理进行，与此类似，叔醇和异丁烯的类似物，在酸性条件下与羧酸可以按 S_N1 机理反应生成酯。

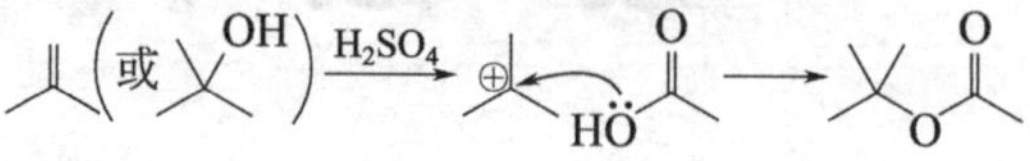

11.2.2　羧酸盐与羧酸酰氯反应生成酸酐

例如乙酸钠与乙酰氯反应可得乙酸酐，此法也可用来制备不对称酸酐。

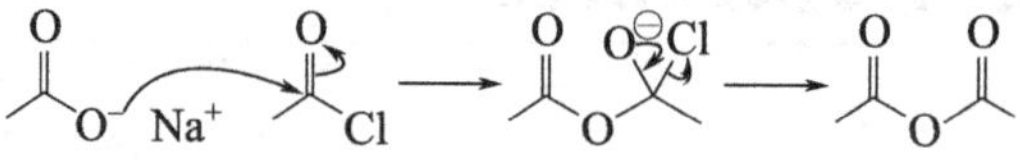

11.2.3　羧酸与无机酰卤反应

作为亲核试剂，羧酸可以与无机酰卤反应生成混酸酐。例如与三氯化磷、五氯化磷和氯化亚砜反应依次生成二氯亚磷酸羧酸酐、四氯磷酸羧酸酐和一氯亚硫酸羧酸酐，见图 11-1。

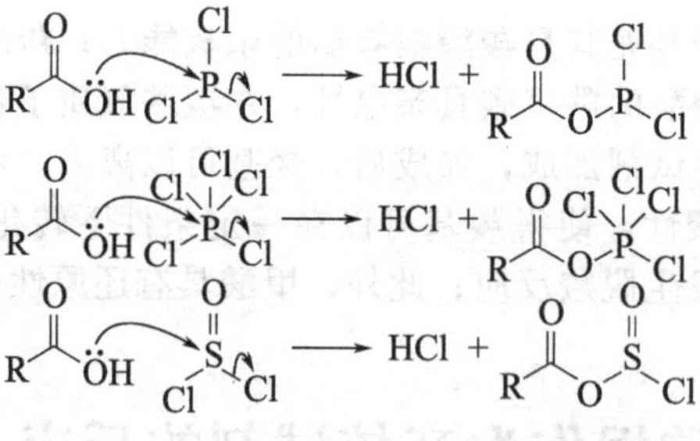

图 11-1　羧酸与无机酰氯生成混酸酐

这些酸酐的生成，使羰基碳更加亲电，并赋予了原羧酸羟基的氧更强的离去能力，氯离子就容易以加成消除机理取代混合酸酐的无机部分，而得到羧酸的酰氯，这是从羧酸制备酰氯的常用方法，见图 11-2。如果合成酰溴则用三溴化磷（红磷加溴）。

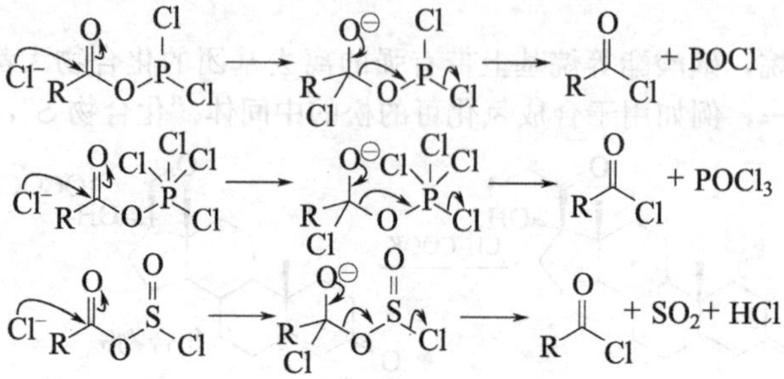

图 11-2　羧酸酰氯的生成

11.3 羧基上的加成消除反应

羧酸的羰基碳具亲电性，可与多种氧亲核试剂和氮亲核试剂发生加成反应，尤其是在酸催化下。加成后，通过消除水生成相应的羧酸的衍生物。此外，羧酸可与有机锂试剂发生加成消除反应而生成酮。

11.3.1 与醇反应

羧酸与醇反应生成羧酸酯。此反应可被酸催化，通常按加成消除机理进行，如果羧酸或醇能形成稳定的碳正离子，也可按 S_N1 机理进行。

(1) 加成消除机理 常见的乙酸与乙醇生成乙酸乙酯的反应即属此类，醇加成到羰基碳上，再消除水就得到酯，如果消除醇，就返回到原料。可逆反应向哪个方向进行很大程度上取决于反应物浓度。

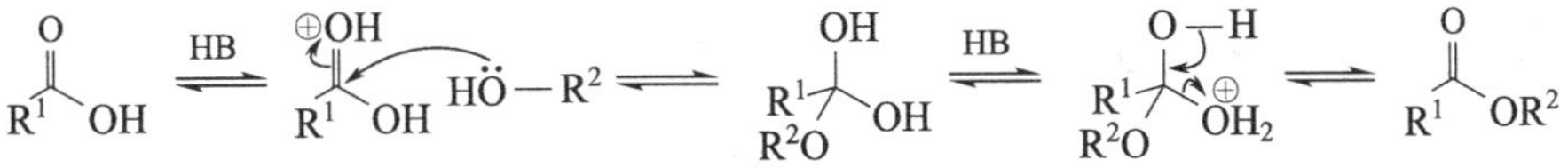

(2) S_N1 机理 S_N1 机理的特征是经过碳正离子中间体。

① 羧酸形成碳正离子 浓硫酸中，可形成稳定碳正离子的羧酸，如三甲基苯甲酸，经质子化、脱水形成酰基碳正离子，再与醇结合，就得到相应的酯，见图 11-3。

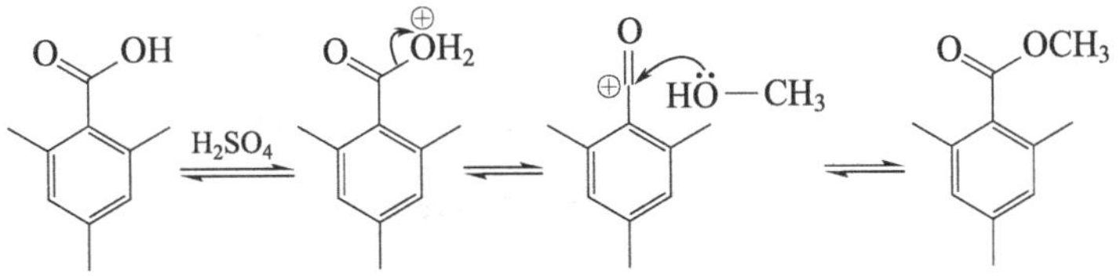

图 11-3 通过酰基碳正离子进行的酯化反应

② 醇形成碳正离子 浓硫酸中，可形成稳定碳正离子的醇，如 2-甲基丙-2-醇，经质子化、脱水形成叔丁基碳正离子，羧酸与之结合，得到相应的羧酸酯，见 11.2.1 节。

11.3.2 与双氧水反应

羧酸与双氧水在浓硫酸的催化下可以反应生成过氧酸，双氧水可以视为醇的烷基被羟基取代的产物。图 11-4 所示为乙酸与双氧水反应生成过氧乙酸的反应机理。

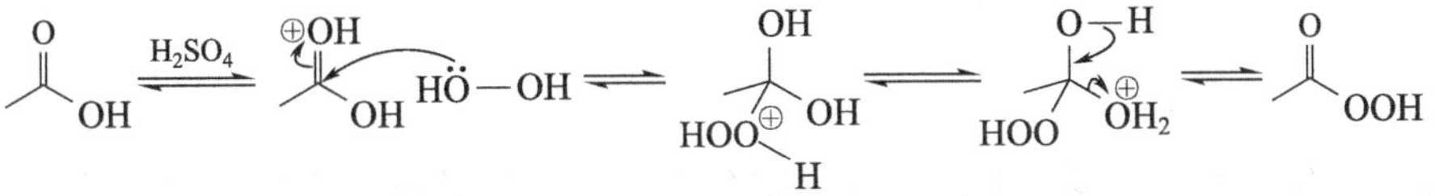

图 11-4 乙酸与双氧水生成过氧乙酸的反应机理

11.3.3　与胺反应

羧酸与胺反应生成酰胺，酸可以催化，见图 11-5。

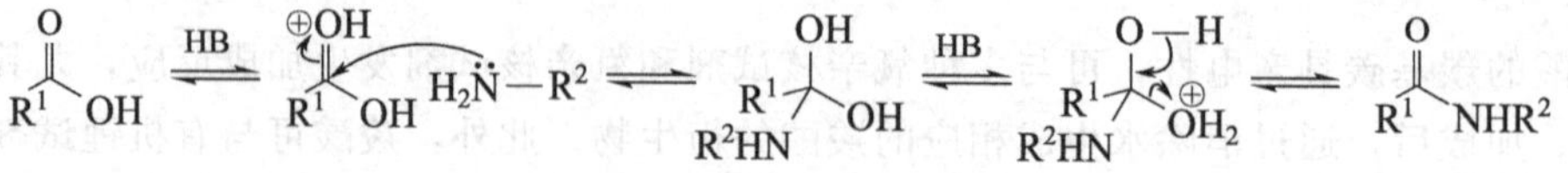

图 11-5　羧酸与胺生成酰胺的反应机理

氮上未取代的酰胺，即由氨反应得到的酰胺，继续加热可脱水得腈，此反应可被酸催化，见图 11-6，也可以用五氯化磷等无机酰氯将羟基酯化，增加它的离去能力。

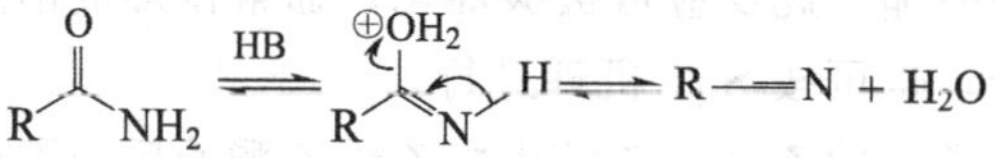

图 11-6　酰胺脱水消除为腈

11.3.4　与羧酸反应

羧酸或二元羧酸在一定条件下可以生成分子间或分子内酸酐，即羧基与羧基的反应产物。例如加热丁二酸或戊二酸可分别生成五元环的丁二酸酐或六元环的戊二酸酐，见图 11-7。

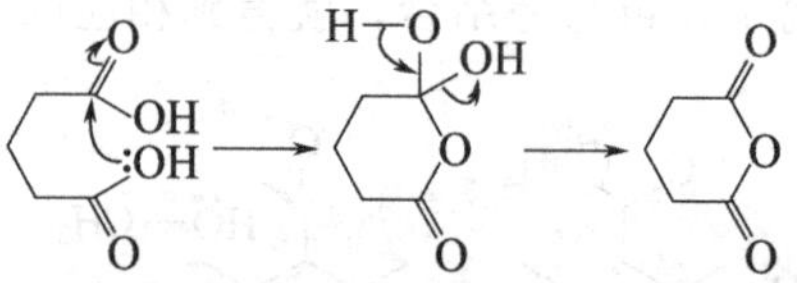

图 11-7　羧酸脱水为酐

11.3.5　与碳亲核试剂反应

羧酸与有机锂试剂反应可以生成酮。羟基的活泼氢会额外消耗 1 当量的有机锂试剂。

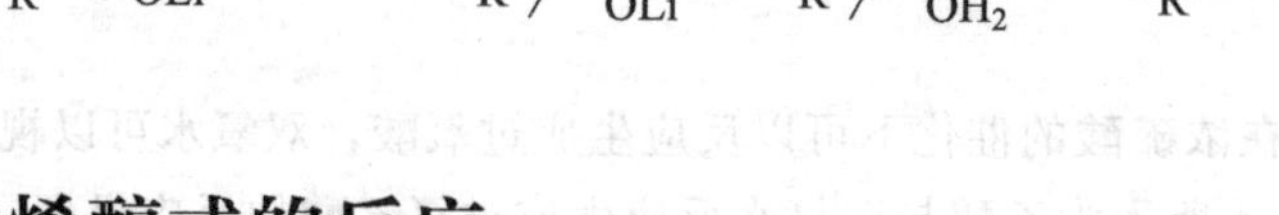

11.4　羧酸烯醇式的反应

羧酸的 α-氢的酸性较弱，但仍可在一定条件下转到羰基氧上而生成烯醇式，此烯醇式可作为亲核试剂与羰基碳或卤素等反应。

11.4.1　羧酸的自身缩合

通常条件下羧酸很难发生自身缩合，但在高温、酸催化下，则可发生缩合反应，例如工业上以己二酸和氨为原料生产己二腈的过程中分离出的环戊酮，就是己二酸自身缩合再脱羧的产物，见图 11-8。

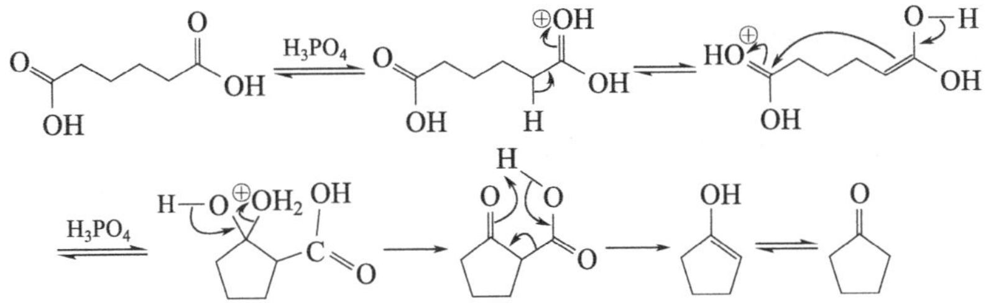

图 11-8　己二酸生成环戊酮的反应

11.4.2　羧酸的 α-卤代

羧酸在三溴化磷的催化下与卤素反应可以得到 α-卤代酸，为赫尔-乌尔哈-泽林斯基（Hell-Volhard-Zelinsky)反应。三溴化磷的作用是转化羧酸为酰溴，后者的 α-氢更为活泼（烯醇式结构更稳定），容易卤代，卤代后的酰溴再与未卤代羧酸反应生成卤代羧酸和未卤代的酰溴，所以只需要加入催化量的三溴化磷即可。此反应的本质是酰溴的卤代。

图 11-9 所示为羧酸 α-溴代的反应机理。

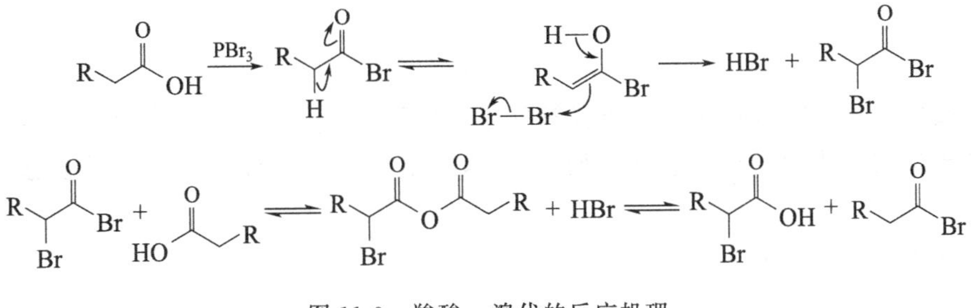

图 11-9　羧酸 α-溴代的反应机理

11.5　羧酸的还原

化学法还原羧酸的常用还原剂是氢化铝锂和乙硼烷，可将羧酸还原为相应的伯醇。

11.5.1　氢化铝锂还原

氢化铝锂还原羧酸到醇要经过醛。

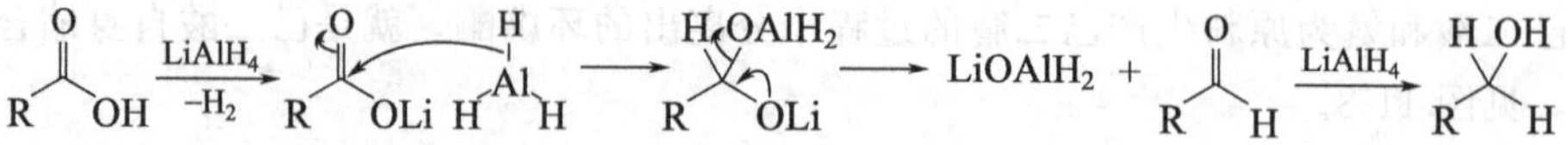

11.5.2　乙硼烷还原

乙硼烷还原羧酸到醇也经过醛，见图 11-10。

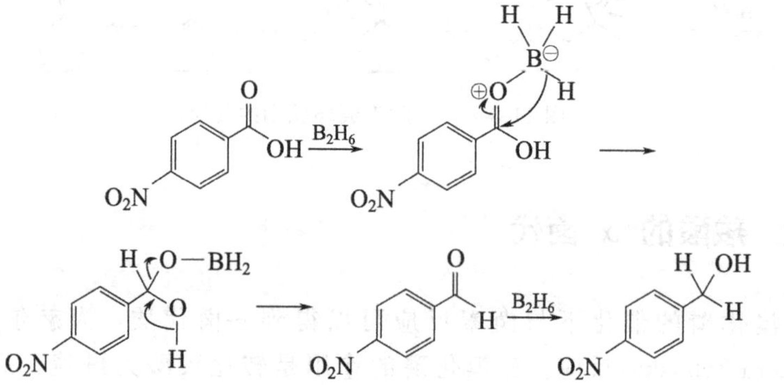

图 11-10　乙硼烷还原羧酸为醛和醇

11.6　羧酸的脱羧

利用羧酸及其衍生物的活性修饰有机分子，之后再脱羧，在有机合成上有很重要的应用。普通羧酸或其盐加热可以脱羧，而 β-羰基酸则因为可以形成六中心过渡态而更容易脱酸。

例如苯甲酸钠加热脱羧。

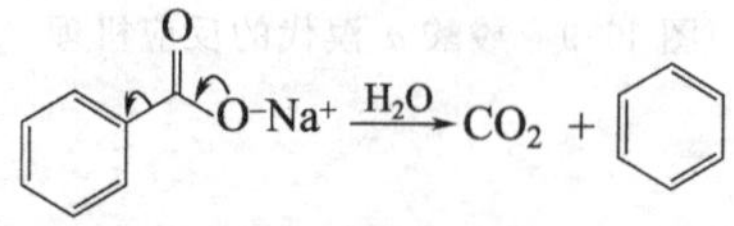

图 11-11 所示为 2,2-二甲基乙酰乙酸脱羧的反应机理。

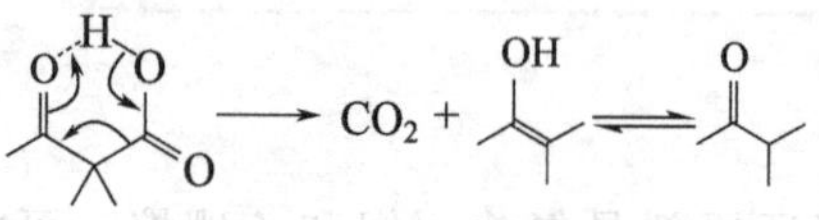

图 11-11　β-羰基酸脱羧的反应机理

此外，羧酸的重金属（银或铅等）盐与卤素（溴、碘或在金属盐酸盐存在下）可发生脱羧卤代反应，其中羧酸银与溴或碘反应生成相应卤化物的反应称为汉斯狄克（Hunsdiecker）反应。

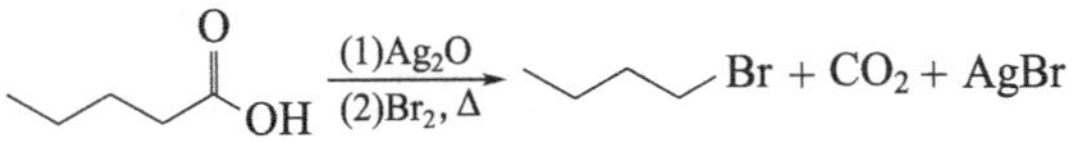

$$\text{（图：戊酸} \xrightarrow[\text{(2)Br}_2, \Delta]{\text{(1)Ag}_2\text{O}} \text{丁基溴} + CO_2 + AgBr\text{）}$$

反应按自由基机理进行，首先是羧酸银与溴反应生成羧酸与次溴酸的混酸酐，之后混酸酐发生共价键均裂引发自由基反应，见图 11-12。

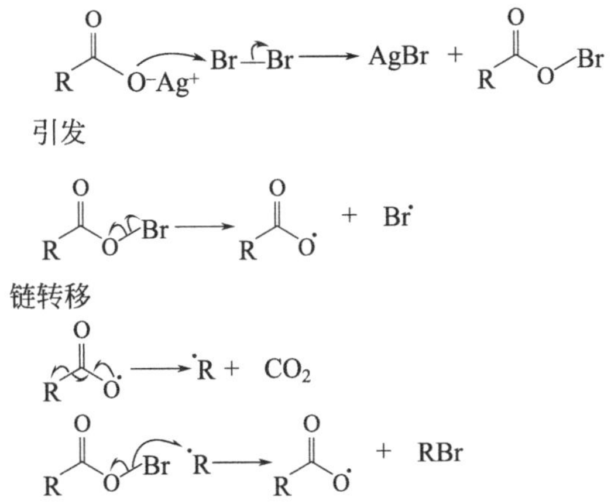

图 11-12 汉斯狄克反应机理

11.7　甲酸的还原性

甲酸可视为二氧化碳和氢气的"混合物"，可作还原剂。

前面提到醛可以与胺反应生成烯胺或亚胺，见 9.2.3 节，而甲酸可以还原烯胺或亚胺，反应的结果是在胺分子中引入甲基，由于反应经过亚甲基化和亚胺还原两步，故称为胺的还原甲基化，为埃施维勒-克拉克（Eschweiler-Clarke）反应。

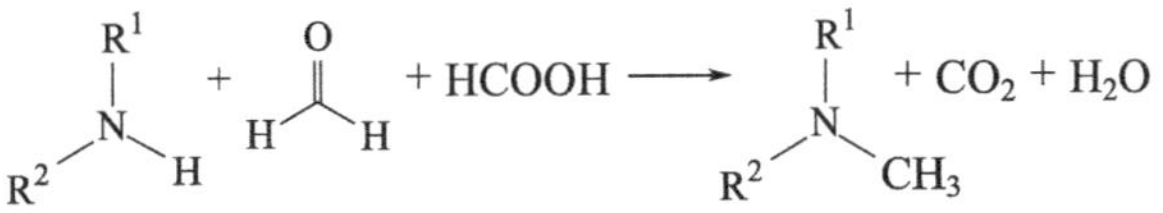

甲醛提供了甲基的碳源，甲酸为还原剂，图 11-13 所示为亚胺还原的反应机理。

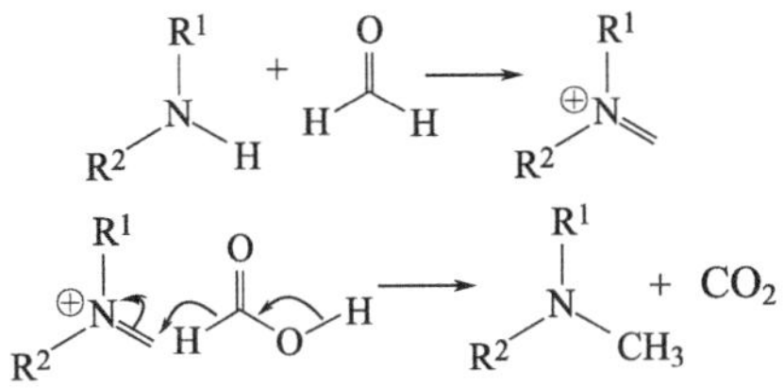

图 11-13 甲酸还原亚胺的反应机理

将上述反应的甲醛换成酮，反应也可发生，结果是酮羰基转化为氨基，称为酮的还原胺化，也是胺的还原烷基化，为洛伊卡特-瓦拉赫（Leuckart-Wallach）反应，其反应机理与埃施维勒-克拉克反应相同。

第 **12** 章
羧酸衍生物

羧酸的羟基被非碳原子取代，就成为羧酸衍生物，主要包括酰卤（以酰氯为主）、酸酐、硫醇酯、酯和酰胺，腈可由酰胺制备，亦为羧酸衍生物。

12.1 羧酸衍生物的结构与反应活性

在宏观的结构和活性方面，羧酸衍生物与羧酸相似。但是，大部分羧酸衍生物分子中的离去基团的离去能力都强于羧酸的羟基，所以，在亲核取代反应中，羧酸衍生物的活性一般高于羧酸。此外，羧酸衍生物往往比羧酸更容易转化为烯醇式，并在碱性条件下形成烯醇负离子。

羰基碳的亲电性和离去基团的可离去性，决定了羰基碳上可以发生亲核取代反应，亲核原子可以是碳、氧、硫、氮和氢根等，对应的反应产物分别是酮、酯、酰胺和还原产物；腈含碳氮三键，其三键的碳亦具亲电性，被亲核试剂加成后三键变成双键，也相当于在碳上离去了一个基团。

羧酸衍生物 α-氢的酸性使这些化合物容易转化为相应的烯醇式及烯醇负离子，这为 α-碳上的取代反应创造了条件，如酰溴可以发生 α-卤代，酯可以发生酯缩合；羧酸衍生物可以被还原；还有一些特征反应，如酰胺可以发生霍夫曼降解，酯可以发生消除，等等。

12.2 羰基碳上的亲核取代

羧酸衍生物的结构特征之一是既含有亲电性的 sp^2 杂化的碳，又有能够离去的基团，因此，其亲核取代反应一般是按加成消除机理进行的，酸催化下能形成稳定碳正离子的底物除外。

如图 12-1 所示，加成消除机理的特征是亲核试剂加成到羰基碳上，之后再消除离去基团得到产物。

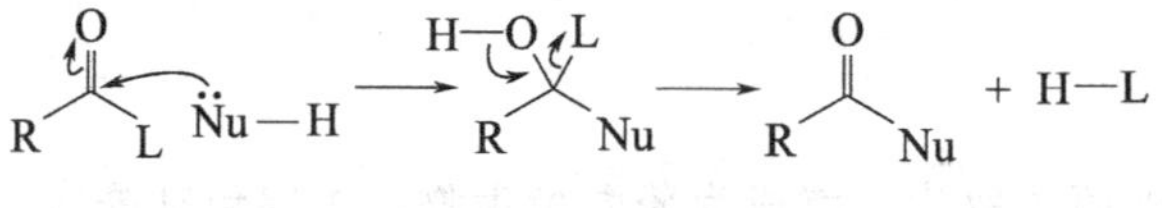

图 12-1　加成消除机理的通式

12.2.1 与碳亲核试剂反应

碳亲核试剂可以是活泼的有机金属化合物，即碳负离子，如有机锂试剂或格利雅试剂等，也可以是烯醇负离子，如酯脱去 α-氢形成的烯醇负离子，也可以是亲核性的中性碳，如亲核性的芳烃。

（1）与有机金属化合物反应　酰氯、酸酐和酯与有机金属化合物反应，不经水解可直接生成酮。

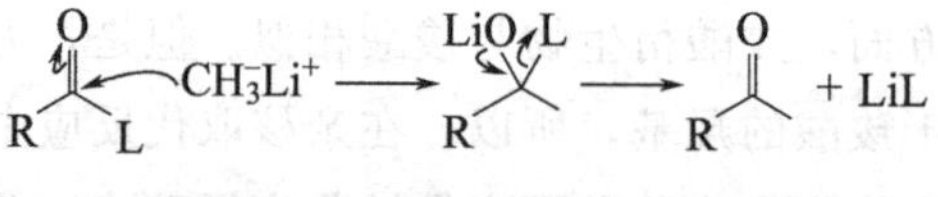

如果底物位阻较小，有机金属化合物活泼且过量，则可继续反应，水解后得到叔醇。低温下，用低活性的二烷基铜锂作亲核试剂时，反应可以停在酮这一步。

由于酰胺的氮上的氢酸性较强，所以酰胺为底物时会额外消耗 1 当量有机金属化合物，之后再发生亲核加成，水解后消除得到酮，见图 12-2。

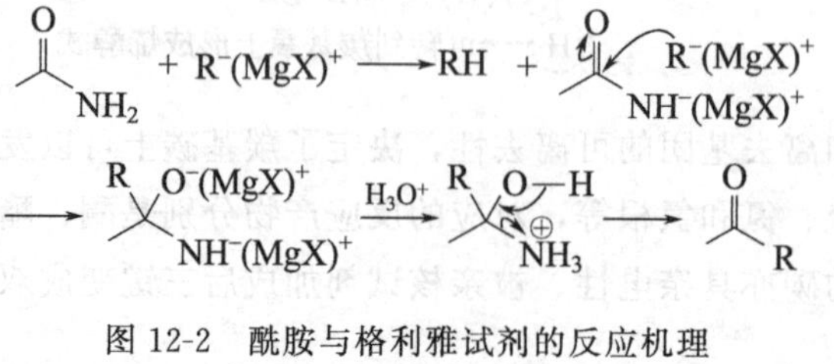

图 12-2　酰胺与格利雅试剂的反应机理

腈也能与有机金属化合物加成，水解后得到酮。

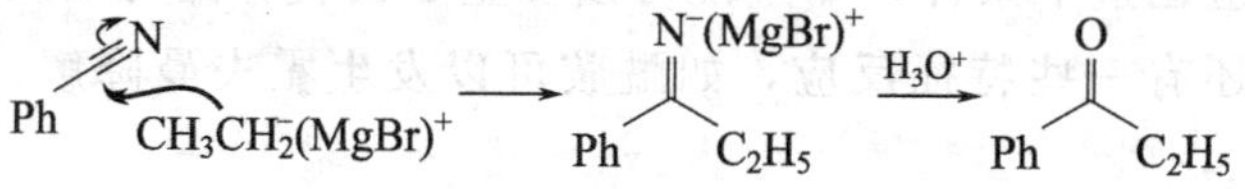

如果用 2 当量以上的格利雅试剂与腈反应，能不能像与酯或酰氯反应那样直接生成叔醇？答案是不能，因为腈被加成后没有可供消除的离去基团，而直接加成两次意味着氮上将带两个负电荷，能量很高，很不稳定。

（2）与烯醇负离子反应 醛、酮、酯和 β-二酮化合物及其类似物所形成的烯醇负离子一般都能与羧酸衍生物反应。典型反应如克莱森（Claisen）酯缩合，见图 12-3。

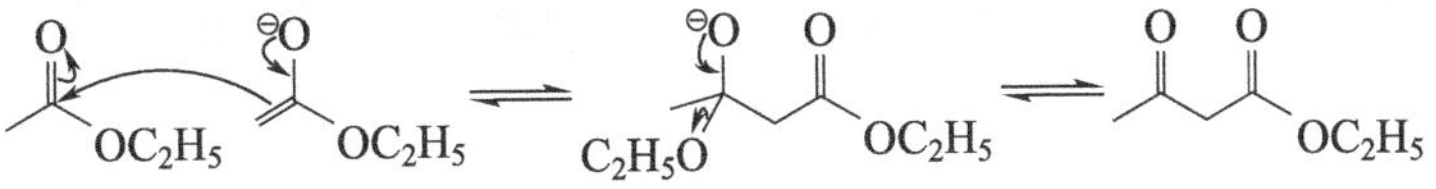

图 12-3　克莱森酯缩合的反应机理

（3）与中性的碳亲核试剂反应 以上两类碳亲核试剂都是带有负电荷的，而芳烃是典型的中性的碳亲核试剂，其与羧酸衍生物的典型反应是傅-克酰化。酰氯作酰化试剂时，此类反应从酰化试剂角度讲，是通过碳正离子机理进行的羰基上的亲核取代；从芳烃角度讲，是芳香族亲电取代，见图 12-4。

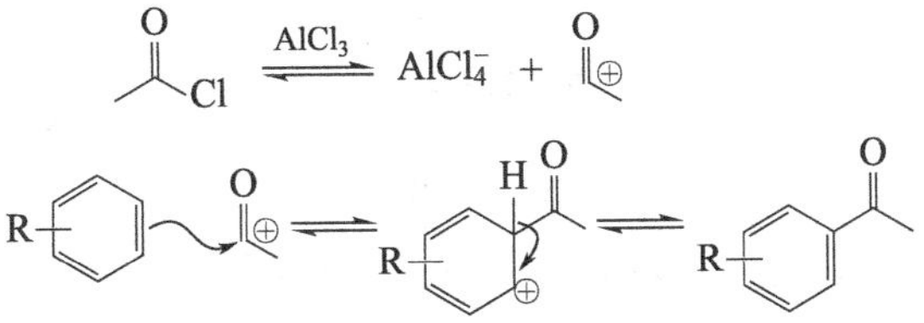

图 12-4　芳烃的傅-克酰化反应机理

酸酐、酯和羧酸在一定条件下也可以作碳酰化试剂；腈也可在酸催化下与间苯二酚等活泼芳烃发生霍本-赫施反应，见 10.1.6 节。

12.2.2　与氧亲核试剂反应

常见的氧亲核试剂为水和醇。

（1）羧酸衍生物的水解 所有的羧酸衍生物在一定条件下都能水解为羧酸。

活性较高的酰卤和酸酐不需催化，常温或加热即可迅速水解，较稳定的酯和酰胺则需要催化和加热，催化剂可以是酸，质子化羰基，并帮助离去基团离去；催化剂也可以是碱，以氢氧根进攻羰基碳，较中性的水亲核能力强。以下为乙酸酐水解为乙酸的反应机理。

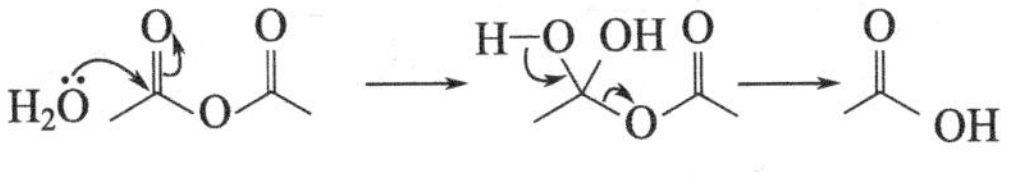

（2）羧酸衍生物的醇解 酰氯和酸酐都容易与醇或酚反应生成酯，而且由于离去基团很难再进攻回来，所以这类反应都是不可逆的。图 12-5 所示为乙酰氯与醇反应生成乙酸酯的反应机理。

酯与醇反应可以生成新的酯和新的醇，为可逆的酯交换反应，酸或碱都能催化，酸催化的反应机理见图 12-6。

常见酰胺的氨基不容易离去，所以酰胺难以与醇反应生成酯，但是在酸催化及大大过量

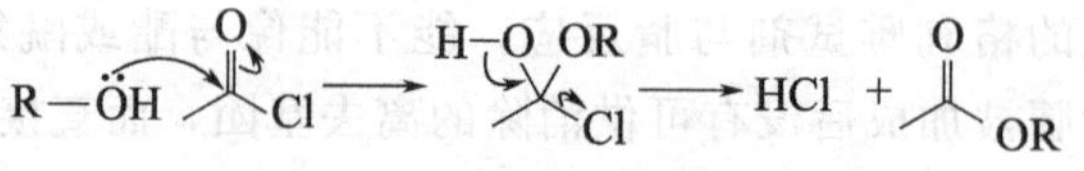

图 12-5 乙酰氯与醇反应生成乙酸酯

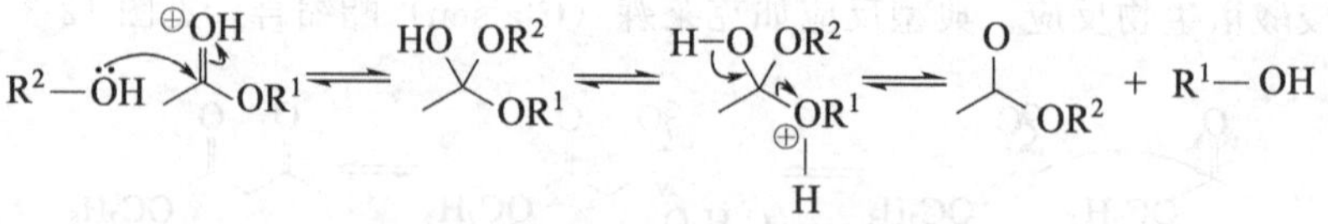

图 12-6 酸催化酯交换的反应机理

的醇存在下，反应仍然可以进行，比如笔者课题组曾经在硫酸催化下，用大大过量的甲醇将芥酸酰胺（$C_{21}H_{41}CONH_2$）转化为芥酸甲酯（$C_{21}H_{41}COOCH_3$），这是因为浓度是平衡移动方向的决定性因素。

此外，一些特定结构的酰胺的氨基片段具有吸电性，其也可以成为很好的离去基团，从而使该酰胺成为活性较高的酰化试剂。

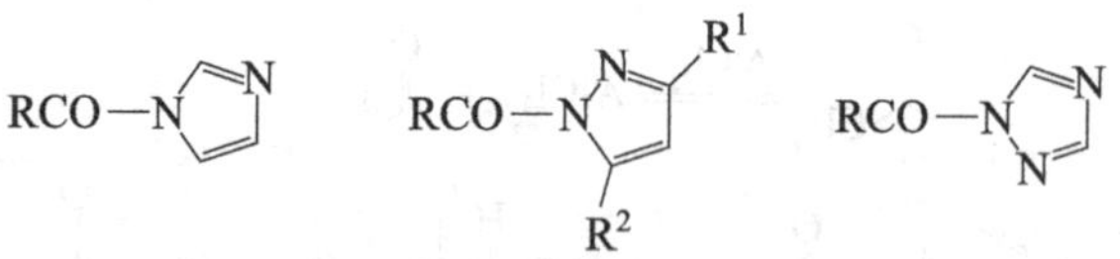

腈在酸催化下与醇加成再水解可以得到酯，见 7.4.7 节。

12.2.3　与氮亲核试剂反应

此类反应称为羧酸衍生物的胺解，酰氯、酸酐和酯较为常用，产物为酰胺。酰氯和酸酐为底物时，一般要使用两倍量以上的胺，或加入额外的碱性缚酸剂，以中和生成的酸。

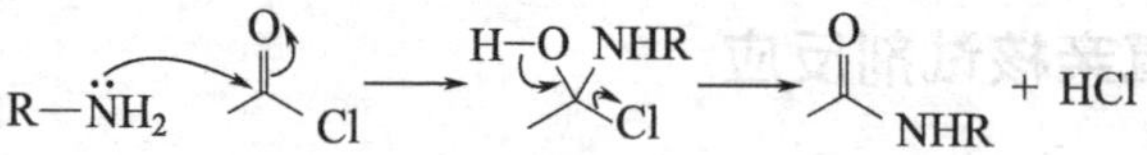

酰胺也可以与胺反应生成新的酰胺和新的胺，可称为酰胺交换。

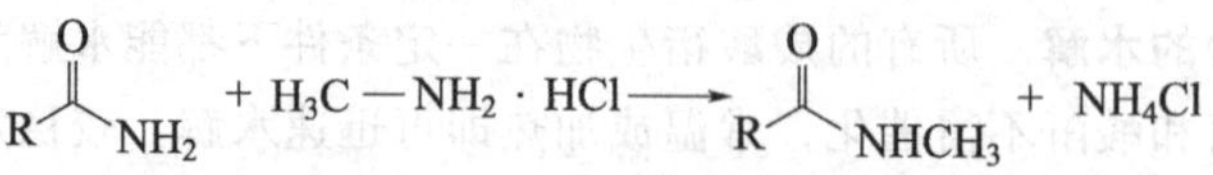

腈在酸（氯化铵）催化下与氨加成再水解则得到酰胺。

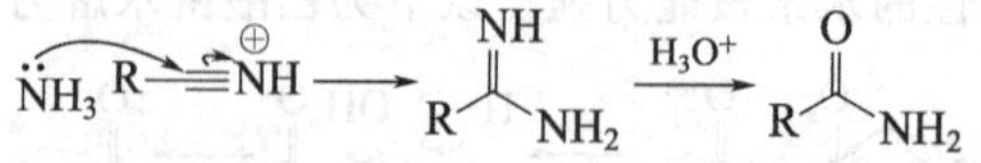

12.3　烯醇式及烯醇负离子的形成及其亲核反应

羧酸衍生物分子中含吸电子的羰基或氰基，其邻位原子（不局限于碳原子，也包括氮原子）上如果有氢，可通过酮式与烯醇式互变异构而转化为烯醇式。而在碱性条件下这些烯醇式还可以脱去酸性的质子，而形成烯醇负离子。羧酸衍生物的活泼氢见图 12-7。

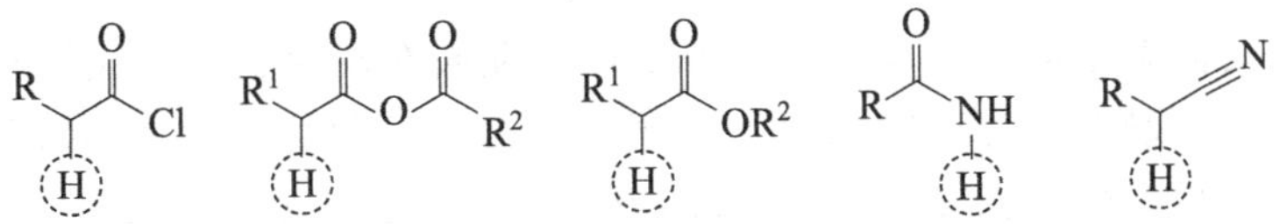

图 12-7　羧酸衍生物的活泼氢

烯醇式或烯醇负离子为富电子物种，是亲核试剂，与其反应的亲电试剂可以是羰基化合物（酯、醛和酮等）、卤代烃、磺酸酯和卤素等。

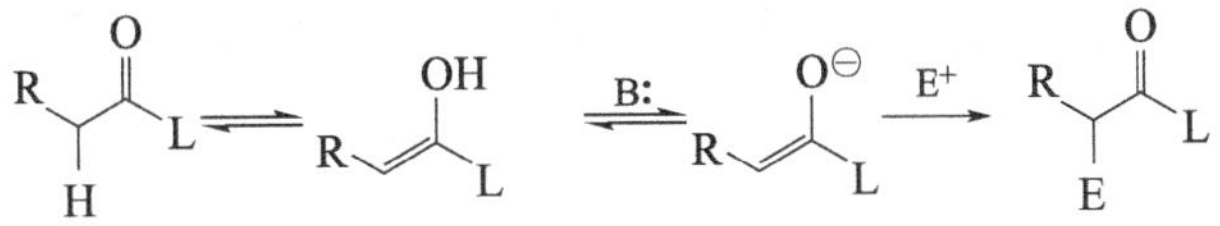

赫尔-乌尔哈-泽林斯基反应（见 11.4.2 节），克莱森酯缩合反应［见 12.2.1 节（2）］都是这类反应的实例。以下几例可以进一步说明此类反应的机理。

12.3.1　乙酸酐与苯甲醛反应

此为普尔金（Perkin）反应，可在乙酸钾催化下实施。乙酸酐的烯醇负离子加成到苯甲醛的羰基碳上得到苯甲醇负离子，该负离子与分子内的酸酐发生酯化，所得酯经过碱性消除得到肉桂酸，见图 12-8。

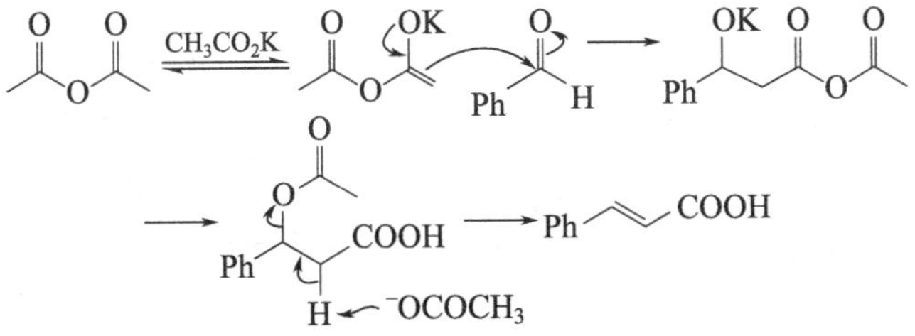

图 12-8　普尔金反应机理

12.3.2　酯的 α-烷基化

酯的 α-氢没有 β-二酮类化合物的酸性强，所得烯醇式亦不够稳定，所以此类烷基化反应一般需要在低温下，强碱（例如二异丙氨基锂，LDA）作用下进行，见图 12-9。

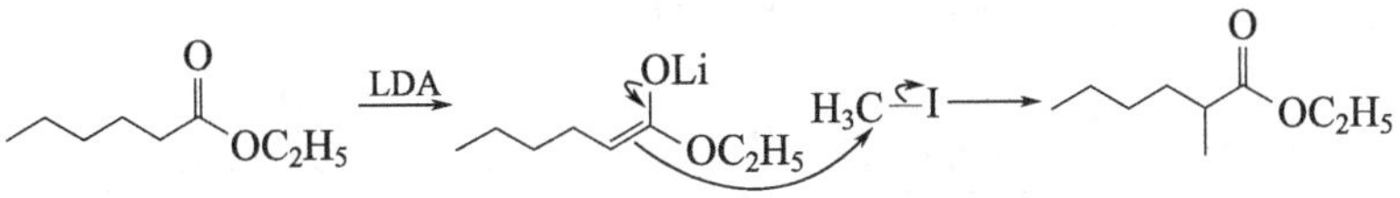

图 12-9　酯的 α-甲基化反应

12.3.3 酰胺的霍夫曼降解

酰胺的霍夫曼降解是从其 α-卤代反应开始的。酰胺在碱存在下变成烯醇负离子，再与卤素反应生成 N-卤代物，该卤代物发生 α-消除得到氮烯，氮烯重排为异氰酸酯，异氰酸酯水解为碳酸酰胺，碳酸酰胺脱羧分解为二氧化碳和降解的胺，见图 12-10。

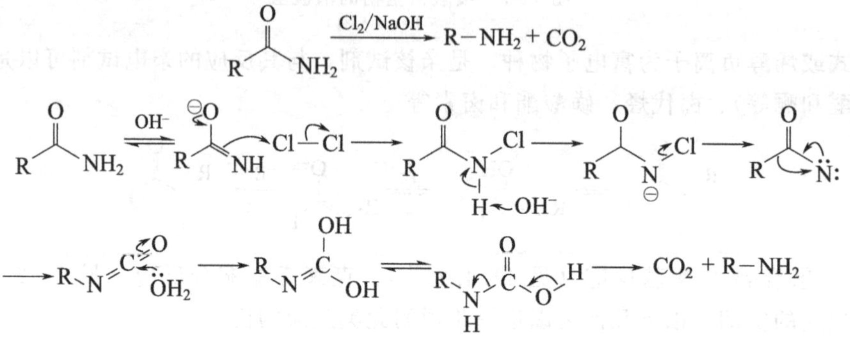

图 12-10 霍夫曼降解反应机理

12.3.4 己二腈的分子内缩合

己二酸与氨在磷酸催化下反应制备己二腈过程中，会分离出少量 2-氨基-环戊-1-烯-1-腈，为己二腈分子内缩合产物，反应机理见图 12-11。

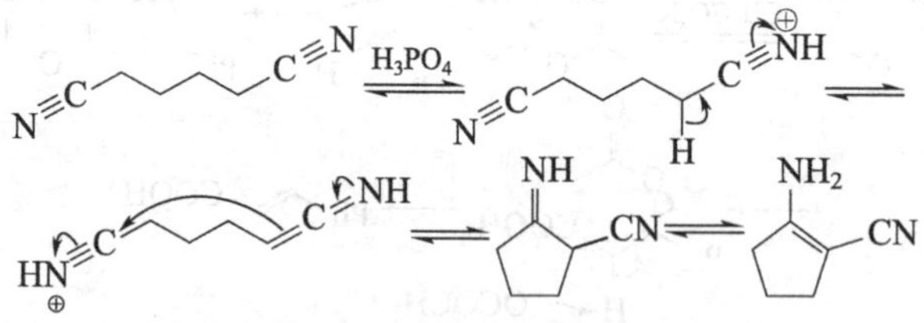

图 12-11 己二腈分子内缩合反应机理

12.3.5 β-二羰基化合物的典型反应

β-二羰基化合物及其类似物的种类很多，如丙二酸酯类、β-氰乙酸酯类、β-酮酸酯类和 β-芳基腈类等，与单羰基化合物相比，这类化合物的共同特点是更容易形成稳定的烯醇负离子，进而作为亲核试剂发生后续反应。

(1) 烷基化 以乙酰乙酸乙酯的甲基化为例。

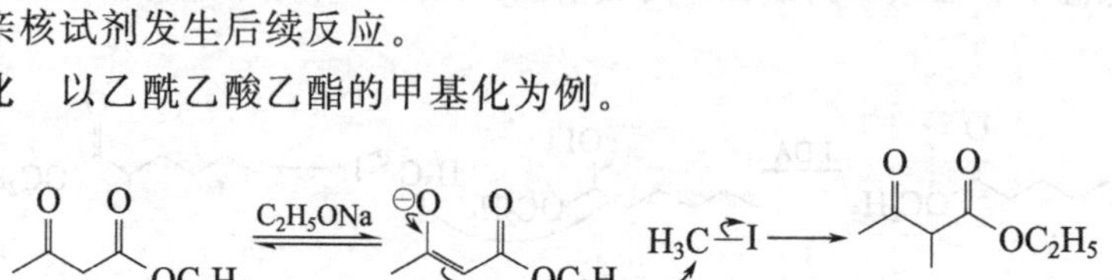

如果需要引入多个烷基，一般先引入位阻大的，再引入位阻小的，以避免小位阻烷基的

多烷基化。

(2) 酰化 酰化时一般用氢化钠替代醇钠，以避免醇钠与酰化试剂反应，见图 12-12。

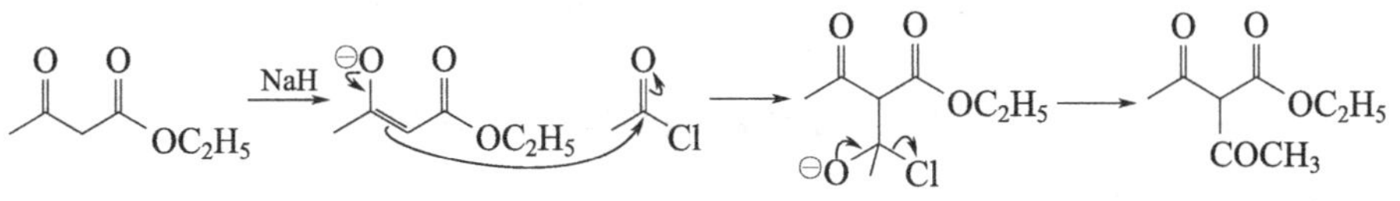

图 12-12　乙酰乙酸乙酯的乙酰化反应机理

(3) 脑文格反应 如图 12-13 所示，弱碱催化下，β-二羰基化合物与醛或酮反应得到甲叉基化合物，称为脑文格（Knoevenagel）反应。

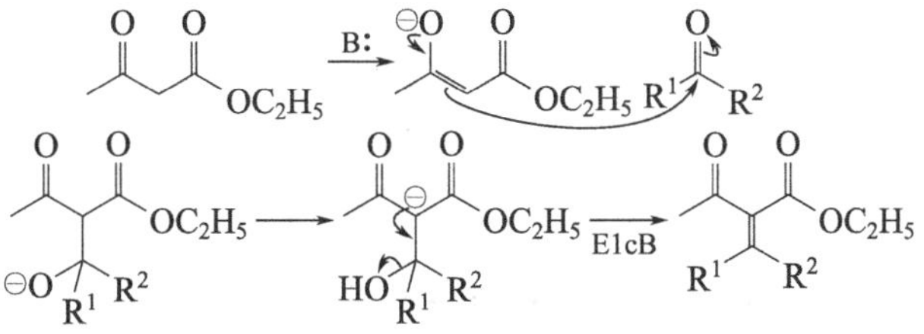

图 12-13　脑文格反应机理

12.4　羧酸衍生物的化学还原

多数羧酸衍生物可以氢解为醇。化学还原常用的还原剂为金属复氢化合物，是本节重点讨论的内容。其反应机理为氢根作为亲核试剂加成到羰基碳上，消除离去基团或水解后得到醛，高活性的还原剂可以继续将醛还原为醇；此外金属钠可以还原酯。

12.4.1　还原酰氯为醇或醛

(1) 还原酰氯为醇 酰氯的反应活性高，氢化铝锂或硼氢化钠的氢根加成到羰基碳上以后，有氯离子可供消除，可以还原到醛，但是反应很难停留在醛这步，一般都得到伯醇。

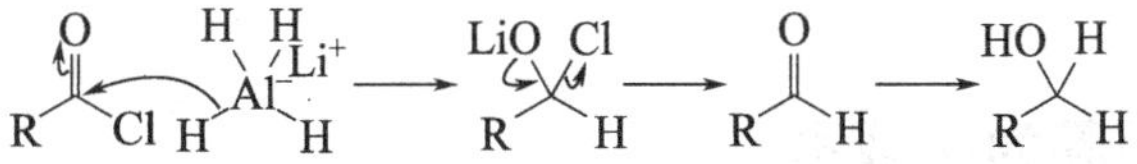

(2) 还原酰氯为醛 还原酰氯为醛的经典方法是罗森蒙德（Rosenmund）还原，即用毒化的钯催化加氢。化学还原可用高位阻（如叔丁氧基）、多烷氧基取代的低活性氢化铝锂，反应可停留在醛，见图 12-14。

12.4.2　还原酯为醇或醛

(1) 还原酯为醇 硼氢化钠的活性低，不能还原酯。与还原酰氯相似，氢化铝锂还原酯

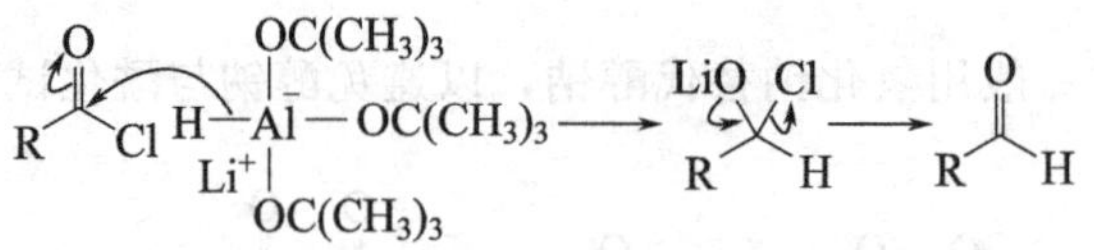

图 12-14　叔丁氧基氢化铝锂还原酰氯为醛

一般都得到伯醇。

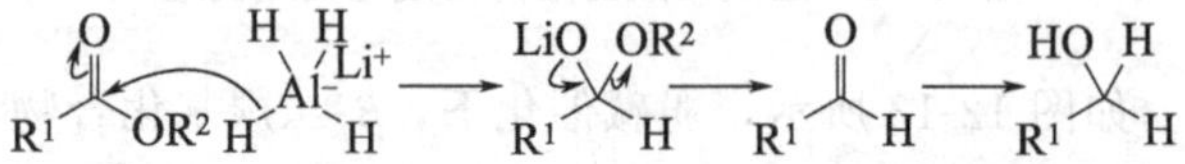

(2) 还原酯为醛　二异丁基氢化铝还原活性较低，还原酯时所得加成物水解后可得醛，见图 12-15。

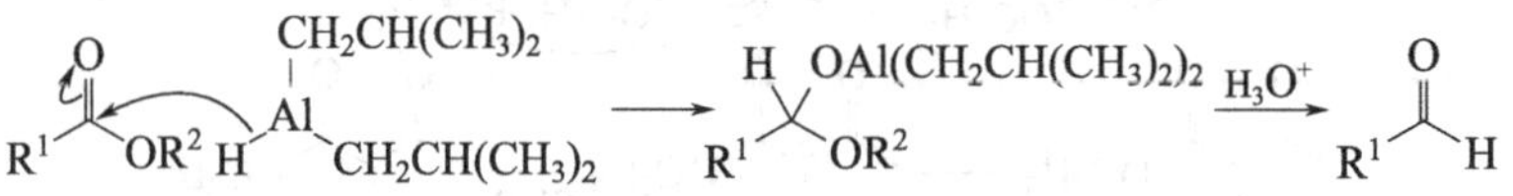

图 12-15　二异丁基氢化铝还原酯为醛

12.4.3　还原酰胺为胺

由于氮原子对羰基双键的供电子作用，其羰基碳的亲电能力较差，所以酰胺不易被还原。但氢化铝锂可以还原酰胺为胺，根据氮原子上原有取代基的个数，酰胺可被还原为伯胺、仲胺和叔胺。亦为加成消除机理，但是消除的是含氧的基团，而不是含氮的基团，见图 12-16。

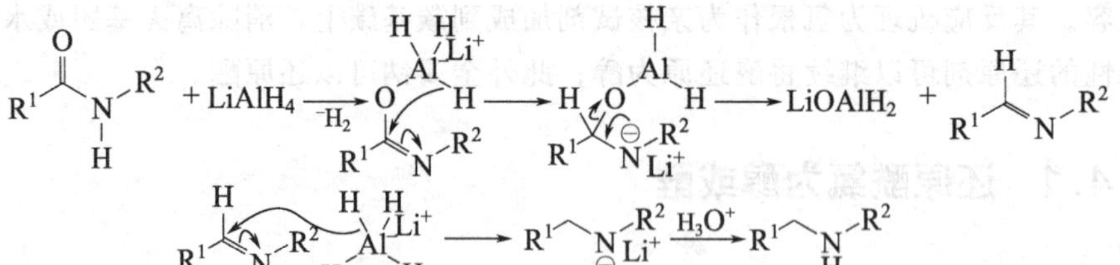

图 12-16　氢化铝锂还原酰胺为胺

12.4.4　还原腈为胺或醛

(1) 还原腈为胺　腈与有机金属化合物加成时，只能加成一次，水解后得到酮，见12.2.1节(1)。氢化铝锂还原腈，氢根在碳氮三键上加成两次，得到负二价的氮，这在有机化学中是很少见的一个原子带有两个电荷的实例。

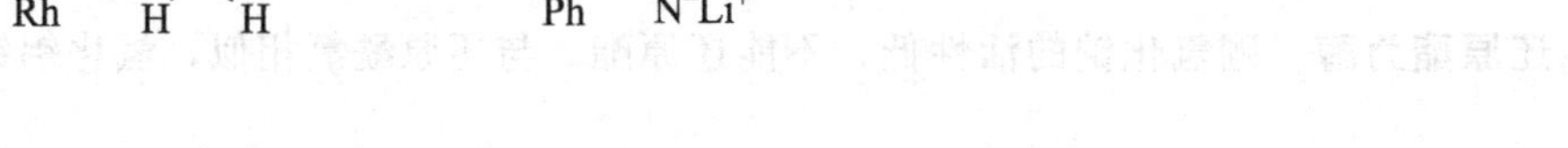

之所以有这样的反应结果，应与铝具有空轨道，能与碱配位有关。

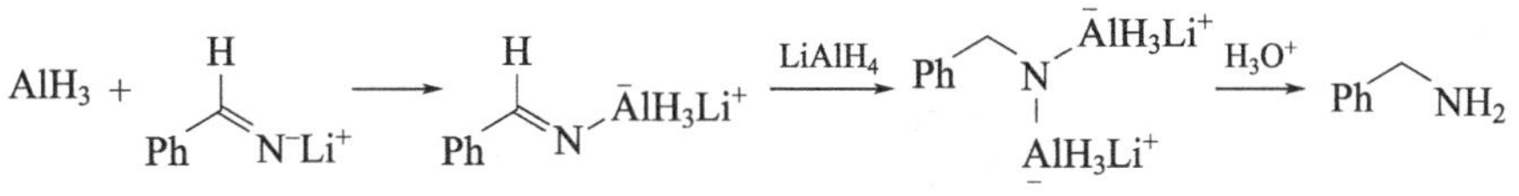

(2) 还原腈为醛 用低活性的二异丁基氢化铝还原腈，再水解可以得到醛，见图 12-17。

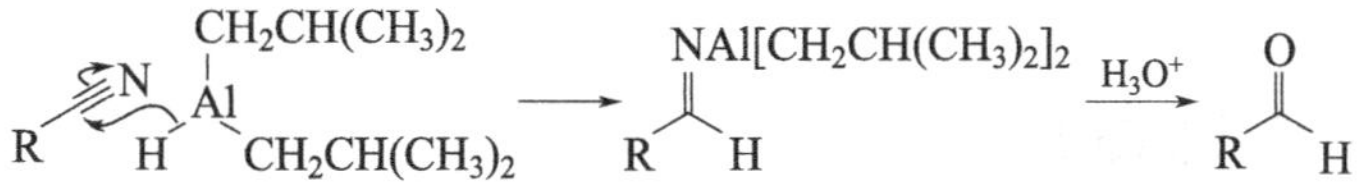

图 12-17 二异丁基氢化铝还原腈为醛

12.4.5 金属钠还原酯

与醛或酮类似，酯也可以被金属钠还原，不同之处在于酯有可供消除的烷氧基。酯在质子溶剂中发生单分子还原，产物为醇。在非质子溶剂中发生双分子还原，产物为 α-羟基酮。

(1) 单分子还原 在醇溶剂中，酯被金属钠还原生成醛，醛继续还原得到醇（见 9.5.3 节），为鲍维特-勃朗特（Bouveault-Blanc）反应，见图 12-18。

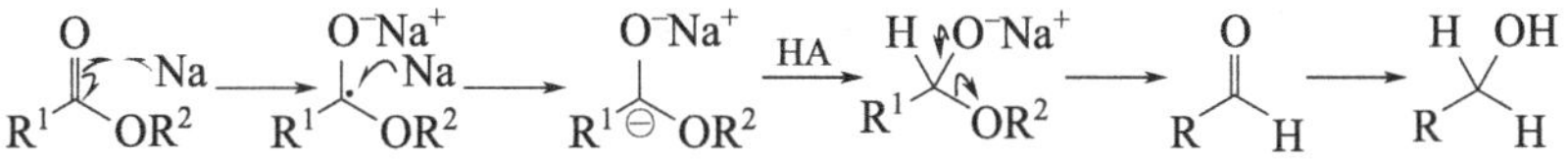

图 12-18 酯单分子还原反应机理

(2) 双分子还原 在非质子溶剂中，没有质子可供捕获，所以酯通过得到钠的电子生成的自由基发生双分子碳碳偶联，生成 α-二酮，继续还原得到烯二醇的钠盐，水解后得到 α-羟基酮，称为酮醇，所以此反应称为酮醇缩合或偶姻缩合（acyloin condensation），见图 12-19。

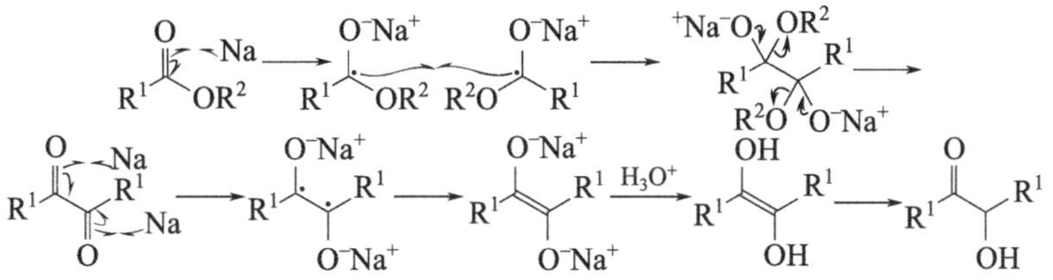

图 12-19 酯双分子还原反应机理

12.5 酯的热消除

酯的热消除（400～500℃）是通过分子内环状过渡态完成的，被消除的酰氧基及 β-氢处于同一侧，为顺式消除，得到反式烯烃，即优势构象得到优势产物，见图 12-20。

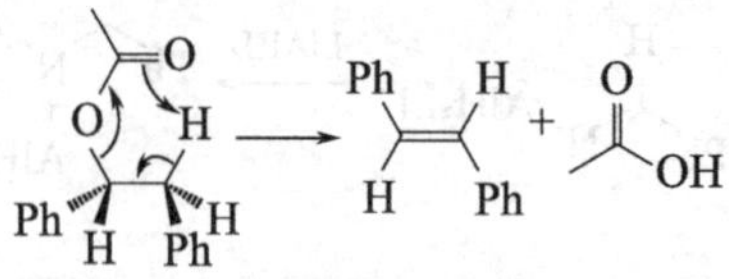

图 12-20　酯高温消除的反应机理

12.6　腈的亲核反应

如果不考虑腈的质子化，腈通常都是作为亲电试剂，被亲核试剂进攻的。但是有一个反应比较特殊，就是腈与碳正离子的反应。例如二异丁烯在硫酸催化下生成碳正离子，之后乙腈的氮原子与碳正离子结合，再水合得到酰胺，为里特（Ritter）反应，见图 12-21。

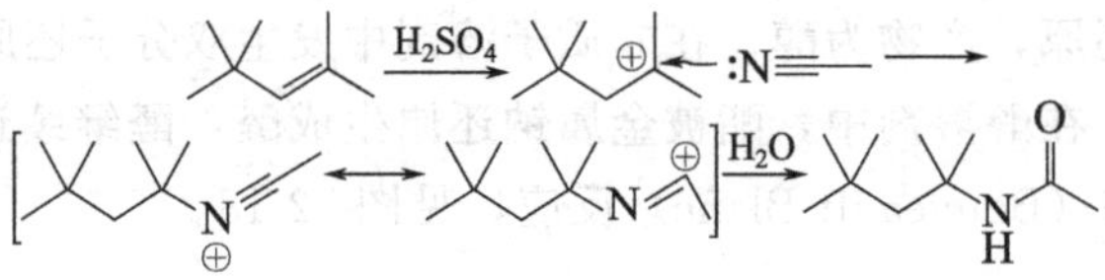

图 12-21　二异丁烯的里特反应机理

第 **13** 章

脂肪胺与芳香胺

氨的氢被烷基取代称为脂肪胺，被芳香基取代称为芳香胺，简称芳胺。

本章涉及的反应中有一些是在其他章节中讨论过反应机理的，这里就不再详述了，例如胺与醛酮、胺与羧酸衍生物的反应和芳香族亲电取代反应等。

13.1 胺的结构与反应活性

氮原子有五个外层电子，胺中的氮原子是 sp^3 杂化的，四个轨道中有三个只有一个电子，用来与其他原子成 σ 键，三个共价键成棱锥体，另有一对孤电子，占据一个 sp^3 杂化轨道，处于棱锥体的顶端。

氮的电负性比碳大，其与碳成键时氮上带有部分负电荷，而且胺中的氮原子上还有一对未共享电子，这使得胺具有碱性，并成为亲核试剂，所以胺的典型反应是作为亲核试剂的反应；也由于其富电子，所以容易被氧化。

13.2 脂肪胺

脂肪胺可以与酸成盐、与卤代烷和磺酸酯等生成高一级的胺，直到生成季铵盐，与醛酮反应生成烯胺或亚胺，与羧酸或羧酸衍生物反应生成酰胺，与磺酰氯反应生成磺酰胺，能被氧化，能转化为重氮盐等，这些都是脂肪胺的典型亲核反应。

13.2.1 与卤代烷反应生成季铵盐及季铵碱的反应

(1) 季铵盐的生成 氨与卤代烷反应可以在氮原子上引入烷基，依次得到伯胺、仲胺、叔胺和季铵盐，为 S_N2 机理，例如足量的 1-溴正丁烷与氨反应可得四丁基溴化铵。

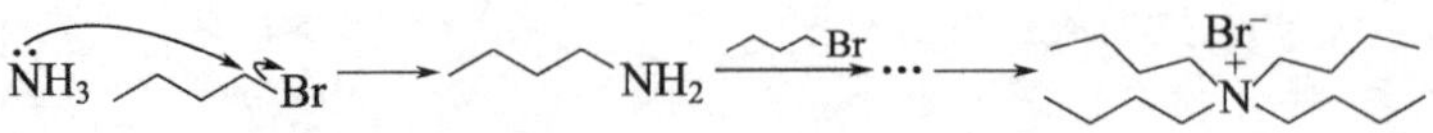

（2）**季铵碱的生成及其反应**　季铵盐可与强碱达成平衡而得到部分季铵碱，季铵碱也可以由季铵盐与湿的氧化银反应获得，见图 13-1。

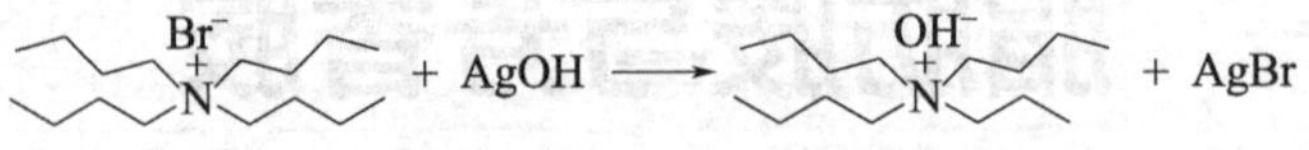

图 13-1　由季铵盐合成季铵碱

加热四甲基氢氧化铵可得三甲胺和甲醇，为 S_N2 反应。

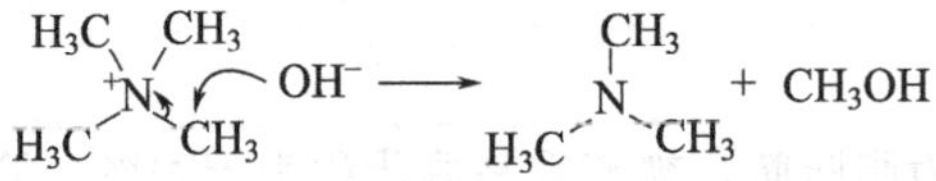

含 β-氢的季铵碱加热到 $100\sim200℃$ 可得消除产物——叔胺和烯烃，称为霍夫曼（Hofmann）消除。此反应为双分子反式共平面消除，即 E2 消除，见图 13-2。

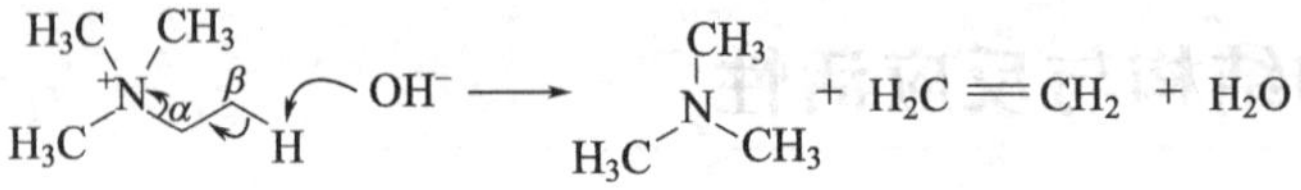

图 13-2　霍夫曼消除的反应机理

当季铵碱的一个烷基上的两个 β-位都有氢时，见图 13-3，优先消除酸性较强 β-氢，也就是较少烷基取代的 β-碳原子上的氢优先被消除，即反应活性 $CH_3 > RCH_2 > R_2CH$，此规律称为霍夫曼规则。这与扎伊采夫规则正好相反。

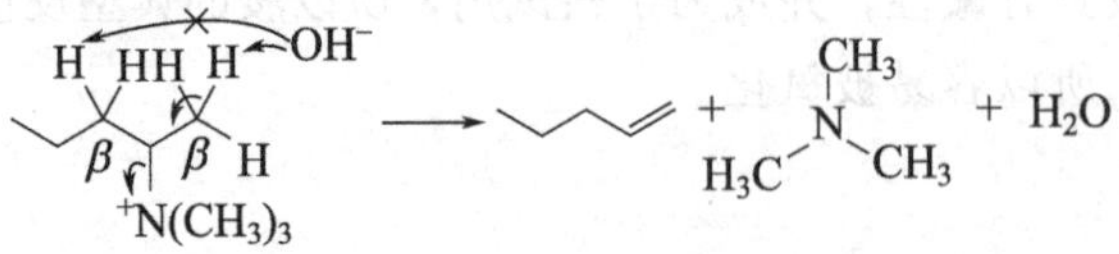

图 13-3　霍夫曼消除的选择性

三甲铵正离子的吸电子能力较卤素强，导致季铵碱的 β-氢酸性较强，所以，霍夫曼消除虽为 E2 消除，但具有 E1cB 消除的特征，即氢先于三甲胺离去。少取代的 β-碳原子上的氢酸性强，此位置形成的碳负离子也更稳定，使得消除这个位置的 β-氢的反应速度快，这也表明霍夫曼消除是动力学控制的，与热力学控制的扎伊采夫消除相反。另一方面，氢氧根进攻少取代的 β-碳原子上的氢时，空间障碍也较小。这些因素决定了霍夫曼消除的选择性。

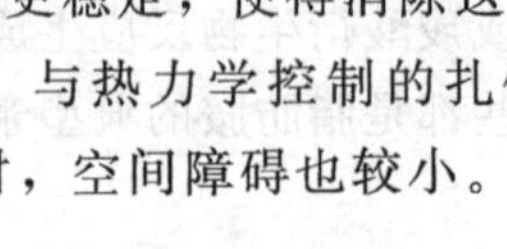

位阻大 ←（H）HH（H）→ 位阻小

13.2.2　叔胺的氧化及氧化胺的反应

如果控制好氧化深度，伯胺可以被氧化为亚硝基化合物和硝基化合物，为硝基还原的逆过程，仲胺可以氧化为烷基羟胺。

合成上较为重要的是叔胺的氧化，产物为氧化胺，例如三乙胺可以在甲酸催化下被双氧水氧化为氧化三乙胺，见图 13-4。

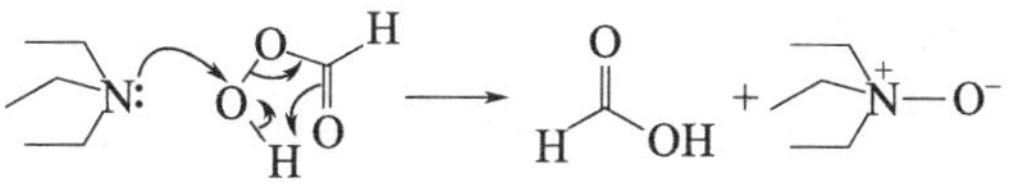

图 13-4　叔胺的氧化反应

氧化胺具有氧化性，可以用来氧化卤代烷，见 5.8.1 节(2)。氧化胺另一个重要反应是柯普（Cope）消除，例如加热上述氧化三乙胺可得乙烯和二乙基羟胺，这是合成二乙基羟胺的方法之一。柯普消除更常见的应用是用来合成烯烃。

该消除是通过环状过渡态完成的，为顺式共平面消除。

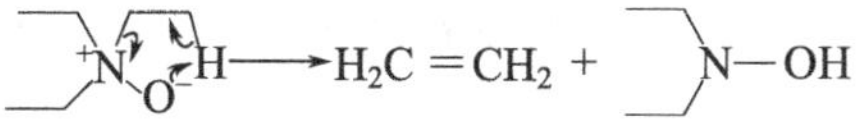

当一个烷基上有多个 β-氢可供消除时，以霍夫曼产物为主，当不同的烷基上有多个 β-氢可供消除时，得混合物。

13.2.3　重氮化及重氮盐的反应

伯胺可作为亲核试剂与亚硝酸反应，之后经消除得到重氮盐。

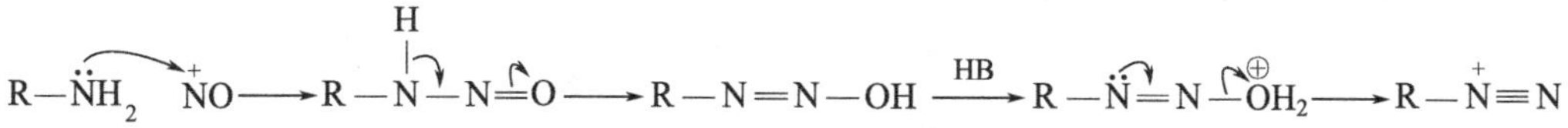

烷基重氮盐很不稳定，容易失去氮气而生成碳正离子，之后，碳正离子可能发生重排，可能消除为烯烃，也可能与溶液中的亲核试剂反应。如图 13-5 所示的正丁胺与亚硝酸钠/盐酸反应，可以同时得到七种产物。

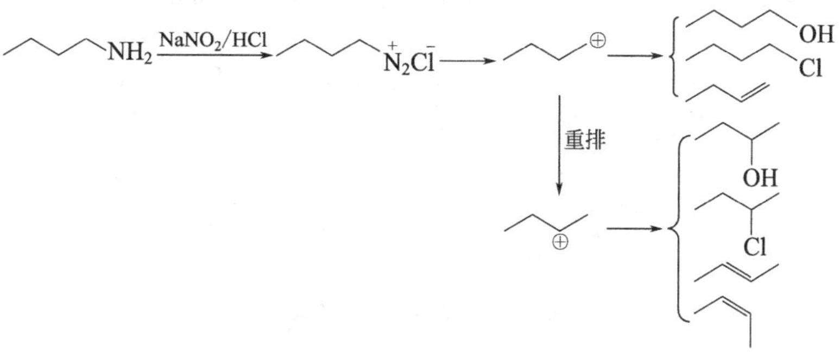

图 13-5　烷基重氮盐的转化

这类反应中，合成上意义较大是被称为蒂芬欧-捷姆扬诺夫（Tiffeneau-Demjanov）重排的扩环反应，例如1-氨甲基环己醇与亚硝酸作用，可以生成扩环的环庚酮，见图13-6。

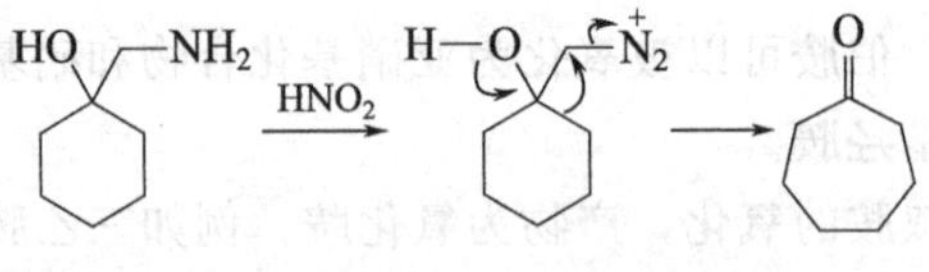

图 13-6 蒂芬欧-捷姆扬诺夫重排的反应机理

此反应可视为频哪醇重排的变例。

烷基重氮化合物中比较重要的是重氮甲烷，其共振结构如下。

$$H_2\bar{C}-\overset{+}{N}\equiv N \longleftrightarrow H_2C=\overset{+}{N}=\bar{N}$$

重氮甲烷常用作甲基化剂，也可作为亲核试剂与醛酮和酰氯反应，还是甲基碳烯的前体。

例如，重氮甲烷与苯甲酸反应，可以得到苯甲酸甲酯，反应可以定量完成，见图13-7。

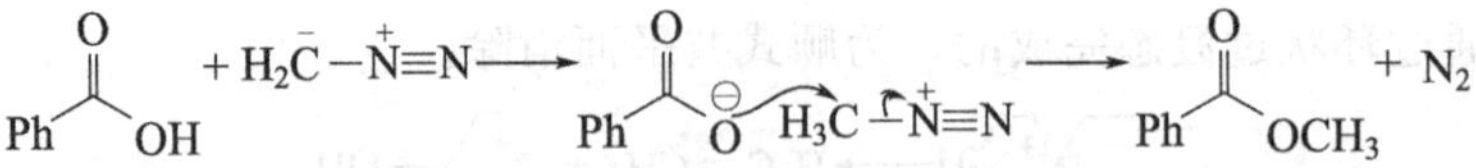

图 13-7 重氮甲烷作为甲基化剂的反应

重氮甲烷与醛酮反应时可以通过重排得到增一个碳的酮。迁移基团的迁移顺序是氢根＞甲基＞伯烷基＞仲烷基＞叔烷基，这与多数亲核迁移的顺序相反。

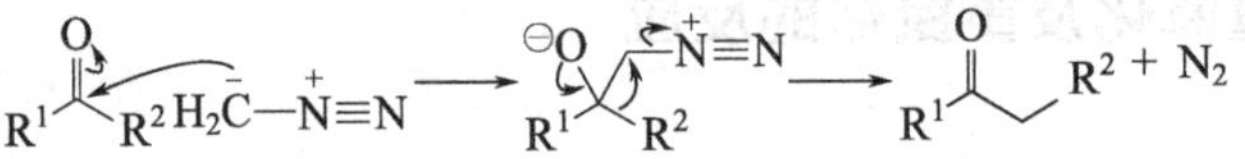

与重排竞争的是生成环氧化物的反应。

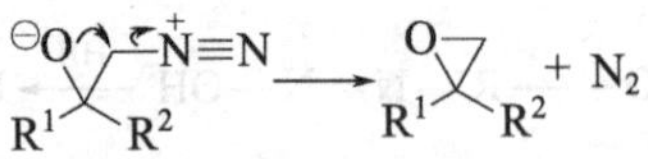

由于氢根优先迁移，所以醛为底物时一般得到甲基酮，即重排产物，例如苯甲醛与重氮甲烷反应生成苯乙酮；开链的酮与重氮甲烷反应主要生成环氧化物；而环酮为底物时，则主要得到蒂芬欧-捷姆扬诺夫重排产物，即扩环的酮。

重氮甲烷与酰氯反应得到重氮酮，后者经过碳烯重排得到烯酮，见图13-8。

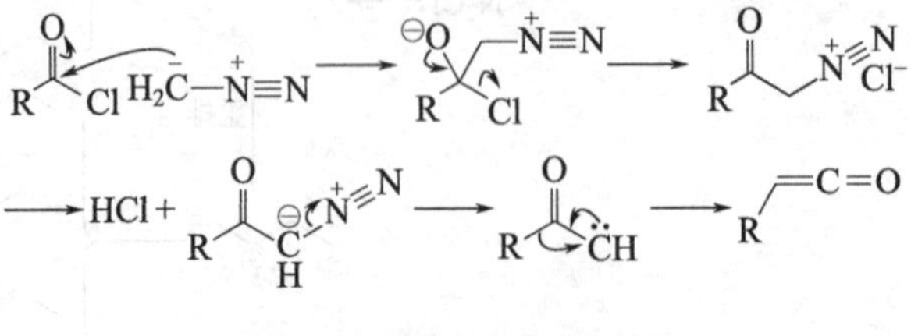

图 13-8 脱氢的反应机理

烯酮是高活性的亲电物种，与水、醇和胺反应分别生成羧酸、酯和酰胺。

13.3　芳香胺

　　芳香胺结构中含芳环，氨基的氮原子中占据一个 sp³ 杂化轨道的孤电子对与芳环的大 π 键共轭，增加了芳环的电子云密度，反过来可以说氮原子上的电子云密度由于芳环的吸引而降低了。

　　这些特征使芳胺成为活泼的芳香族亲电取代反应的底物，同时，芳胺的碱性和亲核性都弱于相近结构的脂肪胺。

　　芳胺的氨基作为亲核试剂的反应与脂肪胺类似，但是活性低一些，这里不再讨论。以下主要以苯胺为模型讨论芳胺的特征反应。

13.3.1　苯胺的环上亲电取代

　　氨基是高活性的邻对位定位基，所以苯胺可以顺利发生环上卤化和磺化，但是氨基本身也有亲核性，使得芳胺在进行环上酰化等反应时需要先保护氨基。

　　(1) 卤化　苯胺卤化很难停在一卤化阶段，例如，只要溴足量，苯胺可以定量地溴化为 2,4,6-三溴苯胺。得到一溴代苯胺的方法是将苯胺酰化为乙酰苯胺，乙酰氨基是中等活性的邻对位定位基，又有一定的空间位阻，溴化一般在其对位进行，溴化后再水解就得到对溴苯胺，见图 13-9。

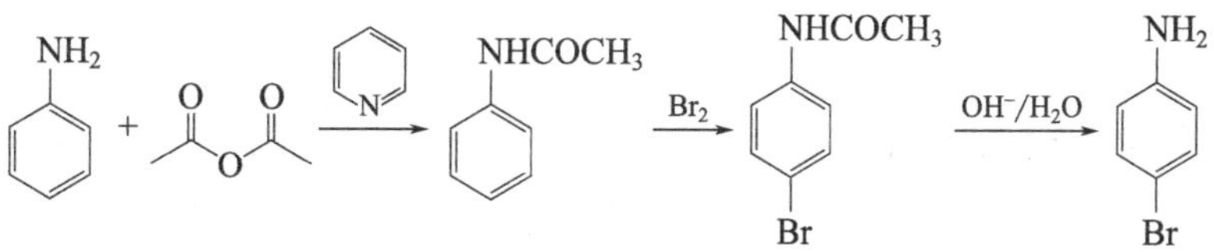

图 13-9　苯胺-溴化的技术路线

　　(2) 磺化　苯胺室温下用发烟硫酸磺化时主要得到间氨基苯磺酸，这是因为氨基在浓硫酸中质子化，转化为吸电子基，即钝化苯环的间位定位基。

　　苯胺，也包括其他芳伯胺，有特点的磺化方法是烘焙磺化，就是用等当量的芳胺和浓硫酸成盐，高温（180～190℃）脱水生成磺酰胺，再分子内重排得到氨基磺酸，由于经典的操作方法是将固体芳胺硫酸氢盐放在烘焙炉中进行烘焙脱水，所以此法称为烘焙磺化。磺酸基一般进氨基的对位，见图 13-10。

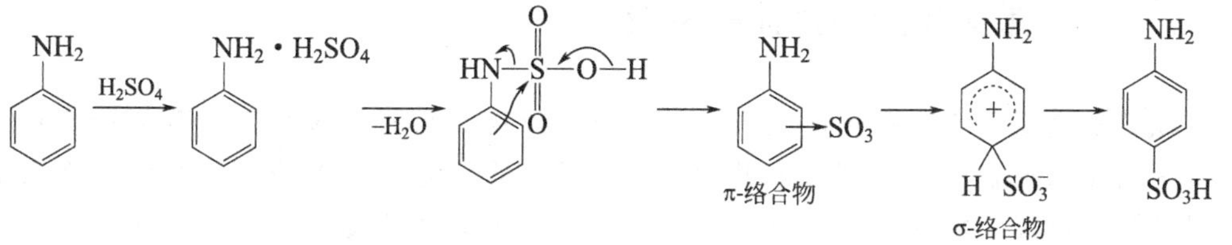

图 13-10　烘焙磺化的反应机理

(3) 硝化 苯胺的硝化往往伴有氨基的氧化，所以一般不直接硝化，与其单卤化类似，一般先乙酰化保护氨基，再硝化，之后再水解还原出氨基，见图 13-11。

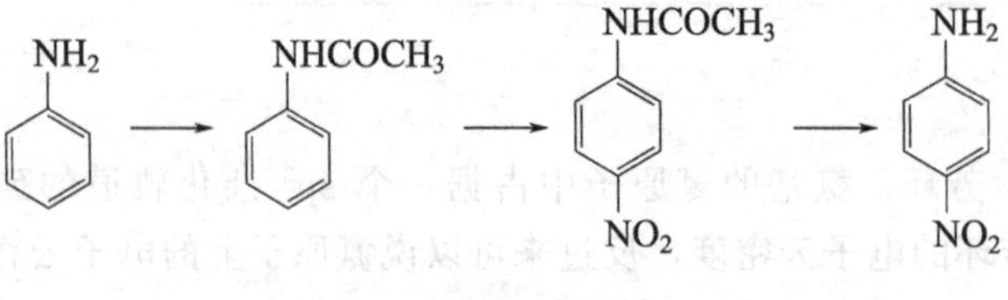

图 13-11 苯胺硝化的技术路线

(4) 酰化 乙酰基保护的苯胺可以顺利完成环上傅-克酰化，见图 13-12。

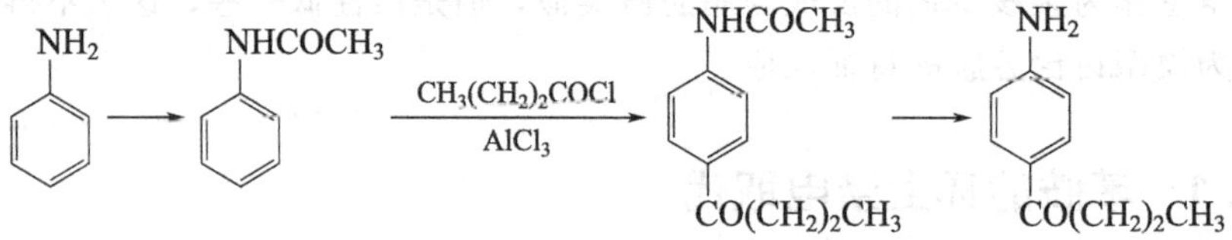

图 13-12 苯胺环上酰化的技术路线

而像 N,N-二甲基苯胺这样的芳叔胺，其取代基位阻较大，氨基的亲核能力很弱，可以直接酰化，其甲酰化也可以通过维尔斯迈尔-哈克反应完成。

二甲基甲酰胺与三氯氧磷反应得到氯代烯胺盐（维尔斯迈尔盐），为弱亲电试剂，与活泼的芳香化合物反应再水解可以得到相应的甲酰化物，为维尔斯迈尔-哈克反应，见图 13-13。

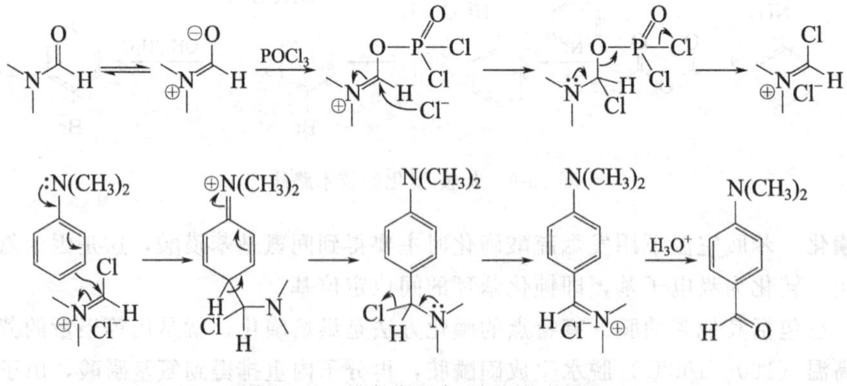

图 13-13 维尔斯迈尔-哈克反应机理

13.3.2 重氮化及重氮盐的反应

重氮化及重氮盐的后续转化是芳伯胺的重要反应。与脂肪胺相似，芳伯胺与亚硝酸反应可得芳基重氮盐。由于芳环的共轭作用，芳基重氮盐比烷基重氮盐稳定，而且通过共振结构可以推断，如果在重氮基的对位有供电子基，该重氮盐会更为稳定。仍以苯胺为例。

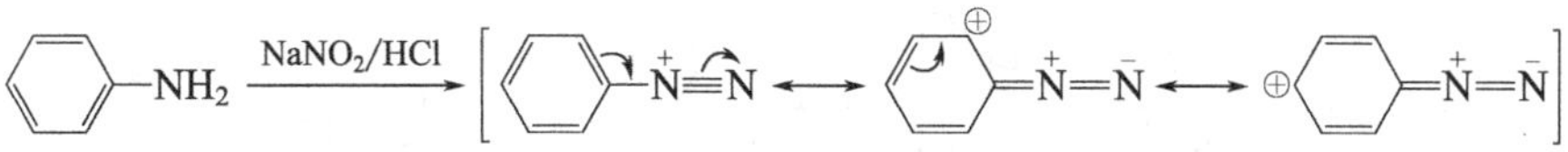

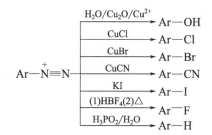

（1）重氮盐偶合 芳基重氮盐有两类重要的反应，一是与酚或芳胺偶合，这是获得偶氮染料的方法，例如对氨基苯磺酸钠重氮盐与 2-萘酚偶合可得橙色染料，称为酸性橙Ⅱ，见图 13-14。

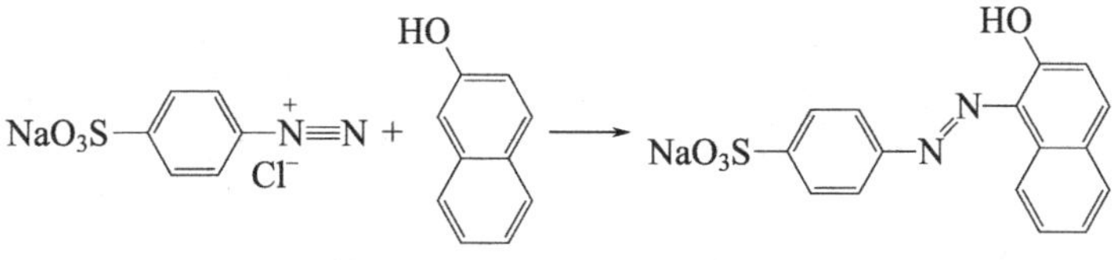

图 13-14　重氮盐的偶合反应

重氮盐的偶合反应也是芳香族亲电取代机理。

（2）重氮基的置换 重氮盐的另一类反应是重氮基置换，这些反应中有一些产物用其他方法难以得到，所以这是一类很重要的反应，见图 13-15。

图 13-15　常见的重氮基置换反应

其中亚铜盐催化下，重氮基被氯、溴和氰基置换的反应称为桑德迈尔（Sandmeyer）反应，为自由基机理，以苯胺重氮盐的氰基置换为例。

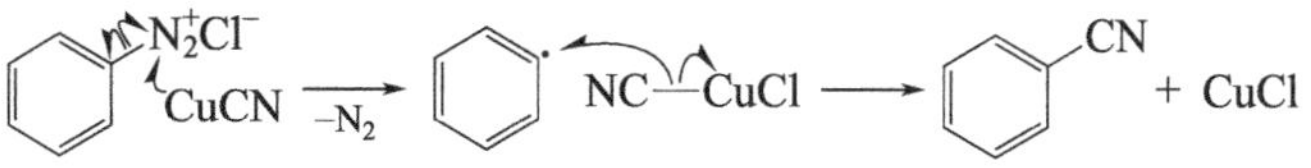

重氮基置换为氟是碳正离子机理，见 6.4.5 节。

置换重氮基为氢可以实现氨基占位和亲电取代定位的双重作用，因而合成出直接反应难以得到的化合物，例如 2,5-二溴甲苯，如图 13-16 所示。

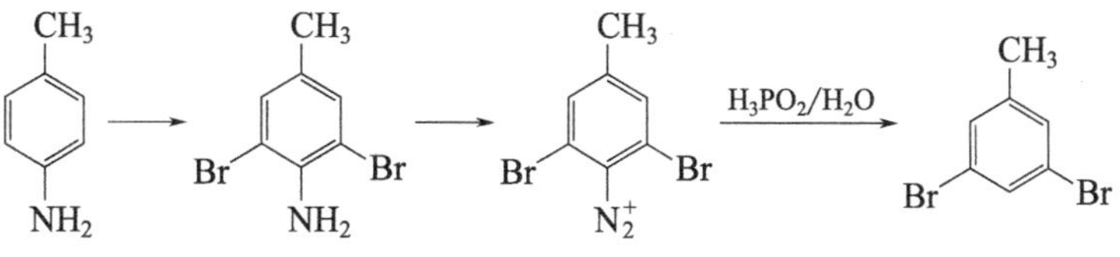

图 13-16　重氮基置换为氢的反应

次膦酸的磷氢键容易均裂，提示置换氢的反应也是自由基机理。

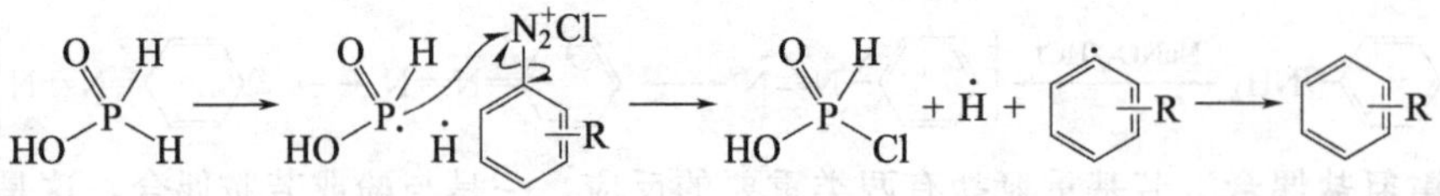

（3）重氮盐的还原　重氮盐可还原为肼，常用的还原剂为亚硫酸氢钠等含有低价硫元素的化合物。亚硫酸氢钠加成到氮氮三键上得到二磺酸，再在酸性条件下加热水解就得到肼，见图 13-17。

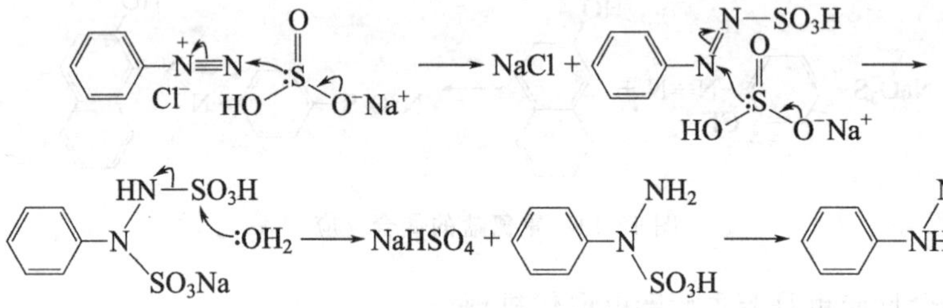

图 13-17　重氮盐还原为肼

（4）由重氮盐制取叠氮化物　某些重氮盐与羟胺二磺酸钠反应可得叠氮化物。

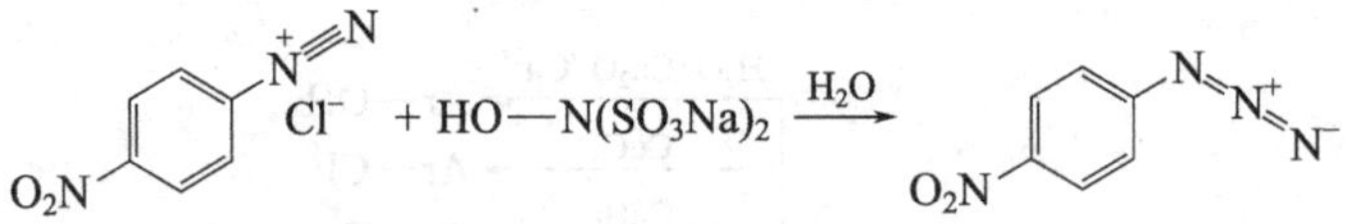

羟胺的氮原子加成到重氮基的三键上，再消除就得到了叠氮化物。

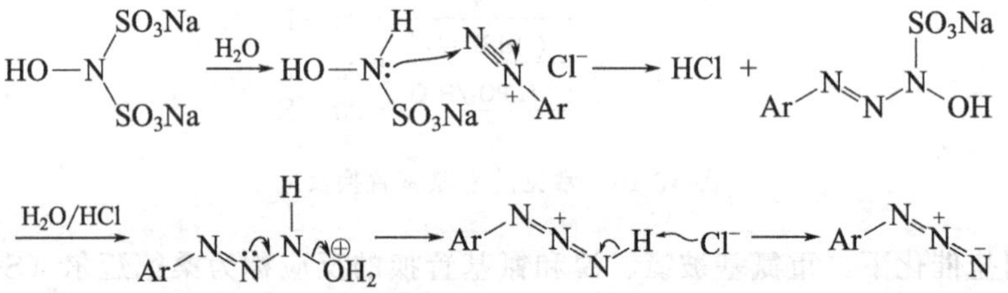

参　考　文　献

[1]　Grossman R B. The Art of Writing Reasonable Organic Reaction Mechanisms，2nd edition. New York：Springer-Verlag，Inc.，2003.

[2]　Savin K A. Writing Reaction Mechanisms in Organic Chemistry，3rd edition. Waltham：Academic Press，2014.

[3]　Jie Jack Li. 有机人名反应及机理. 荣国斌，译. 上海：华东理工大学出版社，2003.

[4]　Daniel E L. Arrow Pushing in Organic Chemistry-An Easy Approach to Understanding Reaction Mechanisms，Hoboken：John Wiley & Sons，INc，2008.

[5]　Penny C. Organic Chemistry-A Mechanistic Approach，Boca Raton：CRC Press，2015.

[6]　Andrew F P. Keynotes in Organic Chemistry，Oxford：Blackwell Science Ltd.，2003.

[7]　邢其毅，裴伟伟，徐瑞秋，等. 基础有机化学. 4 版. 北京：北京大学出版社，2017.

[8]　王积涛，王咏梅，张申宝，等. 有机化学. 3 版. 天津：南开大学出版社，2009.

[9]　McMurry J. Organic Chemistry，9th edition. Boston：Cengage Learning，2015.

[10]　Smith M B，March J. March's Advanced Organic Chemistry-Reactions，Mechanisms，and Structure，6th edition. Hoboken：John Wiley & Sons，Inc.，2007.

[11]　Bruice P Y. Organic Chemistry，8th edition. New Jersey：Pearson Education，Inc.，2016.

[12]　Solomons T W G，Fryhle C B，Snyder S A. Organic Chemistry，12th edition. Hoboken：John Wiley & Sons，Inc.，2016.

[13]　Wade L G，Simek J W. Organic Chemistry，9th edition. Glenview：Pearson Education，Inc.，2016.

[14]　Brown W H，Iverson B L，Anslyn E V，et al. Organic Chemistry，8th edition. Boston：Cengage Learning，2018.